Heidelberger Taschenbücher Band 184

Otto Forster

Riemannsche Flächen

Mit 6 Figuren

Springer-Verlag
Berlin Heidelberg New York 1977

Prof. Dr. Otto Forster
Westfälische Wilhelms-Universität, Mathematisches Institut,
Roxeler Straße 64, D-4400 Münster/Westfalen

AMS Subject Classification (1970): 30-01; 30 A 14, 30 A 46, 30 A 48, 30 A 52, 30 A 68, 32 L 10, 34 A 20

ISBN-13:978-3-540-08034-3 e-ISBN-13:978-3-642-66547-9
DOI: 10.1007/978-3-642-66547-9

Library of Congress Cataloging in Publication Data. Forster, Otto, 1937–. Riemannsche Flächen. (Heidelberger Taschenbücher; Bd. 184) Bibliography: p. Includes index. 1. Riemann surfaces. I. Title. QA333.F67 515'.223 76-30358

Herstellung: Oscar Brandstetter Druckerei KG, 62 Wiesbaden
2144/3140-543210

Vorwort

Dieses Buch ist aus Vorlesungen über Riemannsche Flächen entstanden, die der Verfasser an den Universitäten München, Regensburg und Münster gehalten hat. Das Ziel war, einerseits eine Einführung in dieses vielfältige und schöne Gebiet zu geben und andrerseits Methoden der Theorie der komplexen Mannigfaltigkeiten im Spezialfall der komplexen Dimension eins vorzustellen, wo sie besonders einfach und durchsichtig sind.

Das Buch gliedert sich in drei Kapitel. Im ersten Kapitel betrachten wir die Riemannschen Flächen vom Standpunkt der Überlagerungstheorie aus und entwickeln dazu in knapper Form die nötigen topologischen Grundbegriffe. Es werden dann die Riemannschen Flächen konstruiert, die durch analytische Fortsetzung eines Funktionskeims entstehen, insbesondere auch die Riemannschen Flächen algebraischer Funktionen. Außerdem beschäftigen wir uns genauer mit analytischen Funktionen, die ein spezielles Mehrdeutigkeitsverhalten aufweisen, wie Stammfunktionen von holomorphen Differentialformen und Lösungen linearer Differentialgleichungen.

Das zweite Kapitel ist der Theorie der kompakten Riemannschen Flächen gewidmet. Es werden die klassischen Hauptsätze behandelt, wie Satz von Riemann-Roch, Abelsches Theorem und Jacobisches Umkehrproblem. Ein wichtiges technisches Hilfsmittel ist die Cohomologietheorie mit Werten in Garben. Wir beschränken uns dabei auf die Betrachtung der Cohomologiegruppen der Ordnung eins, die verhältnismäßig elementar zu behandeln sind. Die Hauptsätze folgen (nach Serre) alle aus der Endlich-Dimensionalität der ersten Cohomologiegruppe mit Werten in der Garbe der holomorphen Funktionen. Der Beweis dieses Satzes wiederum beruht auf der lokalen Lösbarkeit der inhomogenen Cauchy-Riemannschen Gleichungen und auf dem Schwarzschen Lemma.

Im dritten Kapitel werden der Riemannsche Abbildungssatz für einfach zusammenhängende Riemannsche Flächen sowie die Hauptsätze von Behnke-Stein für nicht-kompakte Riemannsche Flächen (Rungescher Approximationssatz, Sätze von Mittag-Leffler und Weierstraß) bewiesen. Dabei benützen wir die Perronsche Methode zur Lösung des Dirichletschen Randwertproblems und die Malgrangesche Methode zum Beweis des Rungeschen Approximationssatzes mithilfe des Weylschen Lemmas. Außerdem bringen wir in diesem Kapitel in Ergänzung zu Betrachtungen aus Kapitel I den Steinschen Satz über die Existenz von holomorphen Funktionen zu vorgegebenen Automorphiesummanden sowie die Röhrlsche Lösung des Riemann-Hilbertschen Problems auf nicht-kompakten Riemannschen Flächen.

Es wurde versucht, die erforderlichen Vorkenntnisse möglichst gering zu halten und die nötigen Hilfsmittel im Buch selbst zu entwickeln. Vom Leser wird jedoch erwartet, daß er Grundkenntnisse in der Funktionentheorie einer Veränderlichen, der allgemeinen Topologie und der Algebra besitzt, wie sie üblicherweise in einsemestrigen Vorlesungen geboten werden. In den Kapiteln II und III werden außerdem einige Tatsachen aus der Differentialtopologie und Funktionalanalysis verwendet, die im Anhang zusammengestellt sind. Nicht benötigt wird die Lebesguesche Integrationstheorie; es werden nur holomorphe oder differenzierbare Funktionen bzw. Differentialformen integriert. Auch haben wir es vermieden, irgendwelche Sätze aus der Flächentopologie ohne Beweis zu verwenden.

Der Umfang des dargestellten Stoffes entspricht insgesamt etwa drei einsemestrigen Vorlesungen. Die Kapitel II und III setzen jedoch nur Teile der vorangehenden Kapitel voraus.

So kann man etwa nach den §§ 1, 6 und 9 (Definition der Riemannschen Flächen, Garben und Differentialformen) sofort zu Kapitel II übergehen. Hiervon wiederum sind nur die §§ 12–14 nötig, um danach in Kapitel III die Hauptsätze der Theorie der nicht-kompakten Riemannschen Flächen behandeln zu können.

Ich danke den folgenden Herren für ihre Unterstützung: Herr G. Kraus hat eine Vorlesung über kompakte Riemannsche Flächen, die ich 1968 in München gehalten habe, ausgearbeitet. Die Herren K. Knorr und D. Leistner haben beim Lesen der Korrekturen geholfen; Herr Leistner hat außerdem den Index zusammengestellt.

Münster/W., im Dezember 1976 O. Forster

Inhaltsverzeichnis

Kapitel I. Überlagerungen

Kapitel II. Kompakte Riemannsche Flächen

Kapitel III. Nicht-kompakte Riemannsche Flächen

Anhang

Kapitel I. Überlagerungen

Die Theorie der Riemannschen Flächen verdankt ihren Ursprung der Tatsache, daß bei der analytischen Fortsetzung holomorpher Funktionen längs verschiedener Wege verschiedene Funktionswerte entstehen können. Setzt man deshalb einen holomorphen Funktionskeim unbegrenzt analytisch fort, so entsteht eine i.a. mehrdeutige Funktion. Um wieder zu eindeutigen Funktionen zu gelangen, ersetzt man den Definitionsbereich durch eine über der komplexen Ebene gelegene mehrblättrige Fläche, die über jedem Grundpunkt soviele Punkte besitzt, wie die fortgesetzte analytische Funktion verschiedene Funktionskeime aufweist. Auf dieser „Überlagerungsfläche" wird die analytische Funktion dann eindeutig. Abstrahiert man von der Tatsache, daß die Fläche über der komplexen Ebene (oder Zahlenkugel) ausgebreitet ist, erhält man den allgemeinen Begriff der Riemannschen Fläche als Definitionsbereich analytischer Funktionen einer Veränderlichen.

Wir besprechen in diesem Kapitel zunächst den allgemeinen Begriff der Riemannschen Fläche und dann den Begriff der Überlagerung von topologischen und analytischen Standpunkt aus. Die Theorie der Überlagerungen wird dann angewendet auf das Problem der analytischen Fortsetzung, die Konstruktion der Riemannschen Flächen algebraischer Funktionen, die Integration von Differentialformen und die Lösung linearer Differentialgleichungen.

§ 1. Definition der Riemannschen Flächen

In diesem Paragraphen definieren wir die Riemannschen Flächen, den Begriff der holomorphen und meromorphen Funktionen auf ihnen sowie holomorphe Abbildungen zwischen Riemannschen Flächen.
Riemannsche Flächen sind zweidimensionale Mannigfaltigkeiten mit einer noch zu definierenden zusätzlichen Struktur. Bekanntlich versteht man unter einer

n-dimensionalen Mannigfaltigkeit einen Hausdorff-Raum X mit der Eigenschaft, daß jeder Punkt $a \in X$ eine offene Umgebung besitzt, die zu einer offenen Teilmenge des $\mathbb{R}^n$ homöomorph ist.

1.1. Definition. Sei X eine zweidimensionale Mannigfaltigkeit. Eine *komplexe Karte* auf X ist ein Homöomorphismus $\varphi : U \to V$ einer offenen Teilmenge $U \subset X$ auf eine offene Teilmenge $V \subset \mathbb{C}$. Zwei komplexe Karten $\varphi_i : U_i \to V_i$, $i=1,2$, heißen *biholomorph verträglich*, falls die Abbildung

$$\varphi_2 \circ \varphi_1^{-1} : \varphi_1(U_1 \cap U_2) \to \varphi_2(U_1 \cap U_2)$$

biholomorph ist (vgl. Fig. 1).

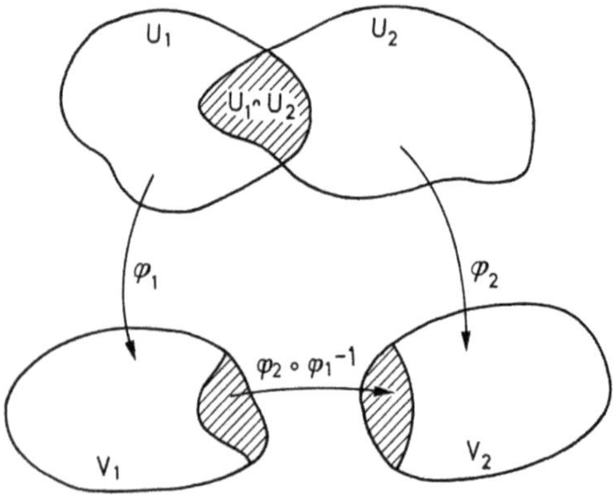

Figur 1

Ein *komplexer Atlas* auf X ist ein System $\mathfrak{A} = \{\varphi_i : U_i \to V_i, i \in I\}$ paarweise biholomorph verträglicher Karten, die X überdecken, d.h. $\bigcup_{i \in I} U_i = X$.

Zwei komplexe Atlanten $\mathfrak{A}$ und $\mathfrak{A}'$ auf X heißen *biholomorph verträglich*, falls jede Karte von $\mathfrak{A}$ mit jeder Karte von $\mathfrak{A}'$ biholomorph verträglich ist.

1.2. Bemerkungen. a) Ist $\varphi : U \to V$ eine komplexe Karte, U_1 offen in U und $V_1 := \varphi(U_1)$, so ist $\varphi | U_1 \to V_1$ eine mit $\varphi : U \to V$ biholomorph verträgliche Karte.

b) Unter Benutzung der Tatsache, daß die Zusammensetzung biholomorpher Abbildungen wieder biholomorph ist, rechnet man leicht nach, daß die biholomorphe Verträglichkeit zwischen komplexen Atlanten eine Äquivalenzrelation ist.

1.3. Definition. Unter einer *komplexen Struktur* auf einer zweidimensionalen Mannigfaltigkeit X versteht man eine Äquivalenzklasse biholomorph äquivalenter Atlanten auf X.

Eine komplexe Struktur auf X kann also durch Angabe eines komplexen Atlas definiert werden. Jede komplexe Struktur Σ auf X enthält einen eindeutig bestimmten maximalen Atlas $\mathfrak{A}^*$: Ist $\mathfrak{A}$ ein beliebiger Atlas aus Σ, so besteht $\mathfrak{A}^*$ aus allen komplexen Karten auf X, die mit jeder Karte von $\mathfrak{A}$ biholomorph verträglich sind.

1.4. Definition. Eine *Riemannsche Fläche* ist ein Paar (X,Σ), bestehend aus einer zusammenhängenden zweidimensionalen Mannigfaltigkeit X und einer komplexen Struktur Σ auf X.
Man schreibt meist nur X statt (X,Σ), wenn klar ist, welche komplexe Struktur Σ gemeint ist. Manchmal schreibt man auch $(X,\mathfrak{A})$, wenn der Atlas $\mathfrak{A}$ ein Repräsentant von Σ ist.

Vereinbarung. Ist X eine Riemannsche Fläche, so verstehen wir unter einer Karte auf X immer eine komplexe Karte des maximalen Atlas der komplexen Struktur von X.

Bemerkung. Lokal ist eine Riemannsche Fläche X nichts anderes als eine offene Menge in der komplexen Ebene; durch eine Karte $\varphi : U \to V \subset \mathbb{C}$ wird die offene Menge $U \subset X$ bijektiv auf V bezogen. Jedoch ist ein vorgegebener Punkt von X in vielen Karten enthalten, und keine ist vor der anderen ausgezeichnet. Deshalb lassen sich nur solche Begriffe aus der Funktionentheorie der komplexen Ebene auf Riemannsche Flächen übertragen, die invariant gegenüber biholomorphen Abbildungen sind, d.h. bei denen es nicht darauf ankommt, welche spezielle Karte man wählt.

1.5. Beispiele Riemannscher Flächen

a) *Die Gaußsche Zahlenebene* $\mathbb{C}$. Ihre komplexe Struktur wird definiert durch den Atlas, dessen einzige Karte die identische Abbildung $\mathbb{C} \to \mathbb{C}$ ist.

b) *Gebiete.* Sei X eine Riemannsche Fläche und $Y \subset X$ ein Gebiet (d.h. eine offene und zusammenhängende Teilmenge). Dann wird Y in natürlicher Weise wieder zu einer Riemannschen Fläche, wenn man die komplexe Struktur durch den Atlas definiert, der aus allen komplexen Karten $\varphi : U \to V$ auf X besteht, für die $U \subset Y$.

Insbesondere ist jedes Gebiet $Y \subset \mathbb{C}$ eine Riemannsche Fläche.

c) *Die Riemannsche Zahlenkugel* $\mathbb{P}_1$. Wir setzen $\mathbb{P}_1 := \mathbb{C} \cup \{\infty\}$, wobei ∞ ein Symbol ist, das nicht in $\mathbb{C}$ liegt. Wir führen folgende Topologie auf $\mathbb{P}_1$ ein: Die offenen Mengen seien einerseits die üblichen offenen Mengen $U \subset \mathbb{C}$ und andererseits die Mengen der Gestalt $V \cup \{\infty\}$, wobei $V \subset \mathbb{C}$ das Komplement einer kompakten Menge $K \subset \mathbb{C}$ ist. Dadurch wird $\mathbb{P}_1$ zu einem kompakten Hausdorff-Raum (der zur 2-Sphäre S_2 homöomorph ist). Wir setzen

$$U_1 := \mathbb{P}_1 \setminus \{\infty\} = \mathbb{C},$$
$$U_2 := \mathbb{P}_1 \setminus \{0\} = \mathbb{C}^* \cup \{\infty\}.$$

Die Abbildungen $\varphi_i : U_i \to \mathbb{C}$, $i = 1,2$, seien wie folgt definiert: φ_1 ist die identische Abbildung und

$$\varphi_2(z) := \begin{cases} 1/z & \text{für} \quad z \in \mathbb{C}^*, \\ 0 & \text{für} \quad z = \infty. \end{cases}$$

$\varphi_i : U_i \to \mathbb{C}$ sind Homöomorphismen. Dies zeigt, daß $\mathbb{P}_1$ eine zweidimensionale Mannigfaltigkeit ist. Da U_1 und U_2 zusammenhängen und nichtleeren Durchschnitt haben, ist auch $\mathbb{P}_1$ zusammenhängend.

Die komplexe Struktur von $\mathbb{P}_1$ werde nun durch den Atlas definiert, der aus den Karten $\varphi_i : U_i \to \mathbb{C}$, $i = 1,2$, besteht. Dazu haben wir uns noch zu überlegen, daß die beiden Karten biholomorph verträglich sind: Es ist $\varphi_1(U_1 \cap U_2) = \varphi_2(U_1 \cap U_2) = \mathbb{C}^*$ und

$$\varphi_2 \circ \varphi_1^{-1} : \mathbb{C}^* \to \mathbb{C}^*, \; z \mapsto 1/z,$$

biholomorph.

Bemerkung. Die Bezeichnung $\mathbb{P}_1$ kommt daher, daß man $\mathbb{P}_1$ als den 1-dimensionalen projektiven Raum über dem Körper der komplexen Zahlen auffassen kann.

d) *Tori.* Seien $\omega_1, \omega_2 \in \mathbb{C}$ über $\mathbb{R}$ linear unabhängige Zahlen und

$$\Gamma := \mathbb{Z}\omega_1 + \mathbb{Z}\omega_2 = \{n\omega_1 + m\omega_2 : n, m \in \mathbb{Z}\}.$$

Man nennt Γ das von ω_1 und ω_2 aufgespannte Gitter (Fig. 2). Zwei komplexe Zahlen $z, z' \in \mathbb{C}$ heißen äquivalent $\bmod \Gamma$, falls $z - z' \in \Gamma$. Die Menge aller Äquivalenzklassen wird mit $\mathbb{C}/\Gamma$ bezeichnet. Es sei $\pi : \mathbb{C} \to \mathbb{C}/\Gamma$ die kanonische Projektion, die jedem Punkt $z \in \mathbb{C}$ seine Äquivalenzklasse $\bmod \Gamma$ zuordnet.

Wir führen auf $\mathbb{C}/\Gamma$ folgende Topologie ein (die Quotienten-Topologie): Eine

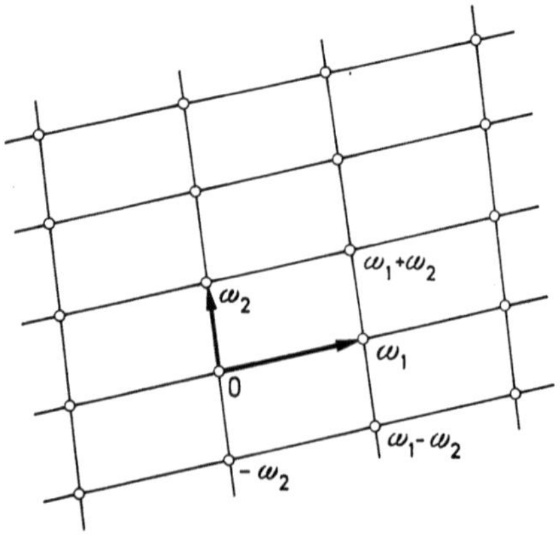

Figur 2

Teilmenge $U \subset \mathbb{C}/\Gamma$ heißt offen genau dann, wenn $\pi^{-1}(U) \subset \mathbb{C}$ offen ist. Dadurch wird $\mathbb{C}/\Gamma$ zu einem Hausdorff-Raum und die Quotientenabbildung $\pi : \mathbb{C} \rightarrow \mathbb{C}/\Gamma$ stetig. Da $\mathbb{C}$ zusammenhängt, ist auch $\mathbb{C}/\Gamma$ zusammenhängend. $\mathbb{C}/\Gamma$ ist sogar kompakt, denn es ist unter π Bild des kompakten Parallelogramms

$$P := \{\lambda\omega_1 + \mu\omega_2 : \lambda, \mu \in [0,1]\}.$$

Die Abbildung π ist offen, d.h. das Bild jeder offenen Menge $V \subset \mathbb{C}$ ist offen. Dazu hat man zu zeigen, daß $\hat{V} := \pi^{-1}(\pi(V))$ offen ist. Es gilt

$$\hat{V} = \bigcup_{\omega \in \Gamma} (\omega + V).$$

Jedes $\omega + V$ ist offen, also auch $\hat{V}$.
Wir führen nun folgendermaßen auf $\mathbb{C}/\Gamma$ eine komplexe Struktur ein: Sei $V \subset \mathbb{C}$ eine offene Menge, die kein Paar voneinander verschiedener, mod Γ äquivalenter Punkte enthält. $U := \pi(V)$ ist offen und $\pi | V \rightarrow U$ ein Homöomorphismus. Seine Umkehrabbildung $\varphi : U \rightarrow V$ ist eine komplexe Karte auf $\mathbb{C}/\Gamma$. Sei $\mathfrak{A}$ die Menge aller Karten, die sich so erhalten lassen. Wir zeigen jetzt, daß je zwei Karten $\varphi_i : U_i \rightarrow V_i$, $i = 1,2$, aus $\mathfrak{A}$ biholomorph verträglich sind. Wir betrachten die Abbildung

$$\psi := \varphi_2 \circ \varphi_1^{-1} : \varphi_1(U_1 \cap U_2) \rightarrow \varphi_2(U_1 \cap U_2).$$

Für jedes $z \in \varphi_1(U_1 \cap U_2)$ gilt $\pi(\psi(z)) = \varphi_1^{-1}(z) = \pi(z)$, also $\psi(z) - z \in \Gamma$. Da Γ diskret und ψ stetig ist, folgt, daß $\psi(z) - z$ auf jeder Zusammenhangs-Komponente von $\varphi_1(U_1 \cap U_2)$ konstant ist. Also ist ψ und ebenso ψ^{-1} holomorph, q.e.d.
Es trage nun $\mathbb{C}/\Gamma$ die durch den komplexen Atlas $\mathfrak{A}$ definierte komplexe Struktur.

Bemerkung. Sei $S_1 = \{z \in \mathbb{C} : |z| = 1\}$ die 1-Sphäre. Ordnet man dem durch $\lambda\omega_1 + \mu\omega_2, (\lambda, \mu \in \mathbb{R})$, repräsentierten Punkt von $\mathbb{C}/\Gamma$ den Punkt

$$(e^{2\pi i\lambda}, e^{2\pi i\mu}) \in S_1 \times S_1$$

zu, so erhält man einen Homöomorphismus von $\mathbb{C}/\Gamma$ auf den Torus $S_1 \times S_1$.

1.6. Definition. Sei X eine Riemannsche Fläche und $Y \subset X$ eine offene Teilmenge. Eine Funktion $f : Y \rightarrow \mathbb{C}$ heißt *holomorph*, wenn für jede Karte $\varphi : U \rightarrow V$ auf X die Funktion

$$f \circ \varphi^{-1} : \varphi(U \cap Y) \rightarrow \mathbb{C}$$

im üblichen Sinn auf der offenen Menge $\varphi(U \cap Y) \subset \mathbb{C}$ holomorph ist. Die Menge aller auf Y holomorphen Funktionen werde mit $\mathcal{O}(Y)$ bezeichnet.

1.7. Bemerkungen. a) Summe und Produkt holomorpher Funktionen sind wieder holomorph, ebenso die konstanten Funktionen. Dadurch wird $\mathcal{O}(Y)$ zu einer $\mathbb{C}$-Algebra.
b) Die in der Definition gestellte Bedingung braucht natürlich nicht für alle Karten

des maximalen Atlas von X nachgeprüft zu werden, sondern nur für eine Familie von Karten, die Y überdeckt. Dann ist sie für alle anderen Karten automatisch erfüllt.
c) Ist $\varphi: U \to V$ eine Karte auf X, so ist φ insbesondere eine komplexwertige Funktion auf U. Sie ist trivialerweise holomorph. Man nennt φ auch lokale Koordinate oder Ortsuniformisierende und (U, φ) *Koordinatenumgebung* jedes Punktes $a \in U$. In diesem Zusammenhang verwendet man statt φ gern den Buchstaben z.

1.8. Satz (Riemannscher Hebbarkeitssatz). *Sei U eine offene Teilmenge einer Riemannschen Fläche und $a \in U$. Die Funktion $f \in \mathcal{O}(U \setminus \{a\})$ sei in einer gewissen Umgebung von a beschränkt. Dann läßt sich f eindeutig zu einer Funktion $\tilde{f} \in \mathcal{O}(U)$ fortsetzen.*
Dies folgt unmittelbar aus dem Riemannschen Hebbarkeitssatz in der komplexen Ebene.
Wir kommen jetzt zur Definition der holomorphen Abbildungen zwischen Riemannschen Flächen.

1.9. Definition. Seien X und Y Riemannsche Flächen. Eine stetige Abbildung $f: X \to Y$ heißt *holomorph*, wenn für jedes Paar von Karten $\varphi_1: U_1 \to V_1$ auf X und $\varphi_2: U_2 \to V_2$ auf Y mit $f(U_1) \subset U_2$ die Abbildung

$$\varphi_2 \circ f \circ \varphi_1^{-1}: V_1 \to V_2$$

holomorph im üblichen Sinn ist.
Eine Abbildung $f: X \to Y$ heißt *biholomorph*, wenn sie bijektiv ist und sowohl $f: X \to Y$ als auch $f^{-1}: Y \to X$ holomorph sind. Zwei Riemannsche Flächen X, Y heißen *isomorph*, wenn es eine biholomorphe Abbildung $f: X \to Y$ gibt.

1.10. Bemerkungen. a) Im Spezialfall $Y = \mathbb{C}$ sind offenbar holomorphe Abbildungen $f: X \to \mathbb{C}$ dasselbe wie holomorphe Funktionen.
b) Sind X, Y, Z Riemannsche Flächen und $f: X \to Y$ und $g: Y \to Z$ holomorphe Abbildungen, so ist auch die Komposition $g \circ f: X \to Z$ holomorph.
c) Eine stetige Abbildung $f: X \to Y$ zwischen zwei Riemannschen Flächen ist genau dann holomorph, wenn für jede offene Menge $V \subset Y$ und jede holomorphe Funktion $\varphi \in \mathcal{O}(V)$ die „zurückgeliftete" Funktion $\varphi \circ f: f^{-1}(V) \to \mathbb{C}$ in $\mathcal{O}(f^{-1}(V))$ liegt. Dies folgt direkt aus den Definitionen und den Bemerkungen (1.7.c) und (1.10.b).
Eine holomorphe Abbildung $f: X \to Y$ induziert deshalb eine Abbildung

$$f^*: \mathcal{O}(V) \to \mathcal{O}(f^{-1}(V)), \quad f^*(\varphi) = \varphi \circ f.$$

Man prüft leicht nach, daß f^* ein Ring-Homomorphismus ist. Ist $g: Y \to Z$ eine weitere holomorphe Abbildung, W offen in Z, $V := g^{-1}(W)$ und $U := f^{-1}(V)$, so ist $(g \circ f)^* : \mathcal{O}(W) \to \mathcal{O}(U)$ die Zusammensetzung der Abbildungen $g^* : \mathcal{O}(W) \to \mathcal{O}(V)$ und $f^* : \mathcal{O}(V) \to \mathcal{O}(U)$, d.h. $(g \circ f)^* = f^* \circ g^*$.

1.11. Satz (Identitätssatz). *Seien X, Y Riemannsche Flächen und $f_1, f_2 : X \to Y$ zwei holomorphe Abbildungen, die auf einer Teilmenge $A \subset X$, die einen Häufungspunkt $a \in X$ besitzt, übereinstimmen. Dann sind f_1 und f_2 überhaupt identisch.*

Beweis. Sei G die Menge aller Punkte $x \in X$, die eine Umgebung W besitzen mit $f_1 | W = f_2 | W$. Nach Definition ist G offen. Wir zeigen, daß G auch abgeschlossen ist. Sei dazu b ein Randpunkt von G. Aus der Stetigkeit von f_1 und f_2 folgt $f_1(b) = f_2(b)$. Es gibt deshalb Karten $\varphi : U \to V$ auf X bzw. $\psi : U' \to V'$ auf Y mit $b \in U$ und $f_i(U) \subset U'$. Wir dürfen außerdem annehmen, daß U zusammenhängt. Die Abbildungen

$$g_i := \psi \circ f_i \circ \varphi^{-1} : V \to V' \subset \mathbb{C}$$

sind holomorph. Da $U \cap G \neq \emptyset$, stimmen g_1 und g_2 nach dem Identitätssatz für holomorphe Funktionen in Gebieten von $\mathbb{C}$ überein. Deshalb gilt $f_1 | U = f_2 | U$. Daraus folgt $b \in G$, also ist G abgeschlossen. Da X zusammenhängt, folgt $G = \emptyset$ oder $G = X$. Der erstere Fall kann aber nicht eintreten, da (wiederum nach dem Identitätssatz in der Ebene) $a \in G$. Also stimmen f_1 und f_2 auf ganz X überein.

1.12. Definition. Sei X eine Riemannsche Fläche und Y eine offene Teilmenge von X. Unter einer *meromorphen Funktion* auf Y versteht man eine auf einer offenen Teilmenge $Y' \subset Y$ definierte holomorphe Funktion $f : Y' \to \mathbb{C}$ mit folgenden Eigenschaften:

i) $Y \setminus Y'$ besteht nur aus isolierten Punkten.

ii) Für jeden Punkt $p \in Y \setminus Y'$ gilt

$$\lim_{x \to p} |f(x)| = \infty .$$

Die Punkte von $Y \setminus Y'$ heißen die *Polstellen* von f. Die Menge aller auf Y meromorphen Funktionen werde mit $\mathcal{M}(Y)$ bezeichnet.

1.13. Bemerkungen. a) Sei (U, z) eine Koordinatenumgebung einer Polstelle p von f mit $z(p) = 0$. Dann läßt sich f in einer Umgebung von p in eine Laurentreihe

$$f = \sum_{\nu = -k}^{\infty} c_\nu z^\nu$$

entwickeln.

b) $\mathcal{M}(Y)$ ist in natürlicher Weise eine $\mathbb{C}$-Algebra. Die Summe bzw. das Produkt zweier meromorpher Funktionen $f, g \in \mathcal{M}(Y)$ ist zunächst als holomorphe Funktion dort definiert, wo f und g gemeinsam holomorph sind; nach dem Riemannschen Hebbarkeitssatz wird dann $f + g$ bzw. fg über evtl. hebbare Singularitäten fortgesetzt.

1.14. Beispiel. Sei $n \geq 1$ und

$$F(z) = z^n + c_1 z^{n-1} + \ldots + c_n, \quad (c_k \in \mathbb{C}),$$

ein Polynom. Dann definiert F eine holomorphe Abbildung $F: \mathbb{C} \to \mathbb{C}$. Faßt man $\mathbb{C}$ als Teilmenge von $\mathbb{P}_1$ auf, so gilt $\lim_{z \to \infty} |F(z)| = \infty$. Also ist $F \in \mathcal{M}(\mathbb{P}_1)$.

Wir werden jetzt meromorphe Funktionen als holomorphe Abbildungen in die Riemannsche Zahlenkugel interpretieren.

1.15. Satz. *Sei X eine Riemannsche Fläche und $f \in \mathcal{M}(X)$. Für eine Polstelle p von f definiere man $f(p) := \infty$. Dann erhält man eine holomorphe Abbildung $f: X \to \mathbb{P}_1$. Ist umgekehrt $f: X \to \mathbb{P}_1$ eine holomorphe Abbildung, so ist entweder f konstant gleich ∞ oder $f^{-1}(\infty)$ besteht nur aus isolierten Punkten und $f: X \backslash f^{-1}(\infty) \to \mathbb{C}$ ist eine meromorphe Funktion auf X.*
Wir werden künftig eine meromorphe Funktion $f \in \mathcal{M}(X)$ und die ihr zugeordnete holomorphe Abbildung $f: X \to \mathbb{P}_1$ identifizieren.

Beweis. a) Sei $f \in \mathcal{M}(X)$ und P die Polstellenmenge von f. Die durch f definierte Abbildung $f: X \to \mathbb{P}_1$ ist jedenfalls stetig. Seien $\varphi: U \to V$ und $\psi: U' \to V'$ Karten auf X bzw. $\mathbb{P}_1$ mit $f(U) \subset U'$. Wir haben zu zeigen, daß

$$g := \psi \circ f \circ \varphi^{-1} : V \to V'$$

holomorph ist. Da f auf $X \backslash P$ holomorph ist, folgt, daß g auf $V \backslash \varphi(P)$ holomorph ist. Nach dem Riemannschen Hebbarkeitssatz ist g auf ganz V holomorph.

b) Die Umkehrung folgt aus dem Identitätssatz (1.11).

1.16. Bemerkung. Aus (1.11) und (1.15) folgt, daß der Identitätssatz auch für meromorphe Funktionen auf einer Riemannschen Fläche X gilt. Deshalb hat eine Funktion $f \in \mathcal{M}(X)$, die nicht identisch null ist, nur isolierte Nullstellen. Daraus folgt, daß $\mathcal{M}(X)$ ein Körper ist.

§ 2. Einfache Eigenschaften holomorpher Abbildungen

In diesem Paragraphen beweisen wir einige elementare topologische Eigenschaften über holomorphe Abbildungen zwischen Riemannschen Flächen und zeigen, wie sich daraus bekannte Sätze der Funktionentheorie in der Ebene, wie Satz von Liouville und Fundamentalsatz der Algebra, einfach ableiten lassen.

2.1. Satz (Lokale Gestalt holomorpher Abbildungen). *Seien X, Y Riemannsche Flächen, $f: X \to Y$ eine nichtkonstante holomorphe Abbildung, $a \in X$ und $b := f(a)$. Dann gibt es eine natürliche Zahl $k \geq 1$ und Karten $\varphi: U \to V$ auf X bzw. $\psi: U' \to V'$ auf Y mit folgenden Eigenschaften:*

i) $a \in U, \varphi(a) = 0$; $b \in U', \psi(b) = 0$.
ii) $f(U) \subset U'$.
iii) *Für die Abbildung $F := \psi \circ f \circ \varphi^{-1}: V \to V'$ gilt*

$$F(z) = z^k \text{ für alle } z \in V.$$

Beweis. Zunächst lassen sich Karten $\varphi_1: U_1 \to V_1$ auf X und $\psi: U' \to V'$ auf Y finden, so daß die Eigenschaften i) und ii) mit (U_1, φ_1) anstelle von (U, φ) erfüllt sind. Nach dem Identitätssatz ist die Funktion

$$f_1 := \psi \circ f \circ \varphi_1^{-1}: V_1 \to V' \subset \mathbb{C}$$

nicht-konstant und es gilt $f_1(0) = 0$, also gibt es ein $k \geq 1$, so daß $f_1(z) = z^k g(z)$, wobei g eine in V_1 holomorphe Funktion mit $g(0) \neq 0$ ist. In einer gewissen Umgebung von 0 gibt es deshalb eine holomorphe Funktion h mit $h^k = g$. Die Zuordnung $z \mapsto zh(z)$ liefert eine biholomorphe Abbildung $\alpha: V_2 \to V$ einer offenen Umgebung $V_2 \subset V_1$ der Null auf eine offene Umgebung V der Null. Sei $U := \varphi_1^{-1}(V_2)$. Wir ersetzen nun die Karte $\varphi_1: U_1 \to V_1$ durch die Karte $\varphi: U \to V$ mit $\varphi = \alpha \circ \varphi_1$. Für die Abbildung $F = \psi \circ f \circ \varphi^{-1}$ gilt dann nach Konstruktion $F(z) = z^k$, q.e.d.

2.2. Bemerkung. Die Zahl k in Satz (2.1) kann folgendermaßen charakterisiert werden: Zu jeder Umgebung U_0 von a gibt es Umgebungen $U \subset U_0$ von a und W von $b = f(a)$, so daß für jeden Punkt $y \in W$ mit $y \neq b$ die Menge $f^{-1}(y) \cap U$ genau k Elemente hat. Man nennt k die *Vielfachheit*, mit der die Abbildung f den Wert b im Punkt a annimmt.

2.3. Beispiel. Sei $f(z) = z^k + c_1 z^{k-1} + \ldots + c_k$ ein Polynom k-ten Grades. Dann kann f als holomorphe Abbildung $f: \mathbb{P}_1 \to \mathbb{P}_1$ mit $f(\infty) = \infty$ aufgefaßt werden (vgl. § 1). Durch Benutzung von Karten um ∞ rechnet man leicht nach, daß ∞ mit der Vielfachheit k angenommen wird.

2.4. Corollar. *Seien X, Y Riemannsche Flächen und $f: X \to Y$ eine nicht-konstante holomorphe Abbildung. Dann ist f offen, d.h. das Bild jeder offenen Menge ist offen.*

Beweis. Aus Satz (2.1) folgt unmittelbar: Ist U Umgebung eines Punktes $a \in X$, so ist $f(U)$ Umgebung des Punktes $f(a)$. Daraus ergibt sich die Offenheit.

2.5. Corollar. *Seien X, Y Riemannsche Flächen und $f: X \to Y$ eine injektive holomorphe Abbildung. Dann liefert f eine biholomorphe Abbildung von X auf $f(X)$.*

Beweis. Ist f injektiv, so muß in der lokalen Beschreibung von Satz (2.1) stets $k=1$ sein. Deshalb ist die Umkehrabbildung $f^{-1}: f(X) \to X$ holomorph.

2.6. Corollar (Maximumprinzip). *Sei X eine Riemannsche Fläche und $f: X \to \mathbb{C}$ eine nicht-konstante holomorphe Funktion. Dann nimmt f das Maximum seines Betrages nicht an.*

Beweis. Angenommen, es gebe einen Punkt $a \in X$ mit

$$R := |f(a)| = \sup\{|f(x)| : x \in X\}.$$

Es gilt dann

$$f(X) \subset K := \{z \in \mathbb{C} : |z| \leq R\}.$$

Da $f(X)$ offen ist, liegt es ganz im Innern von K. Dies ist ein Widerspruch zu $f(a) \in \partial K$.

2.7. Satz. *Seien X, Y Riemannsche Flächen, X kompakt und $f: X \to Y$ eine nicht-konstante holomorphe Abbildung. Dann ist Y kompakt und f surjektiv.*

Beweis. Nach (2.4) ist $f(X)$ offen. Da X kompakt ist, ist $f(X)$ kompakt, also abgeschlossen. Da in einem zusammenhängenden Raum die einzigen gleichzeitig offenen und abgeschlossenen Mengen die leere Menge und der gesamte Raum sind, folgt $f(X) = Y$. Also ist f surjektiv und Y kompakt.

2.8. Corollar. *Auf einer kompakten Riemannschen Fläche ist jede holomorphe Funktion $f: X \to \mathbb{C}$ konstant.*
Dies folgt aus Satz (2.7), da $\mathbb{C}$ nicht kompakt ist.

2.9. Corollar. *Jede meromorphe Funktion f auf $\mathbb{P}_1$ ist eine rationale Funktion, d.h. Quotient zweier Polynome.*

Beweis. Die Funktion f hat nur endlich viele Pole. Denn andernfalls hätten die Polstellen einen Häufungspunkt und f müßte nach dem Identitätssatz konstant gleich ∞ sein. Wir können annehmen, daß in ∞ kein Pol von f liegt; sonst betrachten wir $1/f$ statt f. Seien $a_1, \ldots, a_n \in \mathbb{C}$ die Polstellen von f und

$$h_\nu(z) = \sum_{j=-k_\nu}^{-1} c_{\nu j}(z-a_\nu)^j, \quad \nu = 1, \ldots, n,$$

die Hauptteile von f in a_ν. Dann ist die Funktion $g := f - (h_1 + \cdots + h_n)$ auf ganz $\mathbb{P}_1$ holomorph, also nach Corollar (2.8) konstant. Daraus folgt, daß f rational ist.

2.10. Satz von Liouville. *Jede beschränkte holomorphe Funktion* $f: \mathbb{C} \to \mathbb{C}$ *ist konstant.*

Beweis. Nach dem Riemannschen Hebbarkeitssatz (1.8) läßt sich f zu einer holomorphen Abbildung $f: \mathbb{P}_1 \to \mathbb{C}$ fortsetzen, die nach Corollar (2.8) konstant ist.

2.11. Fundamentalsatz der Algebra. *Sei* $n \geq 1$ *und*

$$f(z) = z^n + c_1 z^{n-1} + \cdots + c_n$$

ein Polynom mit Koeffizienten $c_\nu \in \mathbb{C}$. *Dann gibt es wenigstens ein* $a \in \mathbb{C}$ *mit* $f(a) = 0$.

Beweis. Das Polynom f läßt sich als holomorphe Abbildung $f: \mathbb{P}_1 \to \mathbb{P}_1$ mit $f(\infty) = \infty$ auffassen. Nach Satz (2.7) ist diese Abbildung surjektiv, also ist $0 \in f(\mathbb{C})$.

2.12. Doppeltperiodische Funktionen. Seien $\omega_1, \omega_2 \in \mathbb{C}$ über $\mathbb{R}$ linear unabhängige Zahlen und $\Gamma := \mathbb{Z}\omega_1 + \mathbb{Z}\omega_2$ das von ihnen aufgespannte Gitter. Eine meromorphe Funktion $f: \mathbb{C} \to \mathbb{P}_1$ heißt *doppeltperiodisch* bzgl. Γ, falls

$$f(z) = f(z + \omega) \quad \text{für alle } z \in \mathbb{C} \quad \text{und} \quad \omega \in \Gamma.$$

Dazu genügt es offenbar, daß $f(z) = f(z + \omega_1) = f(z + \omega_2)$ für alle $z \in \mathbb{C}$. Sei $\pi: \mathbb{C} \to \mathbb{C}/\Gamma$ die kanonische Quotientenabbildung. Dann induziert die doppeltperiodische Funktion f eine Funktion $F: \mathbb{C}/\Gamma \to \mathbb{P}_1$ mit $f = F \circ \pi$. Aus der Definition der komplexen Struktur von $\mathbb{C}/\Gamma$ folgt unmittelbar, daß F eine meromorphe Funktion auf $\mathbb{C}/\Gamma$ ist. Geht man umgekehrt von einer meromorphen Funktion $F: \mathbb{C}/\Gamma \to \mathbb{P}_1$ aus, so ist die Komposition $f = F \circ \pi: \mathbb{C} \to \mathbb{P}_1$ eine bzgl. Γ doppeltperiodische meromorphe Funktion. Die meromorphen Funktionen auf dem Torus $\mathbb{C}/\Gamma$ entsprechen also umkehrbar eindeutig den bzgl. Γ doppeltperiodischen meromorphen Funktionen auf $\mathbb{C}$. Deshalb folgt aus Satz (2.7):

2.13. Satz. *Jede doppeltperiodische holomorphe Funktion* $f: \mathbb{C} \to \mathbb{C}$ *ist konstant. Jede nichtkonstante doppeltperiodische meromorphe Funktion* $f: \mathbb{C} \to \mathbb{P}_1$ *nimmt jeden Wert* $c \in \mathbb{P}_1$ *an.*

§ 3. Homotopie von Kurven. Fundamentalgruppe

In diesem Paragraphen stellen wir einige topologische Hilfsmittel bereit, die mit dem Begriff der Homotopie von Kurven zusammenhängen.

Unter einer *Kurve* in einem topologischen Raum X verstehen wir eine stetige Abbildung $u : I \to X$, wobei $I := [0,1] \subset \mathbb{R}$ das Einheitsintervall ist. Der Punkt $a := u(0)$ heißt der Anfangspunkt und $b := u(1)$ der Endpunkt der Kurve. Man verwendet hierfür auch die folgenden Sprechweisen: u ist eine Kurve von a nach b; die Kurve u verbindet a mit b.

Ein topologischer Raum X heißt bekanntlich *kurvenzusammenhängend*, wenn je zwei Punkte $a, b \in X$ durch eine Kurve verbunden werden können. Ein kurvenzusammenhängender Raum X ist auch zusammenhängend, d.h. es gibt keine Zerlegung $X = U_1 \cup U_2$ mit nichtleeren, punktfremden offenen Mengen U_1 und U_2. Ein topologischer Raum heißt *lokal kurvenzusammenhängend*, wenn jeder Punkt eine Umgebungsbasis aus kurvenzusammenhängenden Mengen besitzt. Dies ist insbesondere bei Mannigfaltigkeiten der Fall. Ein zusammenhängender, lokal kurvenzusammenhängender Raum X ist (global) kurvenzusammenhängend, denn man beweist leicht, daß die Menge aller Punkte $x \in X$, die mit einem vorgegebenen Punkt $a \in X$ durch eine Kurve verbunden werden können, zugleich offen und abgeschlossen ist.

3.1. Definition. Sei X ein topologischer Raum und seien $a, b \in X$. Zwei Kurven $u, v : I \to X$ von a nach b heißen *homotop*, in Zeichen $u \sim v$, wenn es eine stetige Abbildung $A : I \times I \to X$ mit folgenden Eigenschaften gibt:

i) $A(t,0) = u(t)$ für alle $t \in I$,

ii) $A(t,1) = v(t)$ für alle $t \in I$,

iii) $A(0,s) = a$ und $A(1,s) = b$ für alle $s \in I$.

Bemerkung. Setzt man $u_s(t) := A(t,s)$, so ist jedes u_s eine Kurve von a nach b und es gilt $u_0 = u$ und $u_1 = v$. Man sagt, die Schar $(u_s)_{0 \leq s \leq 1}$ sei eine Deformation der Kurve u in die Kurve v, vgl. Fig. 3.

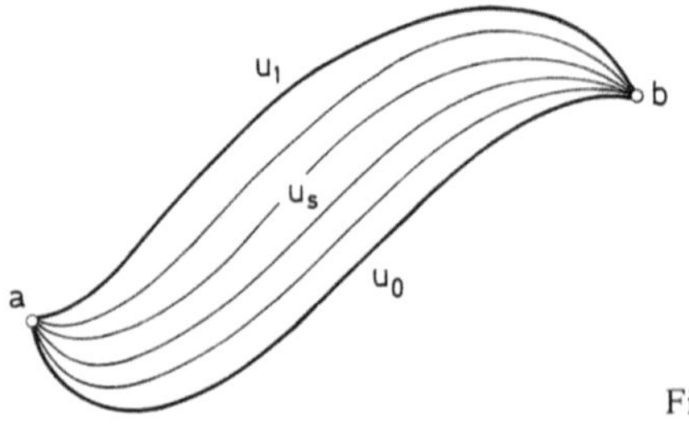

Figur 3

3.2. Satz. *Sei X ein topologischer Raum und seien $a, b \in X$. Die Homotopie ist eine Äquivalenzrelation auf der Menge aller Kurven von a nach b.*

Beweis. Die Reflexivität und Symmetrie sind klar. Zur Transitivität: Seien $u, v, w: I \to X$ drei Kurven von a nach b mit $u \sim v$ und $v \sim w$. Wir haben zu zeigen, daß $u \sim w$. Nach Voraussetzung gibt es stetige Abbildungen $A, B: I \times I \to X$, so daß für alle $t, s \in I$ gilt:

$$\begin{aligned}
&A(t,0) = u(t),\\
&A(t,1) = B(t,0) = v(t),\\
&B(t,1) = w(t),\\
&A(0,s) = B(0,s) = a,\\
&A(1,s) = B(1,s) = b.
\end{aligned}$$

Wir definieren $C: I \times I \to X$ durch

$$C(t,s) := \begin{cases} A(t,2s) & \text{für} \quad 0 \le s \le 1/2, \\ B(t,2s-1) & \text{für} \quad 1/2 \le s \le 1. \end{cases}$$

Dann ist C stetig und vermittelt eine Homotopie zwischen u und w.

3.3. Lemma. *Sei $u: I \to X$ eine Kurve in dem topologischen Raum X und $\varphi: I \to I$ eine stetige Abbildung mit $\varphi(0) = 0$ und $\varphi(1) = 1$. Dann sind die Kurven u und $u \circ \varphi$ homotop.*

Beweis. Es werde $A: I \times I \to X$ definiert durch

$$A(t,s) := u\big((1-s)t + s\varphi(t)\big).$$

A ist stetig und es gilt

$$\begin{aligned}
&A(t,0) = u(t), \ A(t,1) = (u \circ \varphi)(t),\\
&A(0,s) = u(0), \ A(1,s) = u(1)
\end{aligned}$$

für alle $t, s \in I$. Dies zeigt, daß u und $u \circ \varphi$ homotop sind.

3.4. Definition. Seien a, b, c drei Punkte in einem topologischen Raum X und sei $u: I \to X$ eine Kurve von a nach b sowie $v: I \to X$ eine Kurve von b nach c.

i) Die *zusammengesetzte Kurve* $u \cdot v: I \to X$ von a nach c ist definiert durch

$$(u \cdot v)(t) := \begin{cases} u(2t) & \text{für} \quad 0 \le t \le 1/2, \\ v(2t-1) & \text{für} \quad 1/2 \le t \le 1. \end{cases}$$

ii) Die *inverse Kurve* $u^-: I \to X$ von b nach a ist definiert durch

$$u^-(t) := u(1-t) \quad \text{für alle} \quad t \in I.$$

Die zusammengesetzte Kurve $u \cdot v$ durchläuft also zuerst die Punkte der Kurve u und dann die Kurve v jeweils in doppelter Geschwindigkeit. Die inverse Kurve u^- durchläuft dieselben Punkte wie u, aber in entgegengesetztem Sinn.

Man rechnet leicht nach: Sind $u, u_1: I \to X$ zwei homotope Kurven von a nach b

und $v, v_1 : I \to X$ zwei homotope Kurven von b nach c, so gilt auch $u \cdot v \sim u_1 \cdot v_1$ und $u^- \sim u_1^-$.

3.5. Definition. Sei X ein topologischer Raum und $a \in X$. Unter der *Punktkurve in a* versteht man die konstante Abbildung $u_0 : I \to X, u_0(t) = a$ für alle $t \in I$.

3.6. Satz. *Sei X ein topologischer Raum und seien $a, b, c, d \in X$. Seien $u, v, w : I \to X$ Kurven in X mit*

$$u(0) = a, \quad u(1) = v(0) = b, \quad v(1) = w(0) = c, \quad w(1) = d.$$

Weiter sei u_0 die Punktkurve in a und v_0 die Punktkurve in b. Dann bestehen die Homotopien

i) $u_0 \cdot u \sim u \sim u \cdot v_0$,
ii) $u \cdot u^- \sim u_0$,
iii) $(u \cdot v) \cdot w \sim u \cdot (v \cdot w)$.

Beweis. Zu i) Es gilt nach Definition der Zusammensetzung von Kurven

$$(u_0 \cdot u)(t) = \begin{cases} u_0(2t) = u(0) & \text{für} \quad 0 \leq t \leq 1/2, \\ u(2t-1) & \text{für} \quad 1/2 \leq t \leq 1. \end{cases}$$

Daher gilt $u_0 \cdot u = u \circ \varphi$, wobei $\varphi : I \to I$ die wie folgt definierte Parameter-Transformation ist: $\varphi(t) = 0$ für $0 \leq t \leq 1/2$, $\varphi(t) = 2t - 1$ für $1/2 \leq t \leq 1$.
Aus Lemma (3.3) folgt daher $u_0 \cdot u \sim u$. Ebenso beweist man $u \cdot v_0 \sim u$.

Zu ii) Es gilt

$$(u \cdot u^-)(t) = \begin{cases} u(2t) & \text{für} \quad 0 \leq t \leq 1/2, \\ u(2-2t) & \text{für} \quad 1/2 \leq t \leq 1. \end{cases}$$

Wir definieren $A : I \times I \to X$ durch

$$A(t,s) := \begin{cases} u\big(2t(1-s)\big) & \text{für} \quad 0 \leq t \leq 1/2, \\ u\big(2(1-t)(1-s)\big) & \text{für} \quad 1/2 \leq t \leq 1. \end{cases}$$

Dann vermittelt A eine Homotopie zwischen $u \cdot u^-$ und der Punktkurve u_0.

Zu iii) Man rechnet leicht nach, daß

$$(u \cdot v) \cdot w = \big(u \cdot (v \cdot w)\big) \circ \psi,$$

wobei $\psi : I \to I$ diejenige Parameter-Transformation ist, für die gilt:
a) $\psi(0) = 0$, $\psi(1/4) = 1/2$, $\psi(1/2) = 3/4$, $\psi(1) = 1$
b) ψ ist auf jedem der Intervalle [0, 1/4], [1/4, 1/2], [1/2, 1] affin-linear.
Die Behauptung folgt deshalb aus Lemma (3.3).

Bemerkung. Analog zu iii) gilt allgemeiner: Sind $u_1, \ldots, u_n$ Kurven in X, so daß jeweils der Anfangspunkt von u_{k+1} gleich dem Endpunkt von u_k ist, so unterscheiden sich die Zusammensetzungen $u_1 \cdot u_2 \cdot \cdots \cdot u_k$ bei verschiedenen Klammerungen nur um eine Parametertransformation $\psi: I \to I$ mit $\psi(0)=0$ und $\psi(1)=1$, sind also insbesondere homotop.

3.7. Definition. Eine Kurve $u: I \to X$ in einem topologischen Raum X heißt *geschlossen*, wenn $u(0)=u(1)$. Eine geschlossene Kurve $u: I \to X$ mit Anfangs- und Endpunkt a heißt *nullhomotop*, wenn sie zu der Punktkurve in a homotop ist.

3.8. Satz und Definition. *Sei X ein topologischer Raum und $a \in X$ ein Punkt. Die Menge $\pi_1(X,a)$ aller Homotopieklassen von geschlossenen Kurven in X mit Anfangs- und Endpunkt a bildet mit der durch die Zusammensetzung von Kurven induzierten Verknüpfung eine Gruppe, die Fundamentalgruppe von X bzgl. des Basispunktes a.*

Bezeichnung. Für eine geschlossene Kurve u bezeichnen wir mit $\mathrm{cl}(u)$ seine Homotopieklasse. Für die Verknüpfung in $\pi_1(X,a)$ gilt also nach Definition $\mathrm{cl}(u)\,\mathrm{cl}(v)=\mathrm{cl}(u \cdot v)$.

Beweis. Daß die Verknüpfung wohldefiniert ist, folgt aus der Bemerkung im Anschluß an Definition (3.4). Aus Satz (3.6) folgt, daß die Verknüpfung assoziativ ist und als neutrales Element die Klasse der nullhomotopen Kurven besitzt. Für das Inverse gilt $\mathrm{cl}(u)^{-1}=\mathrm{cl}(u^-)$.

3.9. Abhängigkeit vom Basispunkt. Sei X ein topologischer Raum und seien $a, b \in X$ Punkte, die durch eine Kurve w verbunden sind. Dann kann man eine Abbildung

$$f: \pi_1(X,a) \to \pi_1(X,b)$$

wie folgt definieren:

$$f(\mathrm{cl}(u)) := \mathrm{cl}(w^- \cdot u \cdot w).$$

Man stellt leicht fest, daß diese Abbildung ein Isomorphismus ist. Für einen kurvenzusammenhängenden Raum X ist die Fundamentalgruppe also im wesentlichen unabhängig vom Basispunkt, und wir schreiben oft kurz $\pi_1(X)$ statt $\pi_1(X,a)$. Man beachte jedoch, daß der konstruierte Isomorphismus $\pi_1(X,a) \to \pi_1(X,b)$ i.a. von der benützten Kurve w abhängt, die a mit b verbindet. Ist w_1 eine weitere Kurve von a nach b und $f_1: \pi_1(X,a) \to \pi_1(X,b)$ definiert durch

$$f_1(\mathrm{cl}(u)) := \mathrm{cl}(w_1^- \cdot u \cdot w_1),$$

so gilt für den Automorphismus

$$F := f_1^{-1} \circ f: \pi_1(X,a) \to \pi_1(X,a),$$

daß $F(\mathrm{cl}(u)) = \mathrm{cl}(w_1 \cdot w^- \cdot u \cdot w \cdot w_1^-)$, d.h.

$$F(\alpha) = \gamma \cdot \alpha \cdot \gamma^{-1} \quad \text{für alle} \quad \alpha \in \pi_1(X, a),$$

wobei γ die Homotopieklasse der geschlossenen Kurve $w_1 \cdot w^-$ bezeichnet. Ist $\pi_1(X,a)$ abelsch, so folgt aus diesen Überlegungen, daß $\pi_1(X,a)$ und $\pi_1(X,b)$ kanonisch isomorph sind.

3.10. Definition. Ein kurvenzusammenhängender topologischer Raum X heißt *einfach zusammenhängend*, wenn $\pi_1(X) = 0$.

Bemerkung. Obwohl die Verknüpfung in $\pi_1(X)$ multiplikativ geschrieben wird, schreibt man $\pi_1(X) = 0$, wenn $\pi_1(X)$ nur aus dem neutralen Element besteht.

3.11. Satz. *Sei X ein kurvenzusammenhängender, einfach zusammenhängender topologischer Raum und $a, b \in X$. Dann sind je zwei Kurven $u, v : I \to X$ von a nach b homotop.*

Beweis. Sei u_0 die Punktkurve in a und v_0 die Punktkurve in b. Da $\pi_1(X,b) = 0$, folgt $v^- \cdot u \sim v_0$, also $v \cdot (v^- \cdot u) \sim v \cdot v_0$. Nach Satz (3.6) ist $v \cdot (v^- \cdot u) \sim (v \cdot v^-) \cdot u \sim u_0 \cdot u \sim u$ und $v \cdot v_0 \sim v$, d.h. $u \sim v$.

3.12. Beispiele

a) Eine Teilmenge $X \subset \mathbb{R}^n$ heißt *sternförmig* bzgl. eines Punktes $a \in X$, wenn für jeden Punkt $x \in X$ die gesamte Verbindungsstrecke $\lambda a + (1-\lambda)x$, $0 \leq \lambda \leq 1$, zu X gehört.

Jede sternförmige Teilmenge $X \subset \mathbb{R}^n$ ist einfach zusammenhängend. Denn sei $u : I \to X$ eine geschlossene Kurve mit Anfangs- und Endpunkt a (a wie oben). Dann liefert

$$A : I \times I \to X, \; A(t,s) := sa + (1-s)u(t),$$

eine Homotopie von u auf die Punktkurve in a. Daraus folgt $\pi_1(X,a) = 0$. Insbesondere sind also die Gaußsche Zahlenebene $\mathbb{C}$ und jede Kreisscheibe in $\mathbb{C}$ einfach zusammenhängend. Ebenso sind $\mathbb{C} \setminus \mathbb{R}_+$ und $\mathbb{C} \setminus \mathbb{R}_-$ einfach zusammenhängend, wobei $\mathbb{R}_+$ und $\mathbb{R}_-$ die positive bzw. negative reelle Achse bezeichnen.

b) Die *Riemannsche Zahlenkugel* $\mathbb{P}_1$ ist einfach zusammenhängend. Dies kann man wie folgt einsehen: Sei $U_1 := \mathbb{P}_1 \setminus \{\infty\}$ und $U_2 := \mathbb{P}_1 \setminus \{0\}$. Da U_1 und U_2 zu $\mathbb{C}$ homöomorph sind, sind sie einfach zusammenhängend. Sei nun $u : I \to \mathbb{P}_1$ irgend eine geschlossene Kurve mit Anfangs- und Endpunkt 0. Da I kompakt und u stetig ist, kann man endlich viele nicht notwendig geschlossene Kurven $u_1, \ldots, u_{2n+1} : I \to \mathbb{P}_1$ mit folgenden Eigenschaften finden:

i) Die zusammengesetzte Kurve

$$v := u_1 \cdot u_2 \cdot \dots \cdot u_{2n+1}$$

ist bis auf Parametertransformation gleich der Kurve u, also zu u homotop.
ii) Die Kurven u_{2k+1}, $k=0, \dots, n$, verlaufen ganz in U_1, und die Kurven u_{2k}, $k=1, \dots, n$, verlaufen ganz in U_2. Angangs- und Endpunkte der u_{2k} sind von ∞ verschieden.
Nach Satz (3.11) kann man nun zu u_{2k} homotope Kurven u'_{2k} finden, die ganz in $U_2 \setminus \{\infty\}$ verlaufen. Dann ist

$$v' := u_1 \cdot u'_2 \cdot u_3 \cdot \dots \cdot u'_{2n} \cdot u_{2n+1}$$

zu v, also auch zu u homotop und verläuft ganz in U_1. Da $\pi_1(U_1)=0$, ist v', also auch u nullhomotop.

3.13. Definition. Sei X ein topologischer Raum und seien $u, v: I \to X$ zwei geschlossene Kurven in X (mit nicht notwendig demselben Anfangspunkt). Die Kurven u und v heißen *frei homotop* als geschlossene Kurven, wenn es eine stetige Abbildung $A: I \times I \to X$ mit folgenden Eigenschaften gibt:
i) $A(t,0)=u(t)$ für alle $t \in I$,
ii) $A(t,1)=v(t)$ für alle $t \in I$,
iii) $A(0,s)=A(1,s)$ für alle $s \in I$.

Bemerkung. Setzt man $u_s(t) := A(t,s)$, so ist jedes u_s eine geschlossene Kurve in X und es gilt $u_0=u$, $u_1=v$. Die Kurvenschar u_s, $0 \le s \le 1$, stellt eine Deformation der Kurve u in die Kurve v dar.
Sei $w(t) := A(0,t)$, $0 \le t \le 1$. Dann ist w eine Kurve, die $a := u(0)=u(1)$ mit $b := v(0)=v(1)$ verbindet. $w(s)$ stellt den Anfangs- und Endpunkt der Kurve u_s dar. Man überlegt sich leicht, daß u zu der Kurve $w \cdot v \cdot w^-$ bei festgehaltenem Anfangs- und Endpunkt a homotop ist (s. Fig. 4).

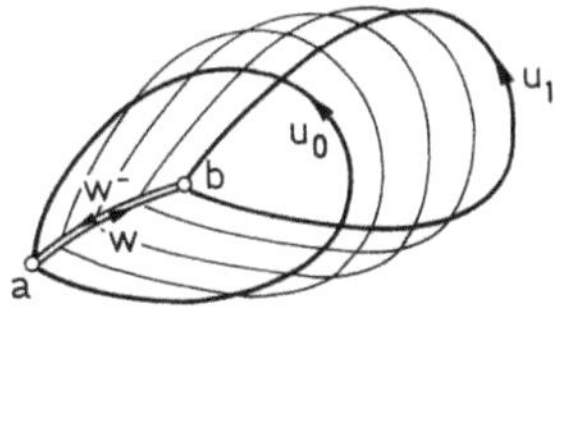

Figur 4

3.14. Satz. *Ein kurvenzusammenhängender topologischer Raum X ist genau dann einfach zusammenhängend, wenn je zwei geschlossene Kurven in X frei homotop als geschlossene Kurven sind.*
Der einfache Beweis sei dem Leser überlassen.

3.15. Funktorielles Verhalten. Sei $f: X \to Y$ eine stetige Abbildung zwischen den topologischen Räumen X und Y. Ist $u: I \to X$ eine Kurve in X, so ist $f \circ u: I \to Y$ eine Kurve in Y. Sind $u, u': I \to X$ homotop, so sind auch die Bildkurven $f \circ u, f \circ u'$ homotop. Deshalb induziert f eine Abbildung

$$f_*: \pi_1(X, a) \to \pi_1(Y, f(a))$$

der Fundamentalgruppen. Diese Abbildung ist ein Gruppenhomomorphismus, da $f \circ (u \cdot v) = (f \circ u) \cdot (f \circ v)$.
Ist $g: Y \to Z$ eine weitere stetige Abbildung, so gilt $(g \circ f)_* = g_* \circ f_*$.

§ 4. Verzweigte und unverzweigte Überlagerungen

Nicht-konstante holomorphe Abbildungen zwischen Riemannschen Flächen lassen sich als (evtl. verzweigte) Überlagerungsabbildungen auffassen. Wir stellen deshalb jetzt die wichtigsten Begriffe und Tatsachen aus der Theorie der Überlagerungen zusammen.
Eine Teilmenge A eines topologischen Raums heißt diskret, wenn jeder Punkt $a \in A$ eine Umgebung V besitzt, so daß $V \cap A = \{a\}$. Wir nennen eine Abbildung $p: Y \to X$ zwischen zwei topologischen Räumen X, Y diskret, falls das Urbild $p^{-1}(x)$ jedes Punktes $x \in X$ eine diskrete Teilmenge von Y ist.

4.1. Definition. Seien X, Y topologische Räume. Eine Abbildung $p: Y \to X$ heißt *Überlagerung (sabbildung)*, falls sie stetig, offen und diskret ist.
Ist $y \in Y$ und $x := p(y)$, so sagt man, der Punkt y *liegt über* x, und der Punkt x ist der *Grundpunkt* oder *Spurpunkt* von y.
Sind $p: Y \to X$ und $q: Z \to X$ zwei Überlagerungen von X, so nennt man eine Abbildung $f: Y \to Z$ *spurtreu*, wenn $p = q \circ f$. Dies bedeutet, daß ein Punkt $y \in Y$, der über einem Punkt $x \in X$ liegt, auf einen Punkt z abgebildet wird, der ebenfalls über x liegt.

4.2. Satz. *Seien X, Y Riemannsche Flächen und $p: Y \to X$ eine nicht-konstante holomorphe Abbildung. Dann ist p eine Überlagerungsabbildung.*

Beweis. Die Abbildung p ist natürlich stetig und nach (2.4) auch offen. Wäre das Urbild eines Punktes $a \in X$ nicht diskret, so müßte p nach dem Identitätssatz (1.11) konstant gleich a sein.

Man führt folgende *Sprechweisen* ein: Ist $p: Y \to X$ eine holomorphe Überlagerung, so nennt man Y ein *Gebiet über* X.

Eine holomorphe (bzw. meromorphe) Funktion $f: Y \to \mathbb{C}$ (bzw. $f: Y \to \mathbb{P}_1$) bezeichnet man als mehrdeutige holomorphe (meromorphe) Funktion in X. Ist $x \in X$ und $p^{-1}(x) = \{y_j : j \in J\}$, so sind $f(y_j)$, $j \in J$, die verschiedenen Werte dieser mehrdeutigen Funktion über dem Punkt x. (Es kann natürlich auch vorkommen, daß $p^{-1}(x)$ einpunktig oder leer ist.)

Sei etwa $Y = \mathbb{C}$, $X = \mathbb{C}^*$ und $p = \exp : \mathbb{C} \to \mathbb{C}^*$. Dann entspricht der identischen Abbildung $\mathrm{id} : \mathbb{C} \to \mathbb{C}$ der mehrdeutige Logarithmus auf $\mathbb{C}^*$. Denn für ein $b \in \mathbb{C}^*$ besteht die Menge $\exp^{-1}(b)$ genau aus den verschiedenen Werten des Logarithmus von b:

$$\begin{array}{ccc} \mathbb{C} & \xrightarrow{\mathrm{id}} & \mathbb{C} \\ {\scriptstyle \exp}\downarrow & \nearrow{\scriptstyle \log} & \\ \mathbb{C}^* & & \end{array}$$

4.3. Definition. Seien X, Y topologische Räume und $p : Y \to X$ eine Überlagerung. Ein Punkt $y \in Y$ heißt *Verzweigungspunkt* von p, wenn es keine Umgebung V von y gibt, so daß $p|V$ injektiv ist. Die Abbildung p heißt *unverzweigt*, falls sie keine Verzweigungspunkte besitzt.

4.4. Satz. *Seien X, Y topologische Räume. Eine Abbildung $p : Y \to X$ ist genau dann eine unverzweigte Überlagerung, wenn p lokal-topologisch ist, d.h., wenn jeder Punkt $y \in Y$ eine offene Umgebung V besitzt, die durch p homöomorph auf eine offene Teilmenge U von X abgebildet wird.*

Beweis. Sei $p : Y \to X$ eine unverzweigte Überlagerung und $y \in Y$ beliebig. Da y kein Verzweigungspunkt ist, gibt es eine offene Umgebung V von y, so daß $p|V$ injektiv ist. Da p stetig und offen ist, bildet p die Menge V homöomorph auf die offene Menge $U := p(V)$ ab.

Sei umgekehrt $p : Y \to X$ als lokal-topologisch vorausgesetzt. Dann ist p natürlich stetig und offen. Y ist aber auch diskret, denn sei $y \in p^{-1}(x)$ und V eine offene Umgebung von y, die durch p homöomorph auf eine offene Teilmenge von X abgebildet wird. Dann ist $V \cap p^{-1}(x) = \{y\}$.

4.5. Beispiele

a) Sei k eine natürliche Zahl ≥ 2 und $p_k : \mathbb{C} \to \mathbb{C}$ die durch $p_k(z) := z^k$ definierte Abbildung. Dann ist $0 \in \mathbb{C}$ der einzige Verzweigungspunkt von p_k. Die Abbildung $p_k | \mathbb{C}^* \to \mathbb{C}$ ist unverzweigt.

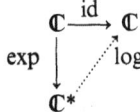

b) Sei $p : Y \to X$ eine holomorphe Überlagerungsabbildung, $y \in Y$ und $x := p(y)$. Genau dann ist y Verzweigungspunkt von p, wenn die Abbildung p den Wert x im Punkt y mit einer Vielfachheit $k \geq 2$ annimmt, vgl. (2.2). Nach Satz (2.1) verhält sich dann p lokal um y ebenso wie die Abbildung p_k von Beispiel a) um den Nullpunkt.

c) Die Abbildung $\exp : \mathbb{C} \to \mathbb{C}^*$ ist eine unverzweigte Überlagerung, denn exp bildet jede Teilmenge $V \subset \mathbb{C}$ injektiv ab, die keine zwei Punkte enthält, die sich um ein ganzzahliges Vielfaches von $2\pi i$ unterscheiden.

d) Sei $\Gamma \subset \mathbb{C}$ ein Gitter und $\pi : \mathbb{C} \to \mathbb{C}/\Gamma$ die kanonische Quotientenabbildung, vgl. (1.5.d). Dann ist π eine unverzweigte Überlagerung.

4.6. Satz. *Sei X eine Riemannsche Fläche, Y ein Hausdorff-Raum und $p : Y \to X$ eine unverzweigte Überlagerungsabbildung. Dann gibt es genau eine komplexe Struktur auf Y, so daß p holomorph wird.*

Bemerkung. Nach (2.5) ist dann p sogar lokal biholomorph.

Beweis. Es sei $\mathfrak{A}$ die Menge aller komplexen Karten auf Y, die sich wie folgt erhalten lassen: Sei $\varphi_1 : U_1 \to V \subset \mathbb{C}$ eine Karte der komplexen Struktur von X. Es gebe eine offene Teilmenge $U \subset Y$, so daß $p|U \to U_1$ ein Homöomorphismus ist. Dann ist $\varphi := \varphi_1 \circ p : U \to V$ eine komplexe Karte auf Y und gehöre zu $\mathfrak{A}$. Es ist leicht zu sehen, daß die Karten aus $\mathfrak{A}$ ganz Y überdecken und paarweise biholomorph verträglich sind. Es trage Y die durch $\mathfrak{A}$ definierte komplexe Struktur. Damit wird die Projektion p lokal biholomorph, insbesondere holomorph.
Zur Eindeutigkeit: Sei $\mathfrak{A}'$ ein anderer komplexer Atlas auf Y, so daß die Abbildung $p : (Y, \mathfrak{A}') \to X$ holomorph, also lokal biholomorph wird. Dann ist die identische Abbildung $(Y, \mathfrak{A}) \to (Y, \mathfrak{A}')$ lokal biholomorph, also biholomorph. Deshalb definieren $\mathfrak{A}$ und $\mathfrak{A}'$ dieselbe komplexe Struktur.

4.7. Liften von Abbildungen. Seien X, Y, Z topologische Räume, $p : Y \to X$ eine Überlagerung und $f : Z \to X$ eine stetige Abbildung. Unter einer *Liftung* von f bzgl. p versteht man eine stetige Abbildung $g : Z \to Y$, so daß $f = p \circ g$, d.h. das folgende Diagramm kommutiert.

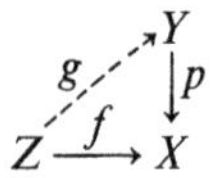

4.8. Satz (Eindeutigkeit der Liftung). *Seien X, Y Hausdorff-Räume und $p : Y \to X$ eine unverzweigte Überlagerung. Sei Z ein zusammenhängender topologischer Raum und $f : Z \to X$ eine stetige Abbildung. Sind dann $g_1, g_2 : Z \to Y$ zwei Liftungen von f und gilt $g_1(z_0) = g_2(z_0)$ für einen Punkt $z_0 \in Z$, so ist $g_1 = g_2$.*

Beweis. Sei $T := \{z \in Z : g_1(z) = g_2(z)\}$. Die Menge T ist abgeschlossen, da sie das Urbild der Diagonale $\Delta \subset Y \times Y$ bei der Abbildung $(g_1, g_2) : Z \to Y \times Y$ ist. Wir zeigen, daß T auch offen ist. Sei $z \in T$ und $g_1(z) = g_2(z) =: y$. Da p lokal-topologisch ist, gibt es eine Umgebung V von y, die durch p homöomorph auf eine Umgebung U von $p(y)=f(z)$ abgebildet wird. Da g_1 und g_2 stetig sind, gibt es eine Umgebung W von z mit $g_i(W)\subset V$. Sei $\varphi: U\to V$ die (stetige) Umkehrabbildung von $p|V\to U$. Wegen $p\circ g_i=f$ gilt $g_i|W=\varphi\circ(f|W)$ für $i=1,2$, d.h. $g_1|W=g_2|W$, also $W\subset T$. Daher ist T offen. Da Z zusammenhängt, folgt daraus $T=Z$, also $g_1=g_2$.

4.9. Satz. *Seien X, Y, Z Riemannsche Flächen, $p: Y\to X$ eine holomorphe unverzweigte Überlagerung und $f: Z\to X$ eine holomorphe Abbildung. Dann ist jede Liftung $g: Z\to Y$ von f holomorph.*

Beweis. Sei $c\in Z$ ein beliebiger Punkt, $b:=g(c)$ und $a:=p(b)=f(c)$. Es gibt eine offene Umgebung V von b und eine offene Umgebung U von a, so daß $p|V\to U$ biholomorph ist. Sei $\varphi: U\to V$ die (holomorphe) Umkehrabbildung. Weil g stetig ist, gibt es eine offene Umgebung W von c mit $g(W)\subset V$. Wegen $f=p\circ g$ gilt $g|W=\varphi\circ(f|W)$. Daher ist g im Punkt c holomorph.

Folgerung. Seien X, Y, Z Riemannsche Flächen und $p: Y\to X$ und $q: Z\to X$ unverzweigte holomorphe Überlagerungen. Dann ist jede spurtreue stetige Abbildung $f: Y\to Z$ holomorph. Denn f ist eine Liftung von p bzgl. q.

Liftung von Kurven. Seien X, Y Hausdorff-Räume und $p: Y\to X$ eine unverzweigte Überlagerung. Wir interessieren uns insbesondere für die Liftung von Kurven $u:[0,1]\to X$. Nach Satz (4.8) ist eine Liftung $\hat{u}:[0,1]\to Y$ von u, falls sie überhaupt existiert, schon eindeutig bestimmt, wenn man die Liftung des Anfangspunktes kennt.
Im folgenden sei wieder $I:=[0,1]$.

4.10. Satz (Liftung homotoper Kurven). *Seien X, Y Hausdorff-Räume und $p: Y\to X$ eine unverzweigte Überlagerung. Seien $a,b\in X$ und $\hat{a}\in Y$ mit $p(\hat{a})=a$. Weiter sei eine stetige Abbildung $A: I\times I\to X$ gegeben mit $A(0,s)=a$* und *$A(1,s)=b$ für alle $s\in I$. Wir setzen*

$$u_s(t):=A(t,s).$$

Jede Kurve u_s lasse sich zu einer Kurve $\hat{u}_s$ mit Anfangspunkt $\hat{a}$ liften. Dann haben $\hat{u}_0$ und $\hat{u}_1$ denselben Endpunkt und sind homotop.

Beweis. Wir definieren die Abbildung $\hat{A}: I\times I\to Y$ durch $\hat{A}(t,s):=\hat{u}_s(t)$.

Behauptung a). Es gibt ein $\varepsilon_0>0$, so daß $\hat{A}$ auf $[0,\varepsilon_0[\times I$ stetig ist.
Beweis. Es gibt eine Umgebung V von $\hat{a}$ und eine Umgebung U von a, so daß $p|V\to U$ ein Homöomorphismus ist. Sei $\varphi: U\to V$ die Umkehrabbildung. Da $A(0\times I)=\{a\}$ und A stetig ist, gibt es ein $\varepsilon_0>0$, so daß $A([0,\varepsilon_0]\times I)\subset U$. Wegen der Eindeutigkeit der Liftung der Kurven u_s gilt

$$\hat{u}_s|[0,\varepsilon_0]=\varphi\circ u_s|[0,\varepsilon_0] \quad \text{für alle} \quad s\in I,$$

d.h. $\hat{A}=\varphi\circ A$ auf $[0,\varepsilon_0]\times I$. Daraus folgt, daß A auf $[0,\varepsilon_0[\times I$ stetig ist.

Behauptung b). Die Abbildung $\hat{A}$ ist auf ganz $I\times I$ stetig.
Beweis. Angenommen, es gibt einen Punkt $(t_0,\sigma)\in I\times I$, in dem $\hat{A}$ nicht stetig ist. Sei τ das Infinum aller Werte t, so daß $\hat{A}$ in (t,σ) nicht stetig ist. Nach a) gilt $\tau\geq\varepsilon_0$.
Sei $x:=A(\tau,\sigma)$ und $y:=\hat{A}(\tau,\sigma)=\hat{u}_\sigma(\tau)$. Es gibt eine Umgebung V von y und eine Umgebung U von x, so daß $p|V\to U$ ein Homöomorphismus ist. Sei $\varphi: U\to V$ die Umkehrabbildung.

Da A stetig ist, gibt es ein $\varepsilon>0$, so daß $A(I_\varepsilon(\tau)\times I_\varepsilon(\sigma))\subset U$, wobei

$$I_\varepsilon(\xi)=\{t\in I: |t-\xi|<\varepsilon\}.$$

Insbesondere gilt $u_\sigma(I_\varepsilon(\tau))\subset U$, woraus folgt

$$\hat{u}_\sigma|I_\varepsilon(\tau)=\varphi\circ u_\sigma|I_\varepsilon(\tau).$$

Wir wählen ein $t_1\in I_\varepsilon(\tau)$ mit $t_1<\tau$. Dann ist

$$\hat{A}(t_1,\sigma)=\hat{u}_\sigma(t_1)\in V.$$

Da $\hat{A}$ in (t_1,σ) stetig ist, gibt es ein $\delta>0$, $\delta\leq\varepsilon$, so daß

$$\hat{A}(t_1,s)=\hat{u}_s(t_1)\in V \quad \text{für alle} \quad s\in I_\delta(\sigma).$$

Wegen der Eindeutigkeit der Liftung folgt nun für alle $s\in I_\delta(\sigma)$

$$\hat{u}_s|I_\varepsilon(\tau)=\varphi\circ u_s|I_\varepsilon(\tau),$$

also $\hat{A}=\varphi\circ A$ auf $I_\varepsilon(\tau)\times I_\delta(\sigma)$, d.h. $\hat{A}$ ist in einer Umgebung von (τ,σ) stetig. Dies ist aber ein Widerspruch zur Definition von (τ,σ). Also ist $\hat{A}$ auf ganz $I\times I$ stetig.
Da $A=p\circ\hat{A}$ und $A(\{1\}\times I)=\{b\}$, folgt $\hat{A}(\{1\}\times I)\subset p^{-1}(b)$. Da $p^{-1}(b)$ diskret und $\{1\}\times I$ zusammenhängend ist, kann $\hat{A}(\{1\}\times I)$ nur aus einem einzigen Punkt bestehen. Daraus folgt, daß die Kurven $\hat{u}_0$ und $\hat{u}_1$ denselben Endpunkt haben und vermöge $\hat{A}$ homotop sind.

Unverzweigte, unbegrenzte Überlagerungen

Wir werden jetzt eine Bedingung kennenlernen, unter der die Liftung von Kurven stets möglich ist.

4.11. Definition. Seien X, Y topologische Räume. Eine Abbildung $p: Y\to X$ heißt *unbegrenzte, unverzweigte Überlagerung*, wenn folgendes gilt:

Jeder Punkt $x\in X$ besitzt eine offene Umgebung U, so daß sich das Urbild $p^{-1}(U)$ darstellen läßt als

$$p^{-1}(U)=\bigcup_{j\in J}V_j,$$

wobei die $V_j, j \in J$, paarweise disjunkte offene Teilmengen von Y und alle Abbildungen $p|V_j \to U$ Homöomorphismen sind.
(Es ist klar, daß dann p insbesondere lokal-topologisch, also unverzweigt im Sinne von (4.3) ist.)

Bemerkung. In Lehrbüchern der Topologie versteht man unter einer Überlagerung meist das, was wir hier als unverzweigte, unbegrenzte Überlagerung bezeichnen. In der Funktionentheorie ist es jedoch wichtig, auch verzweigte und begrenzte Überlagerungen zu betrachten.

4.12. Beispiele. a) Sei $E = \{z \in \mathbb{C} : |z| < 1\}$ der Einheitskreis in der komplexen Ebene und $p : E \to \mathbb{C}$ die kanonische Injektion. Dann ist p zwar unverzweigt, aber nicht unbegrenzt, denn kein Punkt $a \in \mathbb{C}$ mit $|a| = 1$ besitzt eine Umgebung U mit den in der Definition geforderten Eigenschaften.

b) Sei k eine natürliche Zahl ≥ 2 und

$$p_k : \mathbb{C}^* \to \mathbb{C}^*, \ z \mapsto z^k.$$

Dann ist p_k unbegrenzt und unverzweigt. Sei $a \in \mathbb{C}^*$ beliebig vorgegeben. Es gibt ein $b \in \mathbb{C}^*$ mit $p_k(b) = a$. Da p_k unverzweigt ist, gibt es offene Umgebungen V_0 von b und U von a, so daß $p_k|V_0 \to U$ ein Homöomorphismus ist. Nun gilt

$$p_k^{-1}(U) = V_0 \cup \varepsilon V_0 \cup \cdots \cup \varepsilon^{k-1} V_0,$$

wobei ε eine primitive k-te Einheitswurzel ist, etwa $\varepsilon = \exp\left(\frac{2\pi i}{k}\right)$. Hat man V_0 von vornherein klein genug gewählt, so sind alle Mengen $V_j := \varepsilon^j V_0, j = 0, \ldots, k-1$, paarweise disjunkt. Außerdem ist jedes $p_k|V_j \to U$ ein Homöomorphismus.

c) Die Abbildung $\exp : \mathbb{C} \to \mathbb{C}^*$ ist eine unverzweigte, unbegrenzte Überlagerung.

Beweis. Sei $a \in \mathbb{C}^*$ vorgegeben und $b \in \mathbb{C}$ mit $\exp(b) = a$. Da exp unverzweigt ist, gibt es offene Umgebungen V_0 von b und U von a, so daß $\exp|V_0 \to U$ ein Homöomorphismus ist. Es gilt

$$\exp^{-1}(U) = \bigcup_{n \in \mathbb{Z}} V_n, \quad \text{wobei} \quad V_n := 2\pi i n + V_0.$$

Hat man V_0 von vornherein genügend klein gewählt (z.B. mit einem Durchmesser $< 2\pi$), so sind die V_n paarweise disjunkt. Außerdem ist jedes $\exp|V_n \to U$ ein Homöomorphismus.

d) Sei $\Gamma \subset \mathbb{C}$ ein Gitter und $\pi : \mathbb{C} \to \mathbb{C}/\Gamma$ die kanonische Quotientenabbildung. Analog zum Beispiel c) zeigt man, daß π eine unverzweigte unbegrenzte Überlagerung ist.

4.13. Wir sagen, eine Überlagerung $p : Y \to X$ besitze die *Kurvenliftungs-Eigen-*

schaft, wenn folgendes gilt: Zu jeder Kurve $u:[0,1]\to X$ und jedem Punkt $y_0\in Y$ mit $p(y_0)=u(0)$ gibt es eine Liftung $\hat{u}:[0,1]\to Y$ von u mit $\hat{u}(0)=y_0$.

4.14. Satz. *Jede unverzweigte, unbegrenzte Überlagerungsabbildung $p:Y\to X$ topologischer Räume X, Y besitzt die Kurvenliftungs-Eigenschaft.*

Beweis. Sei $u:[0,1]\to X$ eine Kurve und $y_0\in Y$ mit $p(y_0)=u(0)$. Wegen der Kompaktheit von $[0,1]$ gibt es eine Unterteilung

$$0=t_0<t_1<\cdots<t_n=1$$

und offene Mengen $U_k\subset X, k=1,\ldots,n$, mit folgenden Eigenschaften:

i) $u([t_{k-1},t_k])\subset U_k$,
ii) $p^{-1}(U_k)=\bigcup_{j\in J_k} V_{kj}$,

wobei $V_{kj}\subset Y$ offene Mengen und $p|V_{kj}\to U_k$ Homöomorphismen sind.

Wir beweisen durch Induktion nach $k=0,1,\ldots,n$ die Existenz einer Liftung $\hat{u}|[0,t_k]\to X$ mit $\hat{u}(0)=y_0$. Der Induktionsanfang $k=0$ ist trivial. Sei $\hat{u}|[0,t_{k-1}]\to X$ schon konstruiert und $\hat{u}(t_{k-1})=:y_{k-1}$. Da $p(y_{k-1})=u(t_{k-1})\in U_k$, gibt es ein $j\in J_k$ mit $y_{k-1}\in V_{kj}$. Sei $\varphi:U_k\to V_{kj}$ die Umkehrabbildung des Homöomorphismus $p|V_{kj}\to U_k$. Wir setzen

$$\hat{u}|[t_{k-1},t_k]:=\varphi\circ(u|[t_{k-1},t_k]).$$

Dadurch erhalten wir eine stetige Fortsetzung der Liftung $\hat{u}$ auf das Intervall $[0,t_k]$.

4.15. Bemerkung. Seien X, Y Hausdorff-Räume, $p:Y\to X$ eine unverzweigte, unbegrenzte Überlagerung und $x_0\in X, y_0\in Y$ Punkte mit $p(y_0)=x_0$. Dann gibt es nach (4.14) und (4.8) zu jeder Kurve $u:[0,1]\to X$ mit $u(0)=x_0$ genau eine Liftung $\hat{u}:[0,1]\to Y$ mit $\hat{u}(0)=y_0$. Ist die Kurve u geschlossen, so ist die Liftung $\hat{u}$ nicht notwendig geschlossen. Dazu betrachten wir folgendes Beispiel: Sei $X=Y=\mathbb{C}^*$,

$$p:\mathbb{C}^*\to\mathbb{C}^*,\ z\mapsto z^2,$$

und $x_0=y_0=1$. Durch $u(t):=e^{2\pi it}$ wird eine Kurve $u:[0,1]\to\mathbb{C}^*$ mit Anfangs- und Endpunkt 1 definiert. Mit $\hat{u}(t):=e^{\pi it}$ erhält man eine Liftung $\hat{u}:[0,1]\to\mathbb{C}^*$ von u bzgl. p; ihr Anfangspunkt ist 1 und ihr Endpunkt -1.

Jedoch folgt aus Satz (4.10), daß jede Liftung einer geschlossen nullhomotopen Kurve wieder geschlossen und nullhomotop ist.

4.16. Satz. *Seien X, Y Hausdorff-Räume, X kurvenzusammenhängend und $p:Y\to X$ eine unverzweigte, unbegrenzte Überlagerung. Dann sind für je zwei Punkte $x_0,x_1\in X$ die Mengen $p^{-1}(x_0)$ und $p^{-1}(x_1)$ gleichmächtig.*

Man bezeichnet die Mächtigkeit von $p^{-1}(x), (x \in X)$, als die *Blätterzahl* der Überlagerung. (Sie kann endlich oder unendlich sein.)

Beweis. Wir konstruieren folgendermaßen eine Abbildung $\varphi : p^{-1}(x_0) \to p^{-1}(x_1)$:

Wir wählen eine Kurve $u : [0,1] \to X$, die x_0 mit x_1 verbindet. Ist $y \in p^{-1}(x_0)$ irgendein Punkt, so gibt es genau eine Liftung $\hat{u} : [0,1] \to Y$ von u mit $\hat{u}(0) = y$. Wir setzen $\varphi(y) := \hat{u}(1) \in p^{-1}(x_1)$. Aus der Eindeutigkeit der Liftung folgt leicht, daß die so konstruierte Abbildung bijektiv ist, q.e.d.

Bemerkung. Die im Beweis konstruierte bijektive Abbildung hängt i.a. von der Auswahl der Kurve u ab. Deshalb gibt es i.a. auch keine eindeutige globale Durchnumerierung der „Blätter" einer Überlagerung.

4.17. Satz. *Seien X, Y Hausdorff-Räume und $p : Y \to X$ eine unverzweigte, unbegrenzte Überlagerung. Weiter sei Z ein einfach zusammenhängender, kurvenzusammenhängender und lokal kurvenzusammenhängender topologischer Raum und $f : Z \to X$ eine stetige Abbildung. Dann gibt es zu jeder Wahl von Punkten $z_0 \in Z, y_0 \in Y$ mit $f(z_0) = p(y_0)$ genau eine Liftung $\hat{f} : Z \to Y$ mit $\hat{f}(z_0) = y_0$.*

Bemerkung. Im folgenden Beweis wird von der Überlagerung p nur benutzt, daß sie unverzweigt ist und die Kurvenliftungs-Eigenschaft hat.

Beweis. Wir definieren die Abbildung $\hat{f} : Z \to Y$ folgendermaßen:
Sei $z \in Z$ ein beliebiger Punkt und $u : I \to Z$ eine Kurve von z_0 nach z. Dann ist $v := f \circ u$ eine Kurve in X mit Anfangspunkt $f(z_0)$ und Endpunkt $f(z)$. Sei $\hat{v} : I \to Y$ die eindeutig bestimmte Liftung von v mit Anfangspunkt y_0. Wir setzen $\hat{f}(z) := \hat{v}(1)$. Diese Definition ist unabhängig von der Auswahl der Kurve u von z_0 nach z. Denn sei u_1 eine andere Kurve von z_0 nach z. Dann ist u_1 zu u homotop, also auch $v_1 := f \circ u_1$ zu $v = f \circ u$ homotop. Die Liftungen $\hat{v}_1$ und $\hat{v}$ von v_1 bzw. v mit $\hat{v}_1(0) = \hat{v}(0) = y_0$ haben nach Satz (4.10) denselben Endpunkt. Deshalb ist $\hat{f}(z)$ wohldefiniert. Nach Konstruktion gilt ferner $f = p \circ \hat{f}$.
Es ist nur noch zu zeigen, daß die Abbildung $\hat{f} : Z \to Y$ stetig ist. Sei $z \in Z$, $y = \hat{f}(z)$ und V eine Umgebung von y. Wir haben zu zeigen, daß es eine Umgebung W von z gibt mit $\hat{f}(W) \subset V$. Da p unverzweigt ist, können wir nach evtl. Verkleinerung von V annehmen, daß es eine Umgebung U von $p(y) = f(z)$ gibt, so daß $p | V \to U$ ein Homöomorphismus ist. Sei $\varphi : U \to V$ seine Umkehrabbildung. Da f stetig und Z lokal kurvenzusammenhängend ist, gibt es eine kurvenzusammenhängende Umgebung W von z mit $f(W) \subset U$.

Behauptung. $\hat{f}(W) \subset V$.

Beweis. Die Kurven u, v und $\hat{v}$ seien wie oben definiert. Sei $z' \in W$ ein beliebiger Punkt und u' eine Kurve von z nach z', die ganz in W verläuft. Dann verläuft die Kurve $v' := f \circ u'$ ganz in U und $\hat{v}' := \varphi \circ v'$ ist eine Liftung von v' mit Anfangspunkt y. Deshalb ist die Zusammensetzung $\hat{v} \cdot \hat{v}'$ Liftung von $v \cdot v' = f \circ (u \cdot u')$ mit Anfangspunkt y_0. Daher gilt

$$\hat{f}(z') = (\hat{v} \cdot \hat{v}')(1) = \hat{v}'(1) \in V, \text{ q.e.d.}$$

4.18. Beispiel (Logarithmus einer Funktion). Sei X eine einfach zusammenhängende Riemannsche Fläche und $f: X \to \mathbb{C}^*$ eine holomorphe Funktion auf X ohne Nullstelle. Wir wollen den Logarithmus von f bilden, d.h. wir suchen eine holomorphe Funktion $F: X \to \mathbb{C}$ mit $\exp(F) = f$. Diese Bedingung bedeutet aber gerade, daß F Liftung von f bzgl. der Überlagerung $\exp: \mathbb{C} \to \mathbb{C}^*$ ist,

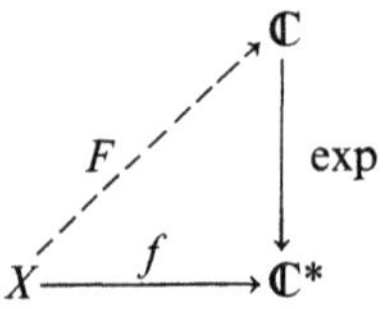

Ist $x_0 \in X$ und $c \in \mathbb{C}$ eine beliebige Lösung der Gleichung $e^c = f(x_0)$, so existiert nach Satz (4.17) eine solche Liftung $F: X \to \mathbb{C}$ mit $F(x_0) = c$. Nach Satz (4.9) ist F holomorph. Jede weitere Lösung des Problems unterscheidet sich von F um eine additive Konstante $2\pi i n, n \in \mathbb{Z}$.

Ein besonderer Spezialfall ergibt sich, wenn X ein einfach zusammenhängendes Gebiet in $\mathbb{C}^*$ und $j: X \to \mathbb{C}^*$ die kanonische Injektion $(j(z) = z)$ ist. Dann ist jede Liftung von j bzgl. exp ein Zweig der Funktion log auf X.

Analog kann man die Wurzeln einer nirgends verschwindenden holomorphen Funktion $f: X \to \mathbb{C}^*$ auf einer einfach zusammenhängenden Riemannschen Fläche X konstruieren. Man betrachtet dazu die Überlagerung aus Beispiel (4.12.b).

4.19. Satz. *Sei X eine Mannigfaltigkeit, Y ein Hausdorff-Raum und $p: Y \to X$ eine unverzweigte Überlagerung mit der Kurvenliftungs-Eigenschaft. Dann ist p unbegrenzt.*

Beweis. Sei $x_0 \in X$ ein beliebiger Punkt und seien $y_j, j \in J$, die Urbildpunkte von x_0 bzgl. p. Sei U eine offene Umgebung von x_0, die homöomorph zu einer Kugel ist und sei $f: U \to X$ die kanonische Injektion. Nach der Bemerkung zu Satz (4.17) gibt es zu jedem $j \in J$ eine Liftung $\hat{f}_j: U \to Y$ von f mit $\hat{f}_j(x_0) = y_j$. Sei $V_j := \hat{f}_j(U)$. Man überzeugt sich leicht, daß

$$p^{-1}(U) = \bigcup_{j \in J} V_j,$$

daß die V_j paarweise disjunkte offene Mengen sind und jedes $p | V_j \to U$ ein Homöomorphismus ist.

4.20. Eigentliche Abbildungen. Ein lokal-kompakter Raum ist bekanntlich ein Hausdorff-Raum, in dem jeder Punkt eine kompakte Umgebung besitzt. Eine stetige Abbildung $f: X \to Y$ zwischen zwei lokal-kompakten Räumen heißt *eigentlich*, wenn das Urbild jeder kompakten Menge kompakt ist. Dies ist z.B. stets erfüllt, wenn X kompakt ist. Eine eigentliche Abbildung ist abgeschlossen, d.h. das Bild jeder abgeschlossenen Menge ist abgeschlossen. Dies folgt daraus, daß in einem lokal-kompakten Raum eine Teilmenge genau dann abgeschlossen ist, wenn ihr Durchschnitt mit jeder kompakten Menge kompakt ist.

4.21. Lemma. *Seien X, Y lokal-kompakte Räume und $p: Y \to X$ eine eigentliche Überlagerungsabbildung. Dann gilt:*

a) *Für jeden Punkt $x \in X$ ist die Menge $p^{-1}(x)$ endlich.*

b) *Sei $x \in X$ und V eine Umgebung von $p^{-1}(x)$. Dann existiert eine Umgebung U von x mit $p^{-1}(U) \subset V$.*

c) *Sei X zusammenhängend und Y nicht-leer. Dann ist p surjektiv.*

Beweis. a) Dies folgt daraus, daß $p^{-1}(x)$ eine kompakte diskrete Teilmenge von Y ist.

b) Wir dürfen annehmen, daß V offen, also $Y \backslash V$ abgeschlossen ist. Dann ist auch $p(Y \backslash V) =: A$ abgeschlossen, und es gilt $x \notin A$. Daher ist $U := X \backslash A$ eine offene Umgebung von x mit $p^{-1}(U) \subset V$.

c) Die Menge $p(Y)$ ist offen, abgeschlossen und nicht-leer. Da X zusammenhängt, folgt $p(Y) = X$.

4.22. Satz. *Seien X, Y lokal-kompakte Räume und $p: Y \to X$ eine eigentliche, unverzweigte Überlagerungsabbildung. Dann ist p eine unbegrenzte Überlagerung.*

Beweis. Sei $x \in X$ beliebig und $p^{-1}(x) = \{y_1, \ldots, y_n\}, y_i \neq y_j$ für $i \neq j$. Da p unverzweigt ist, gibt es zu jedem $j = 1, \ldots, n$ eine offene Umgebung W_j von y_j und eine offene Umgebung U_j von x, so daß $p | W_j \to U_j$ ein Homöomorphismus ist. Wir können annehmen, daß die W_j paarweise disjunkt sind. $W_1 \cup \cdots \cup W_n$ ist eine Umgebung von $p^{-1}(x)$. Also gibt es nach (4.21.b) eine offene Umgebung $U \subset U_1 \cap \cdots \cap U_n$ von x mit $p^{-1}(U) \subset W_1 \cup \cdots \cup W_n$. Setzen wir $V_j := W_j \cap p^{-1}(U)$, so sind die V_j disjunkte offene Mengen mit

$$p^{-1}(U) = V_1 \cup \cdots \cup V_n$$

und alle Abbildungen $p | V_j \to U, j = 1, \ldots, n$, sind Homöomorphismen, q.e.d.

4.23. Eigentliche holomorphe Abbildungen. Seien X, Y Riemannsche Flächen und $f: X \to Y$ eine eigentliche, nicht-konstante, holomorphe Abbildung. Aus Satz (2.1) folgt, daß die Menge A der Verzweigungspunkte von f abgeschlossen und diskret ist. Da f eigentlich ist, ist auch $B := f(A)$ abgeschlossen und diskret. Man nennt B die Menge der *kritischen Werte von f*.

Sei $Y' := Y\backslash B$ und $X' := X\backslash f^{-1}(B) \subset X\backslash A$. Dann ist $f|X' \to Y'$ eine eigentliche, unverzweigte holomorphe Überlagerung, besitzt also nach (4.22), (4.16) und (4.21.a) eine wohlbestimmte endliche Blätterzahl n. Das bedeutet, daß jeder Wert $c \in Y'$ genau n-mal angenommen wird. Um diese Aussage auch auf die kritischen Werte $b \in B$ ausdehnen zu können, müssen wir die Vielfachheit mit berücksichtigen.

Für $x \in X$ bezeichnen wir mit $v(f,x)$ die Vielfachheit im Sinne von (2.2), mit der f im Punkt x den Wert $f(x)$ annimmt. Wir sagen, daß f auf X den Wert $c \in Y$ mit Vielfachheit gerechnet m-mal annimmt, falls

$$m = \sum_{x \in p^{-1}(c)} v(f,x).$$

4.24. Satz. *Seien X, Y Riemannsche Flächen und $f: X \to Y$ eine eigentliche, nichtkonstante holomorphe Abbildung. Dann gibt es eine natürliche Zahl n, so daß f jeden Wert $c \in Y$ mit Vielfachheit gerechnet n-mal annimmt.*

Beweis. Wir übernehmen die Bezeichnungen von (4.23). Insbesondere sei n die Blätterzahl der unverzweigten Überlagerung $f|X' \to Y'$. Sei $b \in B$ ein kritischer Wert, $p^{-1}(b) = \{x_1, \ldots, x_r\}$ und $k_j := v(f, x_j)$. Nach (2.1) und (2.2) gibt es disjunkte Umgebungen U_j von x_j und V_j von b, so daß für jedes $c \in V_j\backslash\{b\}$ die Menge $p^{-1}(c) \cap U_j$ aus genau k_j Punkten besteht ($j = 1, \ldots, r$). Nach Lemma (4.21.b) können wir eine Umgebung $V \subset V_1 \cap \cdots \cap V_r$ von b mit $p^{-1}(V) \subset U_1 \cup \cdots \cup U_r$ finden. Für jeden Punkt $c \in V \cap Y'$ besteht dann $p^{-1}(c)$ aus $k_1 + \cdots + k_r$ Punkten. Andererseits ist für $c \in Y'$ die Mächtigkeit von $p^{-1}(c)$ gleich n. Daraus folgt $n = k_1 + \cdots + k_r$, q.e.d.

4.25. Corollar. *Auf einer kompakten Riemannschen Fläche X hat jede nichtkonstante meromorphe Funktion $f: X \to \mathbb{P}_1$ ebenso viele Nullstellen wie Pole (mit Vielfachheit gerechnet).*

Dies folgt daraus, daß $f: X \to \mathbb{P}_1$ eine eigentliche Abbildung ist.

4.26. Corollar. *Ein Polynom n-ten Grades*

$$f(z) = z^n + a_1 z^{n-1} + \cdots + a_n \in \mathbb{C}[z]$$

hat mit Vielfachheit gerechnet genau n Nullstellen.

Beweis. Nach (2.3) fassen wir f als holomorphe Abbildung $f: \mathbb{P}_1 \to \mathbb{P}_1$ auf, die den Wert ∞ mit der Vielfachheit n annimmt.

§ 5. Universelle Überlagerung, Decktransformationen

Unter allen unverzweigten, unbegrenzten Überlagerungen einer Mannigfaltigkeit X gibt es eine „größte", die sog. universelle Überlagerung. Aus ihr kann man alle anderen unverzweigten unbegrenzten Überlagerungen gewinnen. Die Struktur der universellen Überlagerung hängt über die Gruppe der „Decktransformationen" eng mit der Fundamentalgruppe von X zusammen. Damit beschäftigen wir uns in diesem Paragraphen.

5.1. Definition. Seien X, Y zusammenhängende topologische Räume und $p: Y \to X$ eine unverzweigte, unbegrenzte Überlagerung. p heißt *universelle Überlagerung*, wenn sie folgende universelle Eigenschaft hat:
Zu jeder zusammenhängenden, unverzweigten unbegrenzten Überlagerung $q: Z \to X$ und jeder Wahl von Punkten $y_0 \in Y, z_0 \in Z$ mit $p(y_0) = q(z_0)$ gibt es genau eine stetige spurtreue Abbildung $f: Y \to Z$ mit $f(y_0) = z_0$.

Ein zusammenhängender topologischer Raum X besitzt bis auf Isomorphie höchstens eine universelle Überlagerung. Denn sei mit den obigen Bezeichnungen auch $q: Z \to X$ eine universelle Überlagerung. Dann existiert eine spurtreue stetige Abbildung $g: Z \to Y$ mit $g(z_0) = y_0$. Die Zusammensetzungen $g \circ f: Y \to Y$ und $f \circ g: Z \to Z$ sind spurtreue stetige Abbildungen mit $g \circ f(y_0) = y_0$ bzw. $f \circ g(z_0) = z_0$. Wegen der universellen Eigenschaft kann es jeweils nur eine spurtreue stetige Abbildung geben, die diese Bedingungen erfüllt. Daher ist $g \circ f = \mathrm{id}_Y$ und $f \circ g = \mathrm{id}_Z$. Also ist $f: Y \to Z$ ein spurtreuer Homöomorphismus.

5.2. Satz. *Seien X, Y zusammenhängende Mannigfaltigkeiten, Y einfach zusammenhängend und $p: Y \to X$ eine unverzweigte, unbegrenzte Überlagerung. Dann ist p die universelle Überlagerung von X.*
Dies folgt direkt aus der Definition der universellen Überlagerung und Satz (4.17).

5.3. Satz. *Sei X eine zusammenhängende Mannigfaltigkeit. Dann existiert eine zusammenhängende, einfach zusammenhängende Mannigfaltigkeit $\tilde{X}$ und eine unverzweigte, unbegrenzte Überlagerungsabbildung $p: \tilde{X} \to X$.*
Nach Satz (5.2) ist dann $\tilde{X} \to X$ die universelle Überlagerung von X.

Beweis. Wir zeichnen einen Punkt $x_0 \in X$ aus.
Für $x \in X$ bezeichne $\pi(x_0, x)$ die Menge der Homotopieklassen von Kurven mit Anfangspunkt x_0 und Endpunkt x. Wir setzen

$$\tilde{X} := \{(x, \alpha) : x \in X, \alpha \in \pi(x_0, x)\}.$$

Die Abbildung $p: \tilde{X} \to X$ werde definiert durch $p(x, \alpha) := x$. Wir werden jetzt eine Topologie auf $\tilde{X}$ einführen, so daß $\tilde{X}$ ein zusammenhängender, einfach zusammenhängender Hausdorffraum und $p: \tilde{X} \Leftrightarrow X$ eine unverzweigte, unbegrenzte Überlagerung wird.

Sei $(x, \alpha) \in \tilde{X}$ und $U \subset X$ eine offene, zusammenhängende, einfach zusammenhängende Umgebung von x. Eine Teilmenge $[U, \alpha] \subset \tilde{X}$ werde wie folgt definiert: $[U, \alpha]$ besteht aus allen Punkten $(y, \beta) \in \tilde{X}$ mit $y \in U$ und $\beta = \mathrm{cl}(u \cdot v)$, wobei u eine Kurve von x_0 nach x mit $\alpha = \mathrm{cl}(u)$ und v eine Kurve von x nach y ist, die ganz in U verläuft. (Da U einfach zusammenhängend ist, ist β unabhängig von der Auswahl der Kurve v.) Sei $\mathfrak{B}$ das System aller solcher Mengen $[U, \alpha]$.

Behauptung a). $\mathfrak{B}$ ist die Basis einer Topologie von $\tilde{X}$.

Beweis. i) Jeder Punkt von $\tilde{X}$ liegt trivialerweise in mindestens einem $[U, \alpha]$.

ii) Sei $(z, \gamma) \in [U, \alpha] \cap [V, \beta]$. Dann ist $z \in U \cap V$ und es gibt eine offene, zusammenhängende, einfach zusammenhängende Umgebung $W \subset U \cap V$ von z. Dann gilt, wie man leicht nachprüft,

$$(z, \gamma) \in [W, \gamma] \subset [U, \alpha] \cap [V, \beta].$$

Aus i) und ii) folgt die Behauptung a).

Behauptung b). Die Abbildung $p: \tilde{X} \to X$ ist lokaltopologisch, insbesondere stetig.

Dies folgt daraus, daß für jedes $[U, \alpha] \in \mathfrak{B}$ die Abbildung $p | [U, \alpha] \to U$ ein Homöomorphismus ist.

Behauptung c). $\tilde{X}$ ist Hausdorffsch.

Es genügt zu zeigen, daß zwei Punkte der Gestalt (x, α), $(x, \beta) \in \tilde{X}$, wobei $\alpha \neq \beta$, punktfremde Umgebungen haben. Sei $U \subset X$ eine offene, zusammenhängende, einfach zusammenhängende Umgebung von x. Es gilt $[U, \alpha] \cap [U, \beta] = \emptyset$. Andernfalls gäbe es ein Element (y, γ) im Durchschnitt. Sei w eine Kurve in U von x nach y und $\alpha = \mathrm{cl}(u)$, $\beta = \mathrm{cl}(v)$. Dann ist $\gamma = \mathrm{cl}(u \cdot w) = \mathrm{cl}(v \cdot w)$, woraus folgt $\mathrm{cl}(u) = \mathrm{cl}(v)$, im Widerspruch zur Voraussetzung.

Behauptung d). Sei $u: [0,1] \to X$ eine Kurve mit Anfangspunkt x_0. Für $s \in [0,1]$ sei $u_s: [0,1] \to X$ die durch $u_s(t) := u(st)$ definierte Kurve. (Die Kurve u_s durchläuft alle Punkte der Kurve u, die zu Parameterwerten $t \in [0, s]$ gehören.) Weiter sei v eine geschlossene Kurve in X mit Anfangs- und Endpunkt x_0. Dann ist die Abbildung

$$\hat{u}: [0,1] \to \tilde{X}, \; t \mapsto \big(u(t), \mathrm{cl}(v \cdot u_t)\big),$$

stetig und eine Liftung von u mit $\hat{u}(0) = \big(x_0, \mathrm{cl}(v)\big)$. Dies folgt unmittelbar aus der Definition der Topologie von X.

Aus Behauptung d) folgt, daß $\tilde{X}$ zusammenhängt und daß $p: \tilde{X} \to X$ die Kurvenliftungs-Eigenschaft besitzt, also nach (4.19) unbegrenzt ist.

Behauptung e). $\tilde{X}$ ist einfach zusammenhängend.
Sei ε die Homotopieklasse der Punktkurve in x_0 und $w:[0,1]\to\tilde{X}$ eine geschlossene Kurve mit Anfangs- und Endpunkt (x_0,ε). Dann ist $u:=p\circ w$ eine geschlossene Kurve in X mit $u(0)=x_0$. Sei $\hat{u}:[0,1]\to\tilde{X}$ die nach Behauptung d) existierende Liftung von u, wobei für v die Punktkurve in x_0 gewählt werde. Wegen der Eindeutigkeit der Liftung ist $\hat{u}=w$. Daraus folgt $\hat{u}(1)=(x_0,\mathrm{cl}(u))=(x_0,\varepsilon)$, also ist u nullhomotop.
Nach Satz (4.10) ist auch w nullhomotop, was zeigt, daß X einfach zusammenhängt.
Damit ist Satz (5.3) bewiesen.

Bemerkung. Insbesondere kann man damit zu jeder Riemannschen Fläche die universelle Überlagerung konstruieren, die nach (4.6) in natürlicher Weise wieder eine Riemannsche Fläche ist.

5.4. Definition. Seien X und Y topologische Räume und $p: Y\to X$ eine Überlagerung. Unter einer *Decktransformation* dieser Überlagerung versteht man einen spurtreuen Homöomorphismus $f: Y\to Y$. Die Menge aller Decktransformationen von $p: Y\to X$ bildet bzgl. der Komposition von Abbildungen eine Gruppe, die mit $\mathrm{Deck}(Y/X)$ bezeichnet werde.
Wenn Mißverständnisse zu befürchten sind, schreiben wir statt $\mathrm{Deck}(Y/X)$ genauer $\mathrm{Deck}(Y\xrightarrow{p}X)$.

5.5. Definition. Seien X, Y zusammenhängende Hausdorffräume und $p: Y\to X$ eine unverzweigte, unbegrenzte Überlagerung. Die Überlagerung heißt *galoissch* (oder *normal*), falls zu jedem Punktepaar $y_0, y_1\in Y$ mit $p(y_0)=p(y_1)$ eine Decktransformation $f: Y\to Y$ existiert mit $f(y_0)=y_1$.
Bemerkung. Nach Satz (4.8) gibt es höchstens eine Decktransformation $f: Y\to Y$ mit $f(y_0)=y_1$, denn f ist eine Liftung von $p: Y\to X$.

Beispiel. Die Abbildung $p_k:\mathbb{C}^*\to\mathbb{C}^*$, $z\mapsto z^k$, ist eine unverzweigte, unbegrenzte Überlagerung. Sie ist galoissch, denn sind $z_1, z_2\in\mathbb{C}^*$ mit $p_k(z_1)=p_k(z_2)$, so ist $z_2=\varepsilon z_1$ mit einer k-ten Einheitswurzel ε, und die Abbildung $z\mapsto\varepsilon z$ ist eine Decktransformation.
Es besteht ein Zusammenhang zwischen galoisschen Überlagerungen und galoisschen Körpererweiterungen, vgl. (8.12).

5.6. Satz. *Sei X eine zusammenhängende Mannigfaltigkeit und $p:\tilde{X}\to X$ ihre universelle Überlagerung. Dann ist p galoissch und $\mathrm{Deck}(\tilde{X}/X)$ ist isomorph zur Fundamentalgruppe $\pi_1(X)$.*

Beweis. a) Seien $y_0, y_1\in\tilde{X}$ mit $p(y_0)=p(y_1)$. Nach Definition der universellen Überlagerung existiert eine spurtreue stetige Abbildung $f:\tilde{X}\to\tilde{X}$ mit $f(y_0)=y_1$.

Es ist zu zeigen, daß f ein Homöomorphismus ist. Dies sieht man so: Es gibt (analog zu oben) eine spurtreue stetige Abbildung $g: \tilde{X} \to \tilde{X}$ mit $g(y_1) = y_0$. Dann sind $f \circ g$ und $g \circ f$ spurtreue stetige Abbildungen von $\tilde{X}$ in sich mit $f \circ g(y_1) = y_1$ bzw. $g \circ f(y_0) = y_0$. Wieder aus der Definition der universellen Überlagerung folgt, daß $f \circ g$ und $g \circ f$ gleich der identischen Abbildung von $\tilde{X}$ sind. Also ist f ein Homöomorphismus und damit eine Decktransformation. Damit ist gezeigt, daß die Überlagerung $\tilde{X} \to X$ galoissch ist.

b) Sei $x_0 \in X$ und $y_0 \in \tilde{X}$ ein Punkt mit $p(y_0) = x_0$. Wir definieren eine Abbildung.

$$\Phi : \mathrm{Deck}(\tilde{X}/X) \to \pi_1(X, x_0)$$

wie folgt: Sei $\sigma \in \mathrm{Deck}(\tilde{X}/X)$ und v eine Kurve in $\tilde{X}$ mit Anfangspunkt y_0 und Endpunkt $\sigma(y_0)$. (Die Homotopieklasse von v ist eindeutig bestimmt, da $\tilde{X}$ einfach zusammenhängt.) Die Kurve $p \circ v$ in X hat Anfangs- und Endpunkt x_0. Es sei $\Phi(\sigma)$ die Homotopieklasse von $p \circ v$.

i) Φ ist ein Gruppenhomomorphismus. Seien $\sigma, \tau \in \mathrm{Deck}(\tilde{X}/X)$ und v bzw. w Kurven in $\tilde{X}$ mit Anfangspunkt y_0 und Endpunkt $\sigma(y_0)$ bzw. $\tau(y_0)$. Dann ist $\sigma \circ w$ eine Kurve mit Anfangspunkt $\sigma(y_0)$ und Endpunkt $\sigma\tau(y_0)$. Es gilt $p \circ (\sigma \circ w) = p \circ w$. Die zusammengesetzte Kurve $v \cdot (\sigma \circ w)$ hat Anfangspunkt y_0 und Endpunkt $\sigma\tau(y_0)$. Deshalb ist

$$\begin{aligned}\Phi(\sigma\tau) &= \mathrm{cl}\,(p \circ (v \cdot (\sigma \circ w))) = \mathrm{cl}(p \circ v)\, \mathrm{cl}\,(p \circ (\sigma \circ w)) \\ &= \mathrm{cl}(p \circ v)\, \mathrm{cl}(p \circ w) = \Phi(\sigma)\Phi(\tau).\end{aligned}$$

ii) Φ ist injektiv.

Sei $\sigma \in \mathrm{Deck}(\tilde{X}/X)$ und v eine Kurve in $\tilde{X}$ von y_0 nach $\sigma(y_0)$. Annahme: $\Phi(\sigma) = \varepsilon$, d.h. $p \circ v$ nullhomotop.

Da v eine Liftung von $p \circ v$ ist, folgt aus (4.10), daß der Endpunkt $\sigma(y_0)$ von v gleich dem Anfangspunkt y_0 ist. Daraus folgt $\sigma = \mathrm{id}_{\tilde{X}}$.

iii) Φ ist surjektiv.

Sei $\alpha \in \pi_1(X, x_0)$ und u eine α repräsentierende Kurve. v sei eine Liftung von u nach $\tilde{X}$ mit Anfangspunkt y_0. Der Endpunkt von v sei y_1. Es gibt ein $\sigma \in \mathrm{Deck}(\tilde{X}/X)$ mit $\sigma(y_0) = y_1$. Aus der Definition von Φ folgt $\Phi(\sigma) = \alpha$.

Damit ist Satz (5.6) bewiesen.

5.7. Beispiele

a) $\exp : \mathbb{C} \to \mathbb{C}^*$ ist die universelle Überlagerung von $\mathbb{C}^*$, da $\mathbb{C}$ einfach zusammenhängend ist. Für $n \in \mathbb{Z}$ sei $\tau_n : \mathbb{C} \to \mathbb{C}$ die Translation um $2\pi i n$. Es gilt $\exp(\tau_n(z)) = \exp(z + 2\pi i n) = \exp(z)$ für alle $z \in \mathbb{C}$, also ist τ_n eine Decktransformation. Ist σ irgendeine Decktransformation, so gilt $\exp(\sigma(0)) = \exp(0) = 1$, also existiert ein $n \in \mathbb{Z}$ mit $\sigma(0) = 2\pi i n$. Da auch $\tau_n(0) = 2\pi i n$, folgt $\sigma = \tau_n$. Also ist

$$\mathrm{Deck}\,(\mathbb{C} \xrightarrow{\exp} \mathbb{C}^*) = \{\tau_n : n \in \mathbb{Z}\}.$$

Da die letztere Gruppe zu $\mathbb{Z}$ isomorph ist, ergibt sich

$$\pi_1(\mathbb{C}^*) \cong \mathbb{Z}.$$

b) Sei

$$H = \{z \in \mathbb{C} : \operatorname{Re}(z) < 0\}$$

die linke Halbebene und

$$E^* = \{z \in \mathbb{C} : 0 < |z| < 1\}.$$

Dann ist $\exp : H \to E^*$ die universelle Überlagerung des punktierten Einheitskreises. Wie in Beispiel a) beweist man, daß die Gruppe der Decktransformationen aus allen Translationen um ganzzahlige Vielfache von $2\pi i$ besteht und daß $\pi_1(E^*) \cong \mathbb{Z}$.

c) Sei $\Gamma = \mathbb{Z}\gamma_1 + \mathbb{Z}\gamma_2$ ein Gitter in $\mathbb{C}$. Dann ist die kanonische Quotientenabbildung $\mathbb{C} \to \mathbb{C}/\Gamma$ die universelle Überlagerung des Torus $\mathbb{C}/\Gamma$. Für $\gamma \in \Gamma$ bezeichne $\tau_\gamma : \mathbb{C} \to \mathbb{C}$ die Translation um γ. Analog dem Beispiel a) zeigt man $\operatorname{Deck}(\mathbb{C} \to \mathbb{C}/\Gamma) \cong \{\tau_\gamma : \gamma \in \Gamma\}$. Daraus folgt

$$\pi_1(\mathbb{C}/\Gamma) \cong \Gamma \cong \mathbb{Z} \times \mathbb{Z}.$$

Folgerung. Es gibt keine bzgl. Γ doppelperiodische meromorphe Funktion auf $\mathbb{C}$, die mod Γ nur einen einzigen Pol 1. Ordnung hat.

Beweis. Eine solche Funktion würde eine holomorphe Abbildung $f: \mathbb{C}/\Gamma \to \mathbb{P}_1$ definieren, die den Wert ∞ nur einmal annimmt. Nach (4.24) und (2.5) wäre f biholomorph, also insbesondere $\pi_1(\mathbb{C}/\Gamma) \cong \pi_1(\mathbb{P}_1) = 0$, Widerspruch!

Bemerkung. Wir werden später (18.3) notwendige und hinreichende Bedingungen kennenlernen, unter denen eine doppelperiodische meromorphe Funktion zu vorgegebenen Hauptteilen existiert. Es ist jedoch bemerkenswert, daß man bereits aus topologischen Gründen die obige Aussage machen kann.

5.8. Definition. Seien X, Y topologische Räume, $p : Y \to X$ eine Überlagerung und G eine Untergruppe von $\operatorname{Deck}(Y/X)$. Zwei Punkte $y, y' \in Y$ heißen *äquivalent modulo* G, wenn es ein $\sigma \in G$ gibt mit $\sigma(y) = y'$.
Es ist klar, daß dies tatsächlich eine Äquivalenzrelation auf Y ist.

5.9. Satz. *Seien X, Y zusammenhängende Mannigfaltigkeiten, $q : Y \to X$ eine unverzweigte, unbegrenzte Überlagerung und $p : \tilde{X} \to X$ die universelle Überlagerung. Sei $f: \tilde{X} \to Y$ eine nach Definition der universellen Überlagerung existierende stetige spurtreue Abbildung. Dann ist f eine unverzweigte, unbegrenzte Überlagerungsabbildung und es gibt eine Untergruppe $G \subset \operatorname{Deck}(\tilde{X}/X)$, so daß zwei Punkte $x, x' \in \tilde{X}$ genau dann durch f auf denselben Punkt abgebildet werden, wenn sie äquivalent modulo G sind. Es gilt $G \cong \pi_1(Y)$.*

Beweis. Wir beweisen zuerst, daß f lokal-topologisch ist. Sei $x \in \tilde{X}$, $p(x) = : s$ und $f(x) = : y$. Da p lokal-topologisch ist, gibt es offene Umgebungen W_1 von x und U_1 von s, so daß $p|W_1 \to U_1$ ein Homöomorphismus ist. Da q eine unverzweigte, unbegrenzte Überlagerung ist, gibt es eine in U_1 enthaltene zusammenhängende offene Umgebung U von s und paarweise disjunkte offene Mengen V_i, $i \in I$, so daß $q^{-1}(U) = \bigcup V_i$ und $q|V_i \to U$ für alle $i \in I$ ein Homöomorphismus ist. Sei V diejenige der Mengen V_i, in der der Punkt y liegt und $W := p^{-1}(U) \cap W_1$. Dann ist $y \in f(W) \subset q^{-1}(U)$, und da $f(W)$ zusammenhängt, folgt $f(W) = V$. Da $p|W \to U$ und $q|V \to U$ Homöomorphismen sind, ist auch $f|W \to V$ ein Homöomorphismus. Also ist f lokal-topologisch.

Um zu beweisen, daß f unbegrenzt ist, betrachten wir eine Kurve v in Y mit Anfangspunkt y_0 und einen Punkt $x_0 \in \tilde{X}$ mit $f(x_0) = y_0$. Es ist zu zeigen, daß sich die Kurve v nach $\tilde{X}$ mit Anfangspunkt x_0 liften läßt. Da $p : \tilde{X} \to X$ unbegrenzt ist, läßt sich die Kurve $q \circ v$ in X zu einer Kurve u in $\tilde{X}$ mit Anfangspunkt x_0 liften. Die Kurven $f \circ u$ und v in Y sind beides Liftungen der Kurve $q \circ v$ und haben denselben Anfangspunkt y_0, stimmen also überein. Daher ist u die gesuchte Liftung von v. Nach Satz (4.19) ist f unbegrenzt.
Es sei $G := \mathrm{Deck}(\tilde{X}/Y)$. Dies ist eine Untergruppe von $\mathrm{Deck}(\tilde{X}/X)$. Da $\tilde{X}$ einfach zusammenhängt, ist $f: \tilde{X} \to Y$ die universelle Überlagerung von Y und galoissch. Daraus folgt $G \cong \pi_1(Y)$ und $f(x) = f(x')$ genau dann, wenn ein $\sigma \in G$ existiert mit $\sigma(x) = x'$.
Damit ist Satz (5.9) bewiesen.
Wir werden jetzt Satz (5.9) benützen, um alle unverzweigten, unbegrenzten Überlagerungen des punktierten Einheitskreises $E^* = \{z \in \mathbb{C} : 0 < |z| < 1\}$ zu bestimmen.

5.10. Satz. *Sei X eine Riemannsche Fläche und $f: X \to E^*$ eine holomorphe, unverzweigte, unbegrenzte Überlagerung. Dann gilt:*
i) *Ist die Überlagerung unendlich-blättrig, so gibt es eine biholomorphe Abbildung $\varphi : X \to H$ von X auf die linke Halbebene, so daß das Diagramm* (1) *kommutativ wird.*

$$\begin{array}{ccc} X & \xrightarrow{\varphi} & H \\ & f \searrow \quad \swarrow \exp & \\ & E^* & \end{array} \qquad (1)$$

ii) *Ist die Überlagerung k-blättrig ($k < \infty$), so gibt es eine biholomorphe Abbildung $\varphi : X \to E^*$, so daß das Diagramm* (2) *kommutativ wird.*

$$\begin{array}{ccc} X & \xrightarrow{\varphi} & E^* \\ & f \searrow \quad \swarrow p_k & \\ & E^* & \end{array} \qquad (2)$$

Dabei ist $p_k : E^* \to E^*$ die Abbildung $z \mapsto z^k$.

Der Satz besagt also, daß jede unverzweigte unbegrenzte Überlagerung von E^* entweder isomorph zur Überlagerung des Logarithmus oder einer k-ten Wurzel ist.

Beweis. Da $\exp : H \to E^*$ die universelle Überlagerung ist, gibt es eine holomorphe Abbildung $\psi : H \to X$ mit $\exp = f \circ \psi$. Sei $G \subset \mathrm{Deck}(H/E^*)$ die zu ψ nach Satz (5.9) gehörige Untergruppe.
i) Besteht G nur aus der Identität, so ist $\psi : H \to X$ biholomorph und wir haben Fall i) vor uns. Die gesuchte Abbildung $\varphi : X \to H$ ist die Umkehrabbildung von ψ.
ii) Es ist

$$\mathrm{Deck}(H/E^*) = \{\tau_n : n \in \mathbb{Z}\},$$

wobei $\tau_n : H \to H$ die Translation $z \mapsto z + 2\pi i n$ bezeichnet. Deshalb gibt es zu jeder von der Identität verschiedenen Untergruppe $G \subset \mathrm{Deck}(H/E^*)$ eine natürliche Zahl $k \geq 1$, so daß

$$G = \{\tau_{kn} : n \in \mathbb{Z}\}.$$

Es sei $g : H \to E^*$ die durch $g(z) = \exp\left(\frac{z}{k}\right)$ definierte unverzweigte, unbegrenzte Überlagerungsabbildung. Es gilt $g(z) = g(z')$ genau dann, wenn z und z' modulo G äquivalent sind. Deshalb gibt es eine bijektive Abbildung $\varphi : X \to E^*$, so daß das Diagramm

$$\begin{array}{ccc} & H & \\ {\scriptstyle\psi}\swarrow & & \searrow{\scriptstyle g} \\ X & \xrightarrow{\varphi} & E^* \end{array}$$

kommutativ wird. Da ψ und g lokal biholomorph sind, ist φ biholomorph. Man rechnet jetzt leicht nach, daß das Diagramm (2) kommutiert, womit der Satz bewiesen ist.

5.11. Satz. *Sei X eine Riemannsche Fläche, E der Einheitskreis und $f: X \to E$ eine eigentliche holomorphe Abbildung, die über $E^* = E \setminus \{0\}$ unverzweigt ist. Dann existiert eine natürliche Zahl $k \geq 1$ und eine biholomorphe Abbildung $\varphi : X \to E$, so daß das Diagramm*

$$(*) \qquad \begin{array}{ccc} X & \xrightarrow{\varphi} & E \\ {\scriptstyle f}\searrow & & \swarrow{\scriptstyle p_k} \\ & E & \end{array}$$

kommutiert, wobei $p_k(z) := z^k$.

Beweis. Sei $X^* := f^{-1}(E^*)$. Dann ist $f|X^* \to E^*$ eine unverzweigte eigentliche

Überlagerung, und nach dem vorigen Satz existiert ein kommutatives Diagramm

$$\begin{array}{ccc} X^* & \xrightarrow{\varphi} & E^* \\ & {\scriptstyle f}\searrow \quad \swarrow{\scriptstyle p_k} & \\ & E^* & \end{array}$$

mit einer biholomorphen Abbildung $\varphi: X^* \to E^*$.

Wir zeigen jetzt, daß $f^{-1}(0)$ nur aus einem Punkt besteht. Angenommen, $f^{-1}(0)$ bestünde aus n Punkten $b_1, \ldots, b_n \in X$, $n \geq 2$. Dann gäbe es disjunkte offene Umgebungen V_i von b_i und eine Kreisscheibe $E(r) = \{z \in \mathbb{C} : |z| < r\}$, $0 < r \leq 1$, mit

$$(**) \qquad f^{-1}(E(r)) \subset V_1 \cup \cdots \cup V_n.$$

Sei $E^*(r) = E(r) \setminus \{0\}$. Da $f^{-1}(E^*(r))$ homöomorph zu $p_k^{-1}(E^*(r)) = E^*(\sqrt[k]{r})$ ist, ist es zusammenhängend. Da jeder Punkt b_i Häufungspunkt von $f^{-1}(E^*(r))$ ist, ist auch $f^{-1}(E(r))$ zusammenhängend. Dies ist ein Widerspruch zu $(**)$. Also besteht $f^{-1}(0)$ nur aus einem einzigen Punkt $b \in X$. Deshalb kann man die Abbildung $\varphi: X^* \to E^*$ durch die Definition $\varphi(b) := 0$ zu einer biholomorphen Abbildung $\varphi: X \to E$ fortsetzen, die das Diagramm $(*)$ kommutativ macht.

§ 6. Garben

In der Funktionentheorie hat man es häufig mit Funktionen in wechselnden Definitionsbereichen zu tun. Der Begriff der Garbe gibt einen geeigneten formalen Rahmen zur Behandlung dieser Situation.

6.1. Definition. Sei X ein topologischer Raum und $\mathfrak{T}$ das System seiner offenen Mengen. Eine *Prägarbe* abelscher Gruppen auf X ist ein Paar $(\mathscr{F}, \varrho)$, bestehend aus

i) einer Familie $\mathscr{F} = (\mathscr{F}(U))_{U \in \mathfrak{T}}$ abelscher Gruppen,

ii) einer Familie $\varrho = (\varrho_V^U)_{U,V \in \mathfrak{T}, V \subset U}$ von Gruppenhomomorphismen

$$\varrho_V^U : \mathscr{F}(U) \to \mathscr{F}(V), \quad (V \subset U \text{ offen}),$$

mit folgenden Eigenschaften:

$$\varrho_U^U = \mathrm{id}_{\mathscr{F}(U)} \qquad \text{für alle} \quad U \in \mathfrak{T},$$

$$\varrho_W^V \circ \varrho_V^U = \varrho_W^U \qquad \text{für } W \subset V \subset U.$$

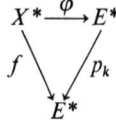

Bemerkung. Man schreibt meist nur kurz $\mathscr{F}$ statt $(\mathscr{F}, \varrho)$. Die Homomorphismen ϱ_V^U nennt man auch *Beschränkungshomomorphismen.* Statt $\varrho_V^U(f)$ für $f \in \mathscr{F}(U)$ schreibt man kurz $f|V$.
Analog den Prägarben abelscher Gruppen kann man auch Prägarben von Vektorräumen, Ringen, Mengen usw. definieren.

6.2. Beispiel. Sei X ein beliebiger topologischer Raum. Für eine offene Teilmenge $U \subset X$ sei $\mathscr{C}(U)$ der Vektorraum aller stetigen Funktionen $f: U \to \mathbb{C}$. Für $V \subset U$ sei $\varrho_V^U: \mathscr{C}(U) \to \mathscr{C}(V)$ die gewöhnliche Beschränkungsabbildung. Dann ist $(\mathscr{C}, \varrho)$ eine Prägarbe von Vektorräumen auf X.

6.3. Definition. Eine Prägarbe $\mathscr{F}$ auf dem topologischen Raum X heißt *Garbe*, wenn für jede offene Menge $U \subset X$ und jede Familie offener Teilmengen $U_i \subset U$, $i \in I$, mit $U = \bigcup_{i \in I} U_i$ folgende Bedingungen (Garbenaxiome) erfüllt sind:

(I) Sind $f, g \in \mathscr{F}(U)$ Elemente mit $f|U_i = g|U_i$ für alle $i \in I$, so folgt $f = g$.

(II) Seien Elemente $f_i \in \mathscr{F}(U_i)$, $i \in I$, vorgegeben mit

$$f_i|U_i \cap U_j = f_j|U_i \cap U_j \quad \text{für alle } i, j \in I.$$

Dann existiert ein $f \in \mathscr{F}(U)$ mit $f|U_i = f_i$ für alle $i \in I$.

Bemerkung. Das Element f, dessen Existenz durch (II) garantiert wird, ist nach (I) eindeutig bestimmt.
Wendet man (I) und (II) auf den Fall $U = \emptyset = \bigcup_{i \in \emptyset} U_i$ an, so ergibt sich, daß $\mathscr{F}(\emptyset)$ genau ein Element besitzt.

6.4. Beispiele. a) Für jeden topologischen Raum X ist die in (6.2) definierte Prägarbe $\mathscr{C}$ eine Garbe. Die beiden Garbenaxiome (I) und (II) sind trivialerweise erfüllt.

b) Sei X eine Riemannsche Fläche und $\mathcal{O}(U)$ der Ring der auf einer offenen Teilmenge $U \subset X$ holomorphen Funktionen. Zusammen mit der gewöhnlichen Beschränkungsabbildung $\mathcal{O}(U) \to \mathcal{O}(V)$ für $V \subset U$ erhält man die Garbe $\mathcal{O}$ der holomorphen Funktionen auf X. Analog ist die Garbe $\mathscr{M}$ der meromorphen Funktionen auf X definiert.

c) Für eine offene Teilmenge U einer Riemannschen Fläche X sei $\mathcal{O}^*(U)$ die multiplikative Gruppe aller holomorphen Abbildungen $f: U \to \mathbb{C}^*$. Mit den gewöhnlichen Beschränkungsabbildungen erhält man eine Garbe $\mathcal{O}^*$ (multiplikativer) abelscher Gruppen. Analog ist die Garbe $\mathscr{M}^*$ definiert: Für eine offene Menge $U \subset X$ besteht $\mathscr{M}^*(U)$ aus allen meromorphen Funktionen $f \in \mathscr{M}(U)$, die auf keiner Zusammenhangskomponente von U identisch verschwinden.

d) Sei X ein beliebiger topologischer Raum und G eine abelsche Gruppe. Wir definieren eine Prägarbe $\mathscr{G}$ auf X wie folgt: Für eine nichtleere offene Teilmenge $U \subset X$ sei $\mathscr{G}(U) := G$ und $\mathscr{G}(\emptyset) := 0$. Die Beschränkungsmorphismen seien $\varrho_V^U = \mathrm{id}_G$ für $V \neq \emptyset$ und $\varrho_\emptyset^U$ sei der Nullhomomorphismus. Besitzt G mindestens zwei voneinander verschiedene Elemente g_1, g_2 und X zwei disjunkte nichtleere offene Teilmengen U_1, U_2, so ist $\mathscr{G}$ keine Garbe; denn das Garbenaxiom (II) ist verletzt: Da $U_1 \cap U_2 = \emptyset$, ist $g_1 | U_1 \cap U_2 = 0 = g_2 | U_1 \cap U_2$, es gibt aber kein $f \in \mathscr{G}(U_1 \cup U_2) = G$ mit $f | U_1 = g_1$ und $f | U_2 = g_2$.

e) Man kann das vorhergehende Beispiel leicht modifizieren, um eine Garbe zu erhalten: Für eine offene Menge sei $\tilde{\mathscr{G}}(U)$ die abelsche Gruppe aller lokalkonstanten Abbildungen $g: U \to G$. (Ist $U \neq \emptyset$ eine zusammenhängende offene Menge, so gilt $\tilde{\mathscr{G}}(U) = G$.) Für $V \subset U$ sei $\tilde{\mathscr{G}}(U) \to \tilde{\mathscr{G}}(V)$ die gewöhnliche Beschränkung. Dann ist $\tilde{\mathscr{G}}$ eine Garbe auf X. Sie heißt die Garbe der lokal-konstanten Funktionen mit Werten in G. Sie wird meist kurz ebenfalls mit G bezeichnet.

6.5. Halme einer Prägarbe. Sei $\mathscr{F}$ eine Prägarbe von Mengen auf dem topologischen Raum X und $a \in X$ ein Punkt. Auf der disjunkten Vereinigung

$$\dot{\bigcup_{U \ni a}} \mathscr{F}(U),$$

wobei die Vereinigung über alle offenen Umgebungen U von a zu nehmen ist, führen wir folgende Äquivalenzrelation $\underset{a}{\sim}$ ein: Für Elemente $f \in \mathscr{F}(U)$ und $g \in \mathscr{F}(V)$ setzt man $f \underset{a}{\sim} g$ genau dann, wenn eine offene Menge W mit $a \in W \subset U \cap V$ existiert, so daß $f | W = g | W$. Man prüft leicht nach, daß dies tatsächlich eine Äquivalenzrelation ist. Die Menge $\mathscr{F}_a$ aller Äquivalenzklassen, der sog. induktive Limes der $\mathscr{F}(U)$,

$$\mathscr{F}_a := \varinjlim_{U \ni a} \mathscr{F}(U) := \Big(\dot{\bigcup_{U \ni a}} \mathscr{F}(U)\Big) / \underset{a}{\sim},$$

heißt der *Halm* von $\mathscr{F}$ im Punkt a. Ist $\mathscr{F}$ eine Prägarbe von abelschen Gruppen (Vektorräumen, Ringen), so ist auch der Halm $\mathscr{F}_a$ bzgl. repräsentantenweiser Verknüpfung eine abelsche Gruppe (bzw. Vektorraum, Ring).

Für eine offene Umgebung U von a sei

$$\varrho_a : \mathscr{F}(U) \to \mathscr{F}_a$$

die Abbildung, die jedem Element $f \in \mathscr{F}(U)$ seine Äquivalenzklasse modulo $\underset{a}{\sim}$ zuordnet. $\varrho_a(f)$ heißt der *Keim* von f in a.
Als Beispiel betrachten wir die Garbe $\mathcal{O}$ der holomorphen Funktionen auf einem Gebiet $X \subset \mathbb{C}$. Sei $a \in X$. Ein *holomorpher Funktionskeim* $\varphi \in \mathcal{O}_a$ wird durch eine holomorphe Funktion in einer offenen Umgebung von a repräsentiert, läßt sich also in eine Taylorreihe $\sum_{\nu=0}^{\infty} c_\nu (z-a)^\nu$ mit positivem Konvergenzradius entwickeln.

Zwei holomorphe Funktionen in Umgebungen von a bestimmen genau dann denselben Keim in a, wenn sie dieselbe Taylorentwicklung um a besitzen. Es besteht also ein Isomorphismus zwischen dem Halm $\mathcal{O}_a$ und dem Ring $\mathbb{C}\{z-a\}$ aller konvergenten Potenzreihen in $z-a$ mit komplexen Koeffizienten. Analog ist der Ring $\mathcal{M}_a$ der *meromorphen Funktionskeime* in a isomorph zum Ring aller konvergenten Laurent-Reihen

$$\sum_{\nu=k}^{\infty} c_\nu(z-a)^\nu, \quad k\in\mathbb{Z}, \quad c_\nu\in\mathbb{C},$$

mit endlichem Hauptteil.
Für einen Funktionskeim $\varphi\in\mathcal{O}_a$ ist der Funktionswert $\varphi(a)\in\mathbb{C}$ wohldefiniert (d.h. unabhängig vom Repräsentanten).

6.6 Hilfssatz. *Sei $\mathcal{F}$ eine Garbe abelscher Gruppen auf dem topologischen Raum X und $U\subset X$ eine offene Teilmenge. Ein Element $f\in\mathcal{F}(U)$ ist genau dann gleich null, wenn alle Keime $\varrho_x(f)\in\mathcal{F}_x$, $x\in U$, verschwinden.*

Dies folgt unmittelbar aus dem Garbenaxiom (I).

6.7. Der einer Prägarbe zugeordnete Überlagerungsraum. Sei X ein topologischer Raum und $\mathcal{F}$ eine Prägarbe auf X. Sei

$$|\mathcal{F}| := \dot{\bigcup_{x\in X}} \mathcal{F}_x$$

die disjunkte Vereinigung aller Halme. Mit

$$p: |\mathcal{F}|\to X$$

bezeichnen wir die Abbildung, die einem Element $\varphi\in\mathcal{F}_x$ den Punkt x zuordnet. Wir führen jetzt auf $|\mathcal{F}|$ eine Topologie ein.
Für eine offene Teilmenge $U\subset X$ und ein Element $f\in\mathcal{F}(U)$ sei

$$[U,f] := \{\varrho_x(f) : x\in U\}\subset|\mathcal{F}|.$$

6.8. Satz. *Das System $\mathfrak{B}$ aller Mengen $[U,f]$, U offen in X, $f\in\mathcal{F}(U)$, ist die Basis einer Topologie auf $|\mathcal{F}|$. Die Projektion $p: |\mathcal{F}|\to X$ ist lokal-topologisch, d.h. eine unverzweigte Überlagerung.*

Beweis. a) Um zu sehen, daß $\mathfrak{B}$ die Basis einer Topologie von $|\mathcal{F}|$ bildet, ist zweierlei zu zeigen:
i) Jedes Element $\varphi\in|\mathcal{F}|$ ist in wenigstens einem $[U,f]$ enthalten. Dies ist trivial.
ii) Ist $\varphi\in[U,f]\cap[V,g]$, so existiert ein $[W,h]\in\mathfrak{B}$ mit $\varphi\in[W,h]\subset[U,f]\cap[V,g]$. Denn sei $p(\varphi)=x$. Dann ist $x\in U\cap V$ und $\varphi=\varrho_x(f)=\varrho_x(g)$. Deshalb existiert eine offene Umgebung $W\subset U\cap V$ von x mit $f|W=g|W=:h$. Daraus folgt $\varphi\in[W,h]$ $\subset[U,f]\cap[V,g]$, q.e.d.
b) Wir zeigen jetzt, daß $p: |\mathcal{F}|\to X$ lokal-topologisch ist. Sei $\varphi\in|\mathcal{F}|$ und $p(\varphi) = x$.

Es gibt ein $[U,f]\in\mathfrak{B}$ mit $\varphi\in[U,f]$. Dann ist $[U,f]$ offene Umgebung von φ und U offene Umgebung von x. Die Abbildung $p|[U,f]\to U$ ist bijektiv und, wie sofort aus den Definitionen folgt, stetig und offen. $p:|\mathcal{F}|\to X$ ist also lokal-topologisch.

6.9. Definition. Man sagt, eine Prägarbe $\mathcal{F}$ über dem topologischen Raum X genüge dem *Identitätssatz*, wenn folgendes gilt: Ist $Y\subset X$ ein Gebiet und sind $f,g\in\mathcal{F}(Y)$ Elemente, deren Keime $\varrho_a(f)$ und $\varrho_a(g)$ für einen Punkt $a\in Y$ übereinstimmen, so gilt $f=g$.
Diese Bedingung ist z.B. für die Garben $\mathcal{O}$ und $\mathcal{M}$ der holomorphen bzw. meromorphen Funktionen auf einer Riemannschen Fläche X erfüllt.

6.10. Satz. *Sei X ein lokal zusammenhängender Hausdorffraum und $\mathcal{F}$ eine Prägarbe auf X, die dem Identitätssatz genügt. Dann ist der topologische Raum $|\mathcal{F}|$ Hausdorffsch.*

Beweis. Seien φ_1, $\varphi_2\in|\mathcal{F}|$, $\varphi_1\neq\varphi_2$. Es sind punktfremde Umgebungen von φ_1 und φ_2 zu finden.

1. Fall. $p(\varphi_1)=:x\neq y:=p(\varphi_2)$. Da X Hausdorffsch ist, existieren punktfremde Umgebungen U und V von x bzw. y. Dann sind $p^{-1}(U)$ und $p^{-1}(V)$ punktfremde Umgebungen von φ_1 bzw. φ_2.

2. Fall. $p(\varphi_1)=p(\varphi_2)=:x$. Der Keim $\varphi_i\in\mathcal{F}_x$ werde durch ein Element $f_i\in\mathcal{F}(U_i)$, U_i offene Umgebung von x, repräsentiert $(i=1,2)$. Es gibt eine zusammenhängende offene Umgebung $U\subset U_1\cap U_2$ von x. Dann sind $[U,f_i|U]$ offene Umgebungen von φ_i. Angenommen, es gebe ein $\psi\in[U,f_1|U]\cap[U,f_2|U]$. Sei $p(\psi)=y$. Dann ist $\psi=\varrho_y(f_1)=\varrho_y(f_2)$. Aus dem Identitätssatz folgt $f_1|U=f_2|U$, also $\varphi_1=\varphi_2$, Widerspruch! Deshalb sind $[U,f_1|U]$ und $[U,f_2|U]$ punktfremd, q.e.d.

§ 7. Analytische Fortsetzung

Wir kommen jetzt zur Konstruktion der Riemannschen Flächen von Funktionen, die durch analytische Fortsetzung eines Funktionskeims entstehen.

7.1. Definition. Sei X eine Riemannsche Fläche, $u:[0,1]\to X$ eine Kurve und $u(0)=:a$, $u(1)=:b$. Man sagt, ein holomorpher Funktionskeim $\psi\in\mathcal{O}_b$ geht durch *analytische Fortsetzung längs der Kurve u* aus dem holomorphen Funktionskeim $\varphi \in \mathcal{O}_a$ hervor, falls gilt: Es gibt eine Familie $\varphi_t \in \mathcal{O}_{u(t)}$, $t \in [0,1]$, von Funktionskeimen mit $\varphi_0 = \varphi$ und $\varphi_1 = \psi$, die folgende Eigenschaft hat: Zu jedem $\tau \in [0,1]$ existiert eine Umgebung $T \subset [0,1]$ von τ, eine offene Menge $U \subset X$ mit $u(T) \subset U$ und eine Funktion $f \in \mathcal{O}(U)$ mit

$$\varrho_{u(t)}(f) = \varphi_t \quad \text{für alle} \quad t \in T.$$

Dabei ist $\varrho_{u(t)}(f)$ der Keim von f im Punkte $u(t)$.
Wegen der Kompaktheit von $[0,1]$ ist die Bedingung äquivalent zur folgenden (s. Fig. 5): Es gibt eine Unterteilung $0 = t_0 < t_1 < \cdots < t_{n-1} < t_n = 1$ des Intervalls $[0,1]$, Gebiete $U_i \subset X$ mit $u([t_{i-1}, t_i]) \subset U_i$ und holomorphe Funktionen $f_i \in \mathcal{O}(U_i), (i = 1, \ldots, n)$, so daß gilt:

i) φ ist der Keim von f_1 im Punkt a und ψ ist der Keim von f_n im Punkt b.

ii) $f_i | V_i = f_{i+1} | V_i$ für $i = 1, \ldots, n-1$. Dabei ist V_i die Zusammenhangskomponente von $U_i \cap U_{i+1}$, in der der Punkt $u(t_i)$ liegt.

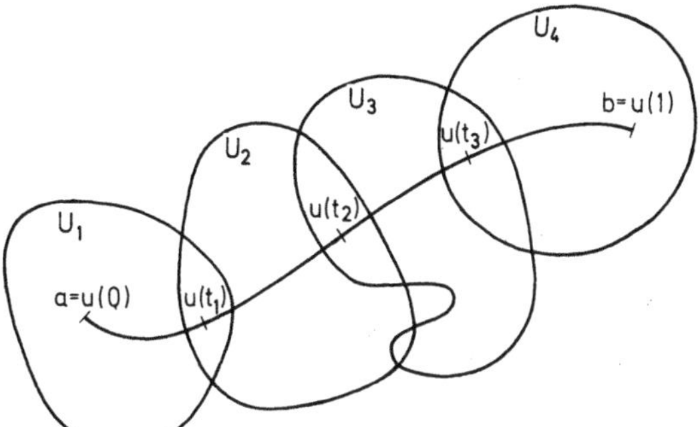

Figur 5

Das folgende Lemma zeigt, wie man die analytische Fortsetzung längs einer Kurve mittels der gemäß (6.7) aus der Garbe $\mathcal{O}$ der holomorphen Funktionen konstruierten Überlagerung $p: |\mathcal{O}| \to X$ interpretieren kann.

7.2. Lemma. *Sei X eine Riemannsche Fläche und $u: [0,1] \to X$ eine Kurve in X mit $u(0) =: a$ und $u(1) =: b$. Dann gilt: Ein Funktionskeim $\psi \in \mathcal{O}_b$ ist genau dann analytische Fortsetzung eines Funktionskeimes $\varphi \in \mathcal{O}_a$ längs u, falls es eine Liftung $\hat{u}: [0,1] \to |\mathcal{O}|$ der Kurve u gibt mit $\hat{u}(0) = \varphi$ und $\hat{u}(1) = \psi$.*

Beweis. a) Sei $\psi \in \mathcal{O}_b$ analytische Fortsetzung von $\varphi \in \mathcal{O}_a$ längs u. Sei $\varphi_t \in \mathcal{O}_{u(t)}$, $t \in [0,1]$, die Familie von Funktionskeimen gemäß Definition (7.1). Es folgt unmittelbar aus der Definition der Topologie von $|\mathcal{O}|$, daß die Zuordnung $t \mapsto \varphi_t$ eine stetige Abbildung $\hat{u}: [0,1] \to |\mathcal{O}|$ darstellt. $\hat{u}$ ist eine Liftung von u und es gibt $\hat{u}(0) = \varphi_0 = \varphi$ sowie $\hat{u}(1) = \varphi_1 = \psi$.

b) Es gebe eine Liftung $\hat{u}: [0,1] \to |\mathcal{O}|$ von u mit $\hat{u}(0) = \varphi$ und $\hat{u}(1) = \psi$. Für $t \in [0,1]$ setzen wir $\varphi_t := \hat{u}(t)$. Dann gilt $\varphi_t \in \mathcal{O}_{u(t)}$ und $\varphi_0 = \varphi$, $\varphi_1 = \psi$. Sei $\tau \in [0,1]$ und $[U,f] \subset |\mathcal{O}|$ eine offene Umgebung von $\hat{u}(\tau)$. Es gibt dann eine Umgebung $T \subset [0,1]$ von τ mit $\hat{u}(T) \subset [U,f]$. Daraus folgt $u(T) \subset U$ und $\varphi_t = \hat{u}(t) = \varrho_{u(t)}(f)$ für alle $t \in T$. Das bedeutet, daß ψ analytische Fortsetzung von φ längs u ist, q.e.d.

Wegen der Eindeutigkeit der Liftung (Satz 4.8) folgt aus dem Lemma, daß die analytische Fortsetzung eines Funktionskeims längs einer Kurve, falls sie existiert, eindeutig bestimmt ist. Eine weitere Folgerung aus dem Lemma ist der Monodromie-Satz.

7.3. Monodromie-Satz. *Sei X eine Riemannsche Fläche und seien $u_0, u_1 : [0,1] \to X$ zwei homotope Kurven von a nach b. Sei $u_s, 0 \le s \le 1$, eine Deformation von u_0 in u_1 und $\varphi \in \mathcal{O}_a$ ein Funktionskeim, der sich längs jeder Kurve u_s analytisch fortsetzen läßt. Dann ergeben die analytischen Fortsetzungen von φ längs u_0 und u_1 denselben Funktionskeim $\psi \in \mathcal{O}_b$.*

Zum Beweis hat man einfach Satz (4.10) auf die Überlagerung $|\mathcal{O}| \to X$ anzuwenden. Man beachte, daß $|\mathcal{O}|$ nach Satz (6.10) Hausdorffsch ist.

7.4. Corollar. *Sei X eine einfach zusammenhängende Riemannsche Fläche, $a \in X$ und $\varphi \in \mathcal{O}_a$ ein Funktionskeim, der sich in X unbegrenzt, d.h. längs jeder von a ausgehenden Kurve, analytisch fortsetzen läßt. Dann gibt es eine auf ganz X holomorphe Funktion $f \in \mathcal{O}(X)$ mit $\varrho_a(f) = \varphi$.*

Bemerkung. Wegen des Identitätssatzes ist f eindeutig bestimmt.

Beweis. Für $x \in X$ sei $\psi_x \in \mathcal{O}_x$ der Funktionskeim, der aus φ durch analytische Fortsetzung längs irgendeiner von a nach x verlaufenden Kurve entsteht. Da X einfach zusammenhängt, ist ψ_x unabhängig davon, welche Kurve man wählt. Man setze $f(x) := \psi_x(x)$. Dann ist f eine auf X holomorphe Funktion mit $\varrho_a(f) = \varphi$, q.e.d.

7.5. Im allgemeinen entstehen, falls die analytische Fortsetzung längs zweier Kurven mit gleichem Anfangs- und gleichem Endpunkt möglich ist, aus einem Funktionskeim zwei verschiedene Funktionskeime. Will man daher alle analytischen Fortsetzungen eines gegebenen Funktionskeims zu einer Funktion zusammenfassen, so kommt man auf mehrdeutige Funktionen. Dies soll jetzt präzisiert werden.

Seien X und Y Riemannsche Flächen, $\mathcal{O}_X$ bzw. $\mathcal{O}_Y$ die Garben der auf ihnen holo-

morphen Funktionen und $p: Y \to X$ eine holomorphe unverzweigte Überlagerungsabbildung. Für $y \in Y$ induziert p, da es lokal biholomorph ist, einen Isomorphismus $p^*: \mathcal{O}_{X,p(y)} \to \mathcal{O}_{Y,y}$.
Es sei

$$p_*: \mathcal{O}_{Y,y} \to \mathcal{O}_{X,p(y)}$$

die Umkehrabbildung von p^*.

7.6. Definition. Sei X eine Riemannsche Fläche, $a \in X$ ein Punkt und $\varphi \in \mathcal{O}_a$ ein Funktionskeim. Ein Quadrupel (Y, p, f, b) heißt *analytische Fortsetzung* von φ, wenn gilt:

i) Y ist eine Riemannsche Fläche und $p: Y \to X$ eine holomorphe unverzweigte Überlagerung.
ii) f ist eine auf Y holomorphe Funktion.
iii) b ist ein Punkt von Y mit $p(b) = a$ und

$$p_*(\varrho_b(f)) = \varphi.$$

Eine analytische Fortsetzung (Y, p, f, b) von φ heißt *maximal*, wenn sie folgende universelle Eigenschaft hat: Ist (Z, q, g, c) eine andere analytische Fortsetzung von φ, so gibt es eine spurtreue holomorphe Abbildung $F: Z \to Y$ mit $F(c) = b$ und $F^*(f) = g$.
Eine maximale analytische Fortsetzung ist bis auf Isomorphie eindeutig bestimmt. Ist nämlich mit den obigen Bezeichnungen neben (Y, p, f, b) auch (Z, q, g, c) maximale analytische Fortsetzung von φ, so gibt es eine spurtreue holomorphe Abbildung $G: Y \to Z$ mit $G(b) = c$ und $G^*(g) = f$. Die Zusammensetzung $F \circ G$ ist eine spurtreue holomorphe Abbildung von Y auf sich, die den Punkt b festläßt. Nach Satz (4.8) ist deshalb $F \circ G = \mathrm{id}_Y$. Ebenso zeigt man $G \circ F = \mathrm{id}_Z$. Daraus folgt, daß $G: Y \to Z$ biholomorph ist.

7.7. Hilfssatz. *Sei X eine Riemannsche Fläche, $a \in X, \varphi \in \mathcal{O}_a$ und (Y, p, f, b) eine analytische Fortsetzung von φ. Ist dann $v: [0,1] \to Y$ eine Kurve mit $v(0) = b$ und $v(1) =: y$, so ist der Funktionskeim $\psi := p_*(\varrho_y(f)) \in \mathcal{O}_{p(y)}$ analytische Fortsetzung von φ längs der Kurve $u := p \circ v$.*

Beweis. Für $t \in [0,1]$ setzen wir $\varphi_t := p_*(\varrho_{v(t)}(f)) \in \mathcal{O}_{p(v(t))} = \mathcal{O}_{u(t)}$. Es gilt $\varphi_0 = \varphi$ und $\varphi_1 = p_*(f_y) = \psi$. Sei $t_0 \in [0,1]$. Da $p: Y \to X$ unverzweigt ist, gibt es offene Umgebungen $V \subset Y$ und $U \subset X$ von $v(t_0)$ bzw. $p(v(t_0)) = u(t_0)$, so daß $p|V \to U$ biholomorph ist. Sei $q: U \to V$ die Umkehrabbildung und $g := q^*(f|V) \in \mathcal{O}(U)$. Dann ist $p_*(\varrho_\eta(f)) = \varrho_{p(\eta)}(g)$ für alle $\eta \in V$. Es gibt eine Umgebung $T \subset [0,1]$ von t_0 mit $v(T) \subset V$, d.h. $u(T) \subset U$. Für alle $t \in T$ ist

$$\varrho_{u(t)}(g) = p_*(\varrho_{v(t)}(f)) = \varphi_t.$$

Damit ist bewiesen, daß ψ analytische Fortsetzung von φ längs u ist.

7.8. Satz. *Sei X eine Riemannsche Fläche, $a \in X$ und $\varphi \in \mathcal{O}_a$ ein holomorpher Funktionskeim im Punkt a. Dann existiert eine maximale analytische Fortsetzung (Y, p, f, b) von φ.*

Beweis. Es sei Y die Zusammenhangskomponente von $|\mathcal{O}|$, in der φ liegt. Die Beschränkung der Abbildung $p: |\mathcal{O}| \to X$ auf Y bezeichnen wir ebenfalls mit p. Dann ist $p: Y \to X$ eine unverzweigte Überlagerungsabbildung. Versieht man Y gemäß Satz (4.6) mit einer komplexen Struktur, so wird Y eine Riemannsche Fläche und die Abbildung $p: Y \to X$ holomorph. Eine holomorphe Funktion $f: Y \to \mathbb{C}$ werde wie folgt definiert: Jedes $\eta \in Y$ ist nach Definition ein Funktionskeim im Punkt $p(\eta)$. Man setze $f(\eta) := \eta\,(p(\eta))$. Man sieht leicht, daß f holomorph ist und daß $p_*(\varrho_\eta(f)) = \eta$ für alle $\eta \in Y$. Setzt man deshalb $b := \varphi$, so folgt, daß (Y, p, f, b) analytische Fortsetzung von φ ist.
Wir zeigen jetzt, daß (Y, p, f, b) maximale analytische Fortsetzung von φ ist. Sei (Z, q, g, c) eine weitere analytische Fortsetzung von φ. Die Abbildung $F: Z \to Y$ werde wie folgt definiert: Sei $\zeta \in Z$ und $q(\zeta) =: x$.
Nach Hilfssatz (7.7) entsteht der Funktionskeim $q_*(\varrho_\zeta(g)) \in \mathcal{O}_x$ durch analytische Fortsetzung längs einer Kurve von a nach x aus dem Funktionskeim φ. Nach Lemma (7.2) besteht Y aus allen Funktionskeimen, die sich durch analytische Fortsetzung längs Kurven aus φ erhalten lassen. Es gibt daher genau ein $\eta \in Y$ mit $q_*(\varrho_\zeta(g)) = \eta$. Man setze $F(\zeta) = \eta$. Es ist leicht zu verifizieren, daß $F: Z \to Y$ eine holomorphe spurtreue Abbildung mit $F(c) = b$ und $F^*(f) = g$ ist, q.e.d.

Bemerkung. Ganz analog, wie wir es in diesem Paragraphen für holomorphe Funktionskeime getan haben, kann man die analytische Fortsetzung meromorpher Funktionskeime behandeln. Man benutzt dabei den Überlagerungsraum $|\mathcal{M}| \to X$. Verzweigungsstellen haben wir ganz außer Betracht gelassen. Im folgenden Paragraphen werden wir jedoch für den Spezialfall der algebraischen Funktionen auch die Verzweigungsstellen berücksichtigen.

§ 8. Algebraische Funktionen

Das einfachste Beispiel einer mehrdeutigen analytischen Funktion ist die Wurzel. Sie ist ein Spezialfall der sog. algebraischen Funktionen, d.h. Funktionen $w = w(z)$, die einer algebraischen Gleichung $w^n + a_1(z)w^{n-1} + \cdots + a_0(z) = 0$ genügen, wobei die Koeffizienten a_ν vorgegebene meromorphe Funktionen von z sind. In diesem Paragraphen konstruieren wir die Riemannschen Flächen der algebraischen Funktionen. Sie ergeben sich als eigentliche Überlagerungen, deren Blätterzahl gleich dem Grad der algebraischen Gleichung ist.

8.1. Elementarsymmetrische Funktionen. Seien X, Y Riemannsche Flächen, $\pi: Y \to X$ eine eigentliche, unverzweigte holomorphe n-blättrige Überlagerung und f eine meromorphe Funktion auf Y. Jeder Punkt $x \in X$ besitzt eine offene Umgebung U, so daß $\pi^{-1}(U)$ die disjunkte Vereinigung von offenen Mengen $V_1, \ldots, V_n$ ist und $\pi | V_\nu \to U$ biholomorph ist $(\nu = 1, \ldots, n)$. Sei $\tau_\nu: U \to V_\nu$ die Umkehrabbildung von $\pi | V_\nu \to U$ und $f_\nu := \tau_\nu^* f$. Sei T eine Unbestimmte und

$$\prod_{\nu=1}^{n} (T - f_\nu) = T^n + c_1 T^{n-1} + \cdots + c_n.$$

Dann sind die c_ν meromorphe Funktionen in U, und zwar gilt

$$c_\nu = (-1)^\nu s_\nu(f_1, \ldots, f_n),$$

wenn s_ν das ν-te elementar-symmetrische Polynom in n Variablen bezeichnet. Führt man dieselbe Konstruktion über einer Umgebung U' eines anderen Punktes $x' \in X$ aus, so erhält man über $U \cap U'$ dieselben Funktionen $c_1, \ldots, c_n$, die sich also zu globalen meromorphen Funktionen $c_1, \ldots, c_n \in \mathcal{M}(X)$ zusammenfügen. Wir nennen $c_1, \ldots, c_n$ die elementarsymmetrischen Funktionen von f bzgl. der Überlagerung $Y \to X$.

8.2. Satz. *Seien X, Y Riemannsche Flächen und sei $\pi: Y \to X$ eine eigentliche, holomorphe n-blättrige Überlagerungsabbildung. Sei $A \subset X$ eine abgeschlossene diskrete Teilmenge, die alle kritischen Werte von π umfaßt und $B = \pi^{-1}(A)$. Sei f eine holomorphe (bzw. meromorphe) Funktion auf $Y \backslash B$ und seien $c_1, \ldots, c_n \in \mathcal{O}(X \backslash A)$ (bzw. $\in \mathcal{M}(X \backslash A)$) die elementarsymmetrischen Funktionen von f. Dann läßt sich f genau dann holomorph (meromorph) nach Y fortsetzen, wenn sich alle c_ν holomorph (meromorph) nach X fortsetzen lassen.*

Aufgrund des Satzes lassen sich dann die elementarsymmetrischen Funktionen einer Funktion $f \in \mathcal{M}(Y)$ auch bzgl. einer verzweigten Überlagerung $Y \to X$ definieren.

Beweis. Sei $a \in A$ und seien $b_1, \ldots, b_m$ die Urbilder von a. Sei (U, z) eine relativ-kompakte Koordinatenumgebung von a mit $z(a) = 0$ und $U \cap A = \{a\}$. Dann ist $V := \pi^{-1}(U)$ eine relativ-kompakte Umgebung jedes b_μ.

1. Wir behandeln zunächst den Fall $f \in \mathcal{O}(Y \backslash B)$.

a) f lasse sich holomorph in alle Punkte b_μ fortsetzen. Dann ist f beschränkt auf $V \backslash \{b_1, \ldots, b_m\}$. Daraus folgt, daß alle c_ν in $U \backslash \{a\}$ beschränkt sind. Nach dem Riemannschen Hebbarkeitssatz lassen sie sich holomorph nach a fortsetzen.

b) Es mögen sich alle c_ν holomorph nach a fortsetzen lassen. Dann sind alle c_ν beschränkt in $U\setminus\{a\}$, woraus folgt, daß f beschränkt in $V\setminus\{b_1,\ldots,b_m\}$ ist, denn für $y\in V\setminus\{b_1,\ldots,b_m\}$ und $x=\pi(y)$ gilt

$$f(y)^n+c_1(x)f(y)^{n-1}+\cdots+c_n(x)=0.$$

Wiederum aus dem Riemannschen Hebbarkeitssatz folgt, daß sich f in jeden Punkt b_μ holomorph fortsetzen läßt.

2. Sei jetzt $f\in\mathcal{M}(Y\setminus B)$.
a) f lasse sich meromorph in alle Punkte b_μ fortsetzen. Die Funktion $\varphi:=\pi^*z\in\mathcal{O}(V)$ verschwindet in allen Punkten b_μ. Für genügend großes k läßt sich daher $\varphi^k f$ holomorph in alle Punkte b_μ fortsetzen. Die elementarsymmetrischen Funktionen von $\varphi^k f$ sind $z^{k\nu}c_\nu$, die sich nach dem ersten Teil des Beweises holomorph nach a fortsetzen lassen. Also lassen sich alle c_ν meromorph nach a fortsetzen.

b) Alle c_ν mögen sich meromorph nach a fortsetzen lassen. Mit den obigen Bezeichnungen gilt:
Ist k genügend groß, so lassen sich alle $z^{k\nu}c_\nu$ holomorph nach a fortsetzen, also läßt sich $\varphi^k f$ holomorph in alle Punkte b_μ fortsetzen. Daraus folgt, daß sich f meromorph in alle Punkte b_μ fortsetzen läßt, q.e.d.
Für späteren Gebrauch merken wir noch an, daß beim Beweis des Satzes nicht benutzt worden ist, daß Y zusammenhängt. Der Satz gilt also auch für den Fall, daß Y disjunkte Vereinigung endlicher vieler Riemannscher Flächen ist.

8.3. Satz. *Seien X, Y Riemannsche Flächen und sei $\pi: Y\to X$ eine eigentliche, holomorphe n-blättrige Überlagerungsabbildung. Ist $f\in\mathcal{M}(Y)$ und sind $c_1,\ldots,c_n\in\mathcal{M}(X)$ die elementarsymmetrischen Funktionen von f, so gilt*

$$f^n+(\pi^*c_1)f^{n-1}+\cdots+(\pi^*c_{n-1})f+\pi^*c_n=0.$$

Der Monomorphismus $\pi^*:\mathcal{M}(X)\to\mathcal{M}(Y)$ ist eine algebraische Körpererweiterung vom Grad $\leq n$.

Zusatz. Es gebe ein $f\in\mathcal{M}(Y)$ und ein $x\in X$ mit Urbildpunkten $y_1,\ldots,y_n\in Y$, so daß die Werte $f(y_\nu)$, $\nu=1,\ldots,n$, paarweise voneinander verschieden sind. Dann ist die Körpererweiterung $\pi^*:\mathcal{M}(X)\to\mathcal{M}(Y)$ vom Grad n.

Bemerkung. Wir werden später sehen, daß die Bedingung des Zusatzes stets erfüllt ist, siehe (14.13) und (26.6).

Beweis. Das Bestehen der Gleichung

$$f^n+\sum_{\nu=1}^{n}(\pi^*c_\nu)f^{n-\nu}=0$$

folgt direkt aus der Definition der elementarsymmetrischen Funktionen von f.

Sei $L:=\mathcal{M}(Y)$ und $K:=\pi^*\mathcal{M}(X)\subset L$. Dann ist also jedes $f\in L$ algebraisch über K

und das Minimalpolynom von f über K hat einen Grad $\leq n$. Sei $f_0 \in L$ ein Element, für das der Grad n_0 des Minimalpolynoms maximal ist.
Behauptung: $L = K(f_0)$.
Zum Beweis der Behauptung nehmen wir ein beliebiges Element $f \in L$ und betrachten den Körper $K(f_0, f)$. Nach dem Satz vom primitiven Element existiert ein $g \in L$ mit $K(f_0, f) = K(g)$. Nach Definition von n_0 ist $\dim_K K(g) \leq n_0$. Andererseits ist

$$\dim_K K(f_0, f) \geq \dim_K K(f_0) \geq n_0 .$$

Daraus folgt $K(f_0) = (K(f_0, f)$, also $f \in K(f_0)$.

Beweis des Zusatzes. Wäre der Grad des Minimalpolynoms von f über K gleich $m < n$, so könnte f über jedem Punkt $x \in X$ höchstens m verschiedene Werte annehmen.

8.4. Satz. *Es sei X eine Riemannsche Fläche, $A \subset X$ eine abgeschlossene diskrete Teilmenge und $X' = X \setminus A$. Sei Y' eine weitere Riemannsche Fläche und $\pi' : Y' \to X'$ eine eigentliche, unverzweigte holomorphe Überlagerung. Dann läßt sich π' zu einer eigentlichen Überlagerung von X fortsetzen, d.h. es gibt eine Riemannsche Fläche Y, eine eigentliche holomorphe Abbildung $\pi : Y \to X$ und eine spurtreue biholomorphe Abbildung*

$$\varphi : Y \setminus \pi^{-1}(A) \to Y' .$$

Beweis. Zu jedem $a \in A$ wählen wir eine Koordinatenumgebung (U_a, z_a) in X mit folgenden Eigenschaften: $z_a(a) = 0$, $z_a(U_a)$ ist der Einheitskreis in $\mathbb{C}$ und $U_a \cap U_{a'} = \emptyset$ für $a \neq a'$. Sei $U_a^* = U_a \setminus \{a\}$. Weil $\pi' : Y' \to X'$ eigentlich ist, zerfällt $\pi'^{-1}(U_a^*)$ in endlich viele Zusammenhangskomponenten $V_{a\nu}^*$, $\nu = 1, \ldots, n(a)$. Für jedes ν ist $\pi' | V_{a\nu}^* \to U_a^*$ eine eigentliche, unverzweigte Überlagerung. Ihre Blätterzahl sei $k_{a\nu}$. Nach Satz (5.10) gibt es biholomorphe Abbildungen $\zeta_{a\nu} : V_{a\nu}^* \to E^*$ von $V_{a\nu}^*$ auf den punktierten Einheitskreis $E^* = E \setminus \{0\}$, so daß das Diagramm

$$\begin{array}{ccc} V_{a\nu}^* & \xrightarrow{\ \zeta_{a\nu}\ } & E^* \\ {\scriptstyle \pi'}\downarrow & & \downarrow{\scriptstyle \pi_{a\nu}} \\ U_a^* & \xrightarrow{\ z_a\ } & E^*, \end{array}$$

wobei $\pi_{a\nu}(\zeta) = \zeta^{k_{a\nu}}$, kommutativ wird.
Wir wählen jetzt „ideale Punkte" $p_{a\nu}$, $a \in A$, $\nu = 1, \ldots, n(a)$, d.h. paarweise voneinander verschiedene Elemente einer zu Y' disjunkten Menge. Dann gibt es auf

$$Y := Y' \cup \{p_{a\nu} : a \in A, \nu = 1, \ldots, n(a)\}$$

genau eine Topologie mit folgender Eigenschaft: Ist W_i, $i \in I$, eine Umgebungsbasis von a, so ist

$$\{p_{a\nu}\} \cup (\pi'^{-1}(W_i) \cap V_{a\nu}^*), i \in I,$$

eine Umgebungsbasis von $p_{a\nu}$ und auf Y' wird die gegebene Topologie induziert. Dadurch wird Y zu einem Hausdorffraum. Man definiere $\pi: Y \to X$ durch $\pi(y) = \pi'(y)$ für $y \in Y'$ und $\pi(p_{a\nu}) = a$. Dann ist π, wie man leicht nachrechnet, eigentlich.

Um Y zu einer Riemannschen Fläche zu machen, nehmen wir zu den Karten der komplexen Struktur von Y' noch folgende Karten hinzu: Sei $V_{a\nu} = V_{a\nu}^* \cup \{p_{a\nu}\}$ und

$$\zeta_{a\nu}: V_{a\nu} \to E$$

die durch $\zeta_{a\nu}(p_{a\nu}) := 0$ definierte Fortsetzung der oben beschriebenen Abbildung $\zeta_{a\nu}: V_{a\nu}^* \to E^*$. Da die letztere Abbildung biholomorph bzgl. der komplexen Struktur von Y' ist, sind die neuen Karten $\zeta_{a\nu}: V_{a\nu} \to E$ mit den Karten der komplexen Struktur von Y' biholomorph verträglich. Die Abbildung $\pi: Y \to X$ wird holomorph. Da nach Konstruktion $Y \backslash \pi^{-1}(A) = Y'$ ist, können wir als $\varphi: Y \backslash \pi^{-1}(A) \to Y'$ die identische Abbildung wählen. Damit ist die Existenz einer Fortsetzung der Überlagerung $\pi': Y' \to X'$ gezeigt.
Der folgende Satz zeigt, daß die Fortsetzung der Überlagerung, deren Existenz gerade bewiesen worden ist, bis auf Isomorphie eindeutig bestimmt ist.

8.5. Satz. *Seien X, Y, Z Riemannsche Flächen und $\pi: Y \to X$, $\tau: Z \to X$ eigentliche holomorphe Überlagerungen. $A \subset X$ sei eine abgeschlossene diskrete Punktmenge, $X' := X \backslash A$, $Y' := \pi^{-1}(X')$ und $Z' := \tau^{-1}(X')$. Dann kann jede spurtreue biholomorphe Abbildung $\sigma': Y' \to Z'$ zu einer spurtreuen biholomorphen Abbildung $\sigma: Y \to Z$ fortgesetzt werden. Insbesondere läßt sich jede Decktransformation $\sigma' \in$ Deck (Y'/X') zu einer Decktransformation $\sigma \in$ Deck (Y/X) fortsetzen.*

Beweis. Sei $a \in A$ und (U, z) eine Koordinatenumgebung von a, so daß $z(a) = 0$ und $z(U)$ der Einheitskreis ist. Sei $U^* = U \backslash \{a\}$. Wir können außerdem voraussetzen, daß U so klein ist, daß π und τ über U^* unverzweigt sind. Seien $V_1, \ldots, V_n$ bzw. $W_1, \ldots, W_m$ die Zusammenhangskomponenten von $\pi^{-1}(U)$ bzw. $\tau^{-1}(U)$. Dann sind $V_\nu^* := V_\nu \backslash \pi^{-1}(a)$ bzw. $W_\mu^* := W_\mu \backslash \tau^{-1}(a)$ die Zusammenhangskomponenten von $\pi^{-1}(U^*)$ bzw. $\tau^{-1}(U^*)$.
Da $\sigma' | \pi^{-1}(U^*) \to \tau^{-1}(U^*)$ biholomorph ist, ist $n = m$ und man kann so umnumerieren, daß $\sigma'(V_\nu^*) = W_\nu^*$. Da $\pi | V_\nu^* \to U^*$ eine endlichblättrige unverzweigte Überlagerung ist, besteht $V_\nu \cap \pi^{-1}(a)$ nach Satz (5.11) genau aus einem Punkt b_ν, ebenso besteht $W_\nu \cap \tau^{-1}(a)$ aus einem einzigen Punkt c_ν. Man kann deshalb $\sigma' | \pi^{-1}(U^*) \to \tau^{-1}(U^*)$ zu einer bijektiven Abbildung $\pi^{-1}(U) \to \tau^{-1}(U)$ fortsetzen, indem man b_ν den Punkt c_ν zuordnet. Da $\pi | V_\nu \to U$ und $\tau | W_\nu \to U$ eigentlich sind, ist diese Fortsetzung ein Homöomorphismus und nach dem Riemannschen Hebbarkeitssatz sogar biholomorph. (Der Hebbarkeitssatz ist anwendbar, da V_ν und W_ν nach Satz (5.11) isomorph zu Kreisscheiben sind.) Man wende diese Konstruktion auf jeden Ausnahmepunkt $a \in A$ an und erhält so die gesuchte Fortsetzung $\sigma: Y \to Z$.
Aufgrund von Satz (8.5) ist folgende Definition sinnvoll (vgl. Definition 5.5).

8.6. Definition. Seien X, Y Riemannsche Flächen und $\pi: Y \to X$ eine eigentliche holomorphe Überlagerung. Sei $A \subset X$ die Menge der kritischen Werte von π, $X' := X \setminus A$ und $Y' := \pi^{-1}(X')$. Dann heißt die Überlagerung $Y \to X$ *galoissch*, wenn die Überlagerung $Y' \to X'$ galoissch ist.

8.7. Lemma. *Seien $c_1, \ldots, c_n$ holomorphe Funktionen in der Kreisscheibe*

$$E(R) = \{z \in \mathbb{C} : |z| < R\}, \quad (R > 0).$$

Sei $w_0 \in \mathbb{C}$ eine einfache Nullstelle des Polynoms

$$T^n + c_1(0)\,T^{n-1} + \cdots + c_n(0) \in \mathbb{C}[T].$$

Dann gibt es ein r mit $0 < r \leq R$ und eine in der Kreisscheibe $E(r)$ holomorphe Funktion φ mit $\varphi(0) = w_0$ und

$$\varphi^n + c_1\varphi^{n-1} + \cdots + c_n = 0 \textit{ über } E(r).$$

Beweis. Für $z \in E(R)$ und $w \in \mathbb{C}$ sei

$$F(z, w) = w^n + c_1(z)\,w^{n-1} + \cdots + c_n(z).$$

Es gibt ein $\varepsilon > 0$, so daß die Funktion $w \mapsto F(0, w)$ auf der Kreisscheibe $\{w \in \mathbb{C} : |w - w_0| \leq \varepsilon\}$ die einzige Nullstelle w_0 hat. Wegen der Stetigkeit von F gibt es nun ein r mit $0 < r \leq R$, so daß die Funktion F auf der Menge

$$\{(z, w) \in \mathbb{C}^2 : |z| < r, |w - w_0| = \varepsilon\}$$

keine Nullstelle hat. Für festes $z \in E(r)$ gibt

$$n(z) = \frac{1}{2\pi i} \int\limits_{|w - w_0| = \varepsilon} \frac{F_w(z, w)}{F(z, w)}\,dw, \quad \left(F_w := \frac{\partial F}{\partial w}\right)$$

die Anzahl der Nullstellen der Funktion $w \mapsto F(z, w)$ in der Kreisscheibe mit Radius ε um w_0 an. Da $n(0) = 1$ und n stetig von z abhängt, ist $n(z) = 1$ für alle $z \in E(r)$. Nach dem Residuensatz ist die Nullstelle von $w \mapsto F(z, w)$ in der Kreisscheibe $|w - w_0| < \varepsilon$ gleich

$$\varphi(z) = \frac{1}{2\pi i} \int\limits_{|w - w_0| = \varepsilon} w\frac{F_w(z, w)}{F(z, w)}\,dw.$$

Da der Integrand holomorph von z abhängt, ist die Funktion $z \mapsto \varphi(z)$ in $E(r)$ holomorph und es gilt $F(z, \varphi(z)) = 0$ für alle $z \in E(r)$, q.e.d.

8.8. Corollar. *Es sei $\mathcal{O}_x$ der Ring der holomorphen Funktionskeime in einem Punkt x einer Riemannschen Fläche und*

$$P(T) = T^n + c_1T^{n-1} + \cdots + c_n \in \mathcal{O}_x[T].$$

Das Polynom

$$p(T) := T^n + c_1(x)\,T^{n-1} + \cdots + c_n(x) \in \mathbb{C}[T]$$

habe n paarweise voneinander verschiedene Nullstellen $w_1, \ldots, w_n$. *Dann gibt es Elemente* $\varphi_1, \ldots, \varphi_n \in \mathcal{O}_x$ *mit* $\varphi_\nu(x) = w_\nu$ *und*

$$P(T) = \prod_{\nu=1}^{n} (T - \varphi_\nu)$$

8.9. Satz. *Sei X eine Riemannsche Fläche und*

$$P(T) = T^n + c_1 T^{n-1} + \cdots + c_n \in \mathcal{M}(X)[T]$$

ein irreduzibles Polynom vom Grad n. Dann gibt es eine Riemannsche Fläche Y, eine eigentliche holomorphe n-blättrige Überlagerung $\pi: Y \to X$ *und eine meromorphe Funktion* $F \in \mathcal{M}(Y)$ *mit* $(\pi^* P)(F) = 0$. *Das Tripel* (Y, π, F) *ist in folgendem Sinn eindeutig bestimmt: Hat* (Z, τ, G) *die entsprechenden Eigenschaften, so gibt es genau eine spurtreue biholomorphe Abbildung* $\sigma: Z \to Y$ *mit* $G = \sigma^* F$.

Um eine kurze Sprechweise zu haben, nennen wir (Y, π, F) die durch das Polynom $P(T)$ definierte *algebraische Funktion.*

Bemerkung. Der klassische Fall ist der, daß $X = \mathbb{P}_1$ die Riemannsche Zahlenkugel ist. Die Koeffizienten c_ν des Polynoms $P(T)$ sind dann nach (2.9) rationale Funktionen einer Veränderlichen. Da $\mathbb{P}_1$ kompakt ist, folgt aus der Eigentlichkeit von $\pi: Y \to \mathbb{P}_1$, daß Y selbst kompakt ist.

Beweis. Sei $\Delta \in \mathcal{M}(X)$ die Diskriminante des Polynoms $P(T)$. (Δ ist ein gewisses Polynom in den Koeffizienten von P.) Die Diskriminante kann nicht identisch verschwinden, denn sonst wäre P reduzibel. Es gibt eine abgeschlossene diskrete Punktemenge $A \subset X$, so daß in jedem Punkt $x \in X' := X \setminus A$ alle Funktionen $c_1, \ldots, c_n$ holomorph sind und $\Delta(x) \neq 0$ ist. Dann hat für jedes $x \in X'$ das Polynom

$$p_x(T) := T^n + c_1(x) T^{n-1} + \cdots + c_n(x) \in \mathbb{C}[T]$$

n paarweise voneinander verschiedene Nullstellen. Wir verwenden jetzt den der Garbe $\mathcal{O}$ zugeordneten Überlagerungsraum $|\mathcal{O}| \to X$, vgl. (6.7). Sei $Y' \subset |\mathcal{O}|$ die Menge aller Funktionskeime $\varphi \in \mathcal{O}_x$, $x \in X'$, die der Gleichung $P(\varphi) = 0$ genügen und $\pi': Y' \to X'$ die kanonische Projektion. Nach Corollar (8.8) gibt es zu jedem Punkt $x \in X'$ eine offene Umgebung $U \subset X'$ und holomorphe Funktionen $f_1, \ldots, f_n \in \mathcal{O}(U)$ mit

$$P(T) = \prod_{\nu=1}^{n} (T - f_\nu) \text{ über } U.$$

Dann ist $\pi'^{-1}(U) = \bigcup_{\nu=1}^{n} [U, f_\nu]$. Die $[U, f_\nu]$ sind disjunkt und $\pi' | [U, f_\nu] \to U$ ist ein Homöomorphismus. Dies zeigt, daß $Y' \to X'$ eine unbegrenzte, unverzweigte Überlagerung ist. Die Zusammenhangskomponenten von Y' sind Riemannsche Flächen, die ebenfalls unbegrenzt und unverzweigt über X' liegen. Sei $f: Y' \to \mathbb{C}$ definiert durch $f(\varphi) := \varphi(\pi'(\varphi))$. Dann ist f holomorph und es gilt nach Konstruktion

$$f(y)^n + c_1(\pi'(y)) f(y)^{n-1} + \cdots + c_n(\pi'(y)) = 0$$

für alle $y \in Y'$. Nach Satz (8.4) läßt sich die Überlagerung $\pi' : Y' \to X'$ zu einer eigentlichen holomorphen Überlagerung $\pi : Y \to X$ fortsetzen. (Wir identifizieren Y' mit $\pi^{-1}(X')$.) Nach Satz (8.2) läßt sich f zu einer meromorphen Funktion $F \in \mathcal{M}(Y)$ fortsetzen, für die

$$(\pi^* P)(F) = F^n + (\pi^* c_1) F^{n-1} + \cdots + \pi^* c_n = 0.$$

Wir zeigen jetzt, daß Y zusammenhängend, also eine Riemannsche Fläche, ist. Angenommen, dies wäre nicht der Fall. Dann zerfiele Y in endlich viele Zusammenhangskomponenten $Y_1, \ldots, Y_k$ und $\pi | Y_i \to X$ wären eigentliche holomorphe n_i-blättrige Überlagerungen, $\Sigma n_i = n$. Durch Bildung der elementarsymmetrischen Funktionen von $F | Y_i$ erhielte man Polynome $P_i(T) \in \mathcal{M}(X)[T]$ vom Grad n_i mit

$$P(T) = P_1(T) P_2(T) \cdot \cdots \cdot P_k(T).$$

Dies ist ein Widerspruch zur Irreduzibilität von $P(T)$.

Zur Eindeutigkeit. Sei (Z, τ, G) eine weitere durch das Polynom $P(T)$ definierte algebraische Funktion. Sei $B \subset Z$ die Vereinigung der Polstellen von G und der Verzweigungspunkte von τ und $A' := \tau(B)$. Sei

$$X'' := X' \setminus A', \quad Y'' := \pi^{-1}(X''), \quad Z'' := \tau^{-1}(X'').$$

Wir definieren eine spurtreue Abbildung $\sigma'' : Z'' \to Y''$ folgendermaßen: Sei $z \in Z''$, $\tau(z) = x$ und $\varphi \in \mathcal{O}_x$ der Funktionskeim $\varphi := \tau_* G_z$. Es gilt $P(\varphi) = 0$. Nach Konstruktion von Y' ist φ ein Punkt von Y' über x, also $\varphi \in Y''$. Wir setzen $\sigma''(z) = \varphi$. Aus den Definitionen folgt unmittelbar, daß σ'' stetig ist. Da σ'' spurtreu ist, folgt daraus, daß σ'' holomorph ist. Außerdem ist σ'' eigentlich, da $\pi | Y'' \to X''$ stetig und $\tau | Z'' \to X''$ eigentlich ist. Deshalb ist σ'' surjektiv (Lemma 4.21). Weil $Y'' \to X''$ und $Z'' \to X''$ dieselbe Blätterzahl haben, ist $\sigma'' : Z'' \to Y''$ biholomorph. Aus der Definition von σ'' folgt weiter $G | Z'' = (\sigma'')^*(F | Y'')$. Nach Satz (8.5) läßt sich σ'' zu einer spurtreuen biholomorphen Abbildung $\sigma : Z \to Y$ fortsetzen, für die dann gilt $G = \sigma^* F$. Die Abbildung σ ist durch die Eigenschaft $G = \sigma^* F$ eindeutig bestimmt. Andernfalls gäbe es eine von der Identität verschiedene Decktransformation $\alpha : Y \to Y$ mit $\alpha^* F = F$. Dies ist unmöglich, da F auf der Faser $\pi^{-1}(x)$ jedes Punktes $x \in X'$ paarweise voneinander verschiedene Werte annimmt.

8.10. Beispiel. Sei $f(z) = (z - a_1) \cdot \cdots \cdot (z - a_n)$ ein Polynom mit paarweise voneinander verschiedenen Nullstellen $a_1, \ldots, a_n \in \mathbb{C}$. Wir fassen f als meromorphe Funktion auf der Riemannschen Zahlenkugel $\mathbb{P}_1$ auf. Das Polynom $P(T) = T^2 - f$ ist irreduzibel über $\mathcal{M}(\mathbb{P}_1)$ und definiert eine algebraische Funktion, die üblicherweise mit $\sqrt{f(z)}$ bezeichnet wird. Ihre Riemannsche Fläche $\pi : Y \to \mathbb{P}_1$ läßt sich gemäß den obigen Konstruktionen wie folgt beschreiben: Sei

$$A := \{a_1, \ldots, a_n\} \cup \{\infty\},$$

$X' := \mathbb{P}_1 \setminus A$ und $Y' := \pi^{-1}(X')$. Dann ist $\pi : Y' \to X'$ eine unbegrenzte, unverzweigte, zweiblättrige Überlagerung. Daraus folgt, daß man jeden Funktionskeim $\varphi \in \mathcal{O}_x, x \in X'$, mit $\varphi^2 = f$ längs jeder in X' verlaufenden Kurve analytisch fortsetzen kann. Wir betrachten jetzt die Überlagerung über Umgebungen der Ausnahmepunkte.

a) Für $j \in \{1, \ldots, n\}$ sei $r_j > 0$ so klein, daß in der Kreisscheibe

$$U_j := \{z \in \mathbb{C} : |z - a_j| < r_j\}$$

kein weiterer Punkt von A liegt. Da die Funktion $g(z) = \prod_{k \neq j} (z - a_k)$ in U_j keine Nullstelle hat und U_j einfach zusammenhängt, existiert eine holomorphe Funktion $h : U_j \to \mathbb{C}$ mit $h^2 = g$. In U_j gilt also

$$f(z) = (z - a_j) h(z)^2.$$

Sei $0 < \varrho < r_j$, $\theta \in \mathbb{R}$ und $\zeta = a_j + \varrho e^{i\theta}$. Nach Lemma (8.7) gibt es einen Funktionskeim $\varphi_\zeta \in \mathcal{O}_\zeta$ mit $\varphi_\zeta^2 = f$ und

$$\varphi_\zeta(\zeta) = \sqrt{\varrho}\, e^{i\theta/2} h(\zeta).$$

Setzt man diesen Funktionskeim längs der geschlossenen Kurve $\zeta = a_j + \varrho e^{i\theta}$, $0 \leq \theta \leq 2\pi$, analytisch fort, so erhält man deshalb das Negative des Ausgangskeims.

Sei $U_j^* := U_j \setminus \{a_j\}$ und $V_j^* := \pi^{-1}(U_j^*)$. Dann ist $\pi : V_j^* \to U_j^*$ eine zusammenhängende zweiblättrige Überlagerung wie in Satz (5.10.ii) mit $k = 2$, denn andernfalls würde $\pi : V_j^* \to U_j^*$ in zwei einblättrige Überlagerungen zerfallen und die analytische Fortsetzung des Funktionskeims φ_ζ längs der Kurve $\zeta = a_j + \varrho e^{i\theta}$, $0 \leq \theta \leq 2\pi$, würde zum selben Funktionskeim zurückführen. Die Riemannsche Fläche Y besitzt deshalb genau einen Punkt über dem Punkt a_j.

b) Sei $r > \max\{|a_1|, \ldots, |a_n|\}$ und

$$U^* := \{z \in \mathbb{C} : |z| > r\}.$$

Dann ist $U := U^* \cup \{\infty\}$ eine zur Kreisscheibe isomorphe Umgebung von ∞, die keinen weiteren Punkt von A enthält. In U kann man f zerlegen als $f = z^n F$, wobei F eine holomorphe Funktion ohne Nullstellen in U ist. Wir unterscheiden nun zwei Fälle:

i) *n ungerade.* Dann gibt es eine meromorphe Funktion h in U mit $f(z) = z h(z)^2$.
ii) *n gerade.* Dann gibt es eine meromorphe Funktion h in U mit $f(z) = h(z)^2$.
Sei $V^* := \pi^{-1}(U^*)$. Man zeigt nun wie oben, daß im Fall i) $\pi : V^* \to U^*$ eine zusammenhängende zweiblättrige Überlagerung ist, also Y über ∞ genau einen Punkt besitzt. Dagegen zerfällt im Fall ii) $\pi : V^* \to U^*$ in zwei einblättrige Überlagerungen, also hat Y für gerades n über ∞ zwei Punkte.

8.11. Sind X, Y Riemannsche Flächen und $\pi : Y \to X$ eine holomorphe Überlagerungsabbildung, so besitzt Deck (Y/X) eine Darstellung in der Automorphismengruppe des Körpers $\mathcal{M}(Y)$, die folgendermaßen definiert ist: Für $\sigma \in \operatorname{Deck}(Y/X)$ sei $\sigma f := f \circ \sigma^{-1}$. Es ist klar, daß die Zuordnung $f \mapsto \sigma f$ ein Automorphismus von $\mathcal{M}(Y)$ ist. Die Abbildung

$$\operatorname{Deck}(Y/X) \to \operatorname{Aut}(\mathcal{M}(Y))$$

ist ein Gruppenhomomorphismus. Denn seien $\sigma, \tau \in \operatorname{Deck}(Y/X)$. Dann gilt für jedes $f \in \mathcal{M}(Y)$

$$(\sigma\tau)f = f \circ (\sigma\tau)^{-1} = f \circ \tau^{-1} \circ \sigma^{-1} = \sigma(f \circ \tau^{-1}) = \sigma(\tau f).$$

Jeder solche Automorphismus $f \mapsto \sigma f$ läßt trivialerweise die Funktionen des Unterkörpers $\pi^*\mathcal{M}(X) \subset \mathcal{M}(Y)$ invariant, ist also ein Element der Galois-Gruppe $\operatorname{Aut}(\mathcal{M}(Y)/\pi^*\mathcal{M}(X))$.

8.12. Satz. *Sei X eine Riemannsche Fläche, $K := \mathcal{M}(X)$ der Körper der auf X meromorphen Funktionen und $P(T) \in K[T]$ ein irreduzibles Polynom vom Grad n mit höchstem Koeffizienten eins. Sei (Y, π, F) die durch $P(T)$ definierte algebraische Funktion und $L = \mathcal{M}(Y)$. Vermöge des Monomorphismus $\pi^* : K \to L$ werde K als Unterkörper von L aufgefaßt. Dann ist $L : K$ eine Körpererweiterung vom Grad n; es gilt $L \cong K[T]/(P(T))$. Jede Decktransformation $\sigma : Y \to Y$ von Y über X induziert einen Automorphismus $f \mapsto \sigma f := f \circ \sigma^{-1}$ von L, der K fest läßt; die so definierte Abbildung*

$$\operatorname{Deck}(Y/X) \to \operatorname{Aut}(L/K)$$

ist ein Gruppenisomorphismus. Die Überlagerung $Y \to X$ ist genau dann galoissch, wenn die Körpererweiterung $L : K$ galoissch ist.

Beweis. Daß $L : K$ eine Körpererweiterung vom Grad n ist, folgt aus dem Zusatz zu Satz (8.3). Da $P(F) = 0$, hat man einen Homomorphismus $K[T]/(P(T)) \to L$; da beides Körper vom Grad n über K sind, ist dies ein Isomorphismus.

Die Abbildung $\operatorname{Deck}(Y/X) \to \operatorname{Aut}(L/K)$ ist injektiv, denn für jede von der Identität verschiedene Decktransformation σ gilt $\sigma F \neq F$. Die Abbildung ist auch surjektiv, denn sei $\alpha \in \operatorname{Aut}(L/K)$. Dann ist $(Y, \pi, \alpha F)$ ebenfalls eine durch das Polynom $P(T)$ definierte algebraische Funktion; nach der Eindeutigkeitsaussage von Satz (8.9) gibt es deshalb eine Decktransformation $\tau \in \operatorname{Deck}(Y/X)$ mit $\alpha F = \tau^* F$. Mit $\sigma := \tau^{-1}$ gilt dann

$$\sigma F = F \circ \sigma^{-1} = F \circ \tau = \tau^* F = \alpha F.$$

Da L von F über K erzeugt wird, stimmt der Automorphismus $f \mapsto \sigma f$ von L mit α überein.

Die letzte Aussage des Satzes folgt daraus, daß Y über X bzw. L über K genau dann galoissch sind, wenn $\operatorname{Deck}(Y/X)$ bzw. $\operatorname{Aut}(L/K)$ aus n Elementen bestehen.

§ 9. Differentialformen

In diesem Paragraphen führen wir den Begriff der Differentialform auf Riemannschen Flächen ein. Dabei betrachten wir nicht nur holomorphe und meromorphe Differentialformen, sondern auch Differentialformen, die nur differenzierbar im reellen Sinn sind.

9.1. Sei U eine offene Teilmenge von $\mathbb{C}$, das wir mit $\mathbb{R}^2$ identifizieren. Seien x, y die beiden kanonischen reellen Koordinatenfunktionen und $z = x + iy$. Wir bezeichnen mit $\mathscr{E}(U)$ die $\mathbb{C}$-Algebra aller Funktionen $f\colon U \to \mathbb{C}$, die beliebig oft nach den reellen Koordinaten x, y differenzierbar sind. Neben den Ableitungen $\frac{\partial}{\partial x}$ und $\frac{\partial}{\partial y}$ betrachten wir die Differentialoperatoren des „Wirtinger-Kalküls"

$$\frac{\partial}{\partial z} := \frac{1}{2}\left(\frac{\partial}{\partial x} - i\frac{\partial}{\partial y}\right), \quad \frac{\partial}{\partial \bar{z}} := \frac{1}{2}\left(\frac{\partial}{\partial x} + i\frac{\partial}{\partial y}\right).$$

Bekanntlich sagen die Cauchy-Riemannschen Differentialgleichungen gerade, daß der Vektorraum $\mathcal{O}(U)$ der holomorphen Funktionen auf U gleich dem Kern der Abbildung $\frac{\partial}{\partial \bar{z}} : \mathscr{E}(U) \to \mathscr{E}(U)$ ist.

9.2. Mit Hilfe der komplexen Karten kann man den Begriff der differenzierbaren Funktionen auf Riemannsche Flächen X übertragen: Für eine offene Teilmenge $Y \subset X$ bestehe $\mathscr{E}(Y)$ aus allen Funktionen $f\colon Y \to \mathbb{C}$ mit folgender Eigenschaft: Für jede Karte $z : U \to V \subset \mathbb{C}$ auf X mit $U \subset Y$ gibt es eine Funktion $\tilde{f} \in \mathscr{E}(V)$ mit $f|U = \tilde{f} \circ z$. (Die Funktion $\tilde{f}$ ist natürlich durch f eindeutig bestimmt, denn es gilt $\tilde{f} = f \circ \psi$, wobei $\psi : V \to U$ die Umkehrabbildung von $z : U \to V$ ist.)
Zusammen mit den natürlichen Beschränkungsabbildungen erhält man so die Garbe $\mathscr{E}$ der differenzierbaren Funktionen auf der Riemannschen Fläche X. (Differenzierbar bedeute im folgenden immer beliebig oft differenzierbar.)
Ist (U, z), $z = x + iy$, eine Koordinatenumgebung auf X, so kann man in naheliegender Weise die Differentialoperatoren

$$\frac{\partial}{\partial x}, \frac{\partial}{\partial y}, \frac{\partial}{\partial z}, \frac{\partial}{\partial \bar{z}} : \mathscr{E}(U) \to \mathscr{E}(U)$$

definieren.
Sei a ein Punkt von X. Dann besteht der Halm $\mathscr{E}_a$ der Garbe aus allen differenzierbaren Funktionskeimen im Punkt a. Wir bezeichnen mit $\mathfrak{m}_a \subset \mathscr{E}_a$ den Untervektorraum aller Funktionskeime, die in a verschwinden und mit $\mathfrak{m}_a^2 \subset \mathfrak{m}_a$ den Untervektorraum derjenigen Funktionskeime, die von zweiter Ordnung verschwinden. Dabei heißt ein Funktionskeim $\varphi \in \mathfrak{m}_a$ von zweiter Ordnung verschwin-

dend, wenn er durch eine Funktion f repräsentiert wird, so daß bzgl. einer Koordinatenumgebung $(U, z = x + iy)$ von a gilt

$$\frac{\partial f}{\partial x}(a) = \frac{\partial f}{\partial y}(a) = 0.$$

Diese Definition ist unabhängig von der Wahl der lokalen Koordinate z.

9.3. Definition. Der Quotientenvektorraum

$$T_a^{(1)} := \mathfrak{m}_a / \mathfrak{m}_a^2$$

heißt *Contangentialraum* von X im Punkt a. Ist U eine offene Umgebung von a und $f \in \mathcal{E}(U)$, so versteht man unter dem *Differential* $d_a f \in T_a^{(1)}$ von f in a das Element

$$d_a f := (f - f(a)) \bmod \mathfrak{m}_a^2.$$

Man beachte, daß die Funktion $f - f(a)$ im Punkt a verschwindet, also ein Element von $\mathfrak{m}_a$ repräsentiert. Seine Restklasse modulo $\mathfrak{m}_a^2$ ist definitionsgemäß $d_a f$.

9.4. Satz. *Sei X eine Riemannsche Fläche, $a \in X$ und (U, z) eine Koordinatenumgebung von a. Sei $z = x + iy$ die Zerlegung von z in Real- und Imaginärteil. Dann bilden die Elemente $d_a x$ und $d_a y$ eine Basis des Cotangentialraums $T_a^{(1)}$. Ebenso ist $(d_a z, d_a \bar{z})$ eine Basis von $T_a^{(1)}$.*

Ist f eine in einer Umgebung von a differenzierbare Funktion, so gilt

$$\begin{aligned} d_a f &= \frac{\partial f}{\partial x}(a)\, d_a x + \frac{\partial f}{\partial y}(a)\, d_a y \\ &= \frac{\partial f}{\partial z}(a)\, d_a z + \frac{\partial f}{\partial \bar{z}}(a)\, d_a \bar{z}. \end{aligned}$$

Beweis. a) Wir zeigen zunächst, daß $(d_a x, d_a y)$ ein Erzeugendensystem von $T_a^{(1)}$ ist. Sei $t \in T_a^{(1)}$ und $\varphi \in \mathfrak{m}_a$ ein Repräsentant von t. Taylorentwicklung von φ um a ergibt

$$\varphi = c_1 (x - x(a)) + c_2 (y - y(a)) + \psi$$

mit $c_1, c_2 \in \mathbb{C}$ und $\psi \in \mathfrak{m}_a^2$. Geht man zu den Restklassen modulo $\mathfrak{m}_a^2$ über, so erhält man

$$t = c_1 d_a x + c_2 d_a y.$$

b) $d_a x$ und $d_a y$ sind linear unabhängig. Denn aus $c_1 d_a x + c_2 d_2 y = 0$ folgt

$$c_1 (x - x(a)) + c_2 (y - y(a)) \in \mathfrak{m}_a^2.$$

Bildet man die partiellen Ableitungen dieses Ausdruckes nach x und y, so erhält man $c_1 = c_2 = 0$.

c) Sei f differenzierbar in einer Umgebung von a. Dann gilt

$$f-f(a)=\frac{\partial f}{\partial x}(a)(x-x(a))+\frac{\partial f}{\partial y}(a)(y-y(a))+g,$$

wobei g in a von zweiter Ordnung verschwindet. Daraus folgt

$$d_a f=\frac{\partial f}{\partial x}(a)\,d_a x+\frac{\partial f}{\partial y}(a)\,d_a y.$$

Ganz analog beweist man die entsprechenden Behauptungen für $(d_a z, d_a \bar{z})$.

9.5. Cotangentialvektoren vom Typ (1,0) und (0,1). Seien (U,z) und (U',z') zwei Koordinatenumgebungen von $a\in X$. Dann ist

$$\frac{\partial z'}{\partial z}(a)=:c\in\mathbb{C}^*,\quad \frac{\partial \bar{z}'}{\partial \bar{z}}(a)=\bar{c},$$

und

$$\frac{\partial z'}{\partial \bar{z}}(a)=\frac{\partial \bar{z}'}{\partial z}(a)=0.$$

Daraus folgt $d_a z'=c\,d_a z, d_a\bar{z}'=\bar{c}\,d_a\bar{z}$.
Daher sind die von $d_a z$ und $d_a\bar{z}$ aufgespannten eindimensionalen Untervektorräume von $T_a^{(1)}$ unabhängig von der Wahl der Koordinatenumgebung (U,z) von a. Wir führen folgende Bezeichnungen ein:

$$T_a^{1,0}:=\mathbb{C}d_a z,\quad T_a^{0,1}:=\mathbb{C}d_a\bar{z}.$$

Nach Konstruktion gilt $T_a^{(1)}=T_a^{1,0}\oplus T_a^{0,1}$. Die Elemente von $T_a^{1,0}$ bzw. $T_a^{0,1}$ heißen Cotangentialvektoren vom Typ (1,0) bzw. (0,1).
Ist f differenzierbar in einer Umgebung von a, definieren wir $d_a'f$ bzw. $d_a''f$ durch

$$d_a f=d_a'f+d_a''f,\quad d_a'f\in T_a^{1,0},\quad d_a''f\in T_a^{0,1}.$$

Es gilt

$$d_a'f=\frac{\partial f}{\partial z}(a)\,d_a z,\quad d_a''f=\frac{\partial f}{\partial \bar{z}}(a)\,d_a\bar{z}.$$

9.6 Definition. Sei Y eine offene Teilmenge einer Riemannschen Fläche X. Unter einer *Differentialform 1. Ordnung* auf Y versteht man eine Abbildung

$$\omega: Y\to\bigcup_{a\in Y}T_a^{(1)}$$

mit $\omega(a)\in T_a^{(1)}$ für alle $a\in Y$. Gilt $\omega(a)\in T_a^{1,0}$ (bzw. $\omega(a)\in T_a^{0,1}$) für alle $a\in Y$, so heißt ω vom Typ (1,0) (bzw. vom Typ (0,1)).

9.7. Beispiele. a) Sei $f\in\mathscr{E}(Y)$. Dann sind die Abbildungen df, $d'f$, $d''f$, die durch

$$(df)(a):=d_a f,\quad (d'f)(a):=d_a'f,\quad (d''f)(a):=d_a''f$$

für $a \in Y$ definiert sind, Differentialformen 1. Ordnung. Die Funktion f ist genau dann holomorph, wenn $d''f=0$.

b) Sei ω eine Differentialform 1. Ordnung auf Y und $f\colon Y \to \mathbb{C}$ eine Funktion. Dann ist die durch $(f\omega)(a) := f(a)\omega(a)$ definierte Abbildung $f\omega$ eine Differentialform 1. Ordnung auf Y.

Bemerkung. Ist (U, z) eine komplexe Karte, $z = x + iy$, so läßt sich jede Differentialform 1. Ordnung in U schreiben als

$$\omega = f\,dx + g\,dy = \varphi\,dz + \psi\,d\bar{z}$$

mit Funktionen $f, g, \varphi, \psi : U \to \mathbb{C}$, die i.a. nicht stetig zu sein brauchen.

9.8. Definition. Sei Y eine offene Teilmenge einer Riemannschen Fläche X. Eine Differentialform 1. Ordnung ω in Y heißt *differenzierbar* bzw. *holomorph*, wenn sich ω bzgl. jeder komplexen Karte (U, z) darstellen läßt als

$$\omega = f\,dz + g\,d\bar{z} \quad \text{in } U \cap Y \qquad \text{mit } f, g \in \mathscr{E}(U \cap Y)$$

bzw.

$$\omega = f\,dz \qquad \text{in } U \cap Y \qquad \text{mit } f \in \mathcal{O}(U \cap Y).$$

Bezeichnungen. Für eine offene Teilmenge U einer Riemannschen Fläche X bezeichnen wir mit $\mathscr{E}^{(1)}(U)$ den Vektorraum der differenzierbaren Differentialformen 1. Ordnung auf U, mit $\mathscr{E}^{1,0}(U)$ bzw. $\mathscr{E}^{0,1}(U)$ den Untervektorraum von $\mathscr{E}^{(1)}(U)$ der Differentialformen vom Typ (1,0) bzw. (0,1) und mit $\Omega(U)$ den Vektorraum der holomorphen Differentialformen. Zusammen mit den natürlichen Beschränkungsabbildungen werden $\mathscr{E}^{(1)}, \mathscr{E}^{1,0}, \mathscr{E}^{0,1}, \Omega$ Garben von Vektorräumen über X.

9.9. Das Residuum. Sei Y eine offene Teilmenge einer Riemannschen Fläche, $a \in Y$ und ω eine in $Y \setminus \{a\}$ holomorphe Differentialform. Sei (U, z) eine Koordinatenumgebung von a mit $U \subset Y$ und $z(a) = 0$. Dann läßt sich ω in $U \setminus \{a\}$ darstellen als $\omega = f\,dz$ mit $f \in \mathcal{O}(U \setminus \{a\})$. Sei

$$f = \sum_{n=-\infty}^{\infty} c_n z^n$$

die Laurent-Entwicklung von f um a bzgl. der Koordinate z. Gilt $c_n = 0$ für alle $n < 0$, so läßt sich ω holomorph auf ganz Y fortsetzen; man sagt, ω habe in a eine hebbare Singularität. Gibt es ein $k < 0$, so daß $c_k \neq 0$ und $c_n = 0$ für alle $n < k$, so hat ω in a einen *Pol* k-ter Ordnung. Gibt es unendlich viele $n < 0$ mit $c_n \neq 0$, so hat ω in a eine wesentliche Singularität.
Man nennt den Koeffizienten c_{-1} das *Residuum* von ω in a, in Zeichen

$$c_{-1} = \operatorname{Res}_a(\omega).$$

Daß diese Definition sinnvoll ist, folgt aus dem

Hilfssatz. Das Residuum ist unabhängig von der Wahl der Karte (U,z).

Beweis. Sei V eine offene Umgebung von a.
Behauptung a). Ist g holomorph in $V\backslash\{a\}$, so ist das Residuum von dg in a gleich null, unabhängig von der Karte.

Beweis. Sei (U,z) irgend eine Koordinatenumgebung von a mit $z(a)=0$ und

$$g=\sum_{n=-\infty}^{\infty} c_n z^n$$

die Laurent-Entwicklung von g um a. Dann gilt

$$dg=\left(\sum_{n=-\infty}^{\infty} n c_n z^{n-1}\right) dz,$$

der Koeffizient von $z^{-1}\,dz$ ist also null.

Behauptung b). Ist φ eine in V holomorphe Funktion, die in a eine Nullstelle 1. Ordnung hat, so ist $\operatorname{Res}_a(\varphi^{-1}\,d\varphi)=1$, unabhängig von der Wahl der Karte.
Beweis. Sei (U,z) eine Karte um a mit $z(a)=0$. Dann gilt $\varphi=zh$, wobei h in a holomorph und $\neq 0$ ist. Daraus folgt $d\varphi=h\,dz+z\,dh$ und weiter

$$\frac{d\varphi}{\varphi}=\frac{h\,dz+z\,dh}{zh}=\frac{dz}{z}+\frac{dh}{h}.$$

Da $h(a)\neq 0$, ist die Differentialform $h^{-1}dh$ in a holomorph, hat also Residuum null. Daraus folgt

$$\operatorname{Res}_a\left(\frac{d\varphi}{\varphi}\right)=\operatorname{Res}_a\left(\frac{dz}{z}\right)=1.$$

Aus den Behauptungen a) und b) läßt sich jetzt der Hilfssatz leicht ableiten. Bzgl. einer Karte (U,z) mit $z(a)=0$ sei $\omega=f\,dz$,

$$f=\sum_{n=-\infty}^{\infty} c_n z^n.$$

Wir setzen

$$g:=\sum_{n=-\infty}^{-2} \frac{c_n}{n+1} z^{n+1}+\sum_{n=0}^{\infty} \frac{c_n}{n+1} z^{n+1}.$$

Dann gilt $\omega=dg+c_{-1}z^{-1}\,dz$. Nach a) und b) ist $\operatorname{Res}_a(\omega)=c_{-1}$ unabhängig von der Karte.

9.10. Meromorphe Differentialformen. Eine meromorphe Differentialform ω auf einer offenen Teilmenge Y einer Riemannschen Fläche X ist eine auf einer offenen Teilmenge $Y' \subset Y$ definierte holomorphe Differentialform derart, daß gilt:

i) $Y \setminus Y'$ besteht nur aus isolierten Punkten.

ii) ω hat in jedem Punkt $a \in Y \setminus Y'$ einen Pol.

Die Menge aller auf Y meromorphen Differentialformen bezeichnen wir mit $\mathcal{M}^{(1)}(Y)$. Mit den natürlichen Verknüpfungen und Beschränkungsabbildungen erhält man so eine Garbe $\mathcal{M}^{(1)}$ von Vektorräumen auf X.

Die meromorphen Differentialformen auf X heißen auch *abelsche Differentiale*, und zwar 1. Gattung, wenn sie sogar überall holomorph sind; 2. Gattung, wenn ihr Residuum in jeder Polstelle gleich null ist; sonst 3. Gattung.

9.11. Äußeres Produkt. Um Differentialformen 2. Ordnung einführen zu können, erinnern wir zunächst an einige Eigenschaften des äußeren Produktes eines Vektorraums mit sich selbst. Sei V ein Vektorraum über $\mathbb{C}$. Dann ist auch $\bigwedge^2 V$ ein $\mathbb{C}$-Vektorraum; seine Elemente sind endliche Summen von Elementen der Form $v_1 \wedge v_2$ mit $v_1, v_2 \in V$. Es gelten die Rechenregeln:

$$(v_1 + v_2) \wedge v_3 = v_1 \wedge v_3 + v_2 \wedge v_3,$$
$$(\lambda v_1) \wedge v_2 = \lambda(v_1 \wedge v_2),$$
$$v_1 \wedge v_2 = -v_2 \wedge v_1$$

für $v_1, v_2, v_3 \in V, \lambda \in \mathbb{C}$. Ist $(e_1, \ldots, e_n)$ eine Basis von V, so bilden die Elemente $e_i \wedge e_j$ mit $i<j$ eine Basis von $\bigwedge^2 V$. Durch diese Eigenschaften ist $\bigwedge^2 V$ vollständig charakterisiert.

Wir wenden dies jetzt auf den Cotangentialraum $T_a^{(1)}$ einer Riemannschen Fläche X in einem Punkt a an und setzen

$$T_a^{(2)} := \bigwedge^2 T_a^{(1)}.$$

Sei (U, z) eine Koordinatenumgebung von a und $z = x + iy$. Dann ist nach dem eben Gesagten $d_a x \wedge d_a y$ eine Basis von $T_a^{(2)}$; eine andere Basis ist $d_a z \wedge d_a \bar{z} = -2i d_a x \wedge d_a y$. Die Dimension von $T_a^{(2)}$ ist also eins.

9.12. Definition. Sei Y eine offene Teilmenge einer Riemannschen Fläche X. Unter einer *Differentialform 2. Ordnung* auf X versteht man eine Abbildung

$$\omega : Y \to \bigcup_{a \in Y} T_a^{(2)}$$

mit $\omega(a) \in T_a^{(2)}$ für alle $a \in Y$. Die Differentialform ω heißt differenzierbar in Y, wenn sie sich bzgl. jeder komplexen Karte (U, z) von X schreiben läßt als

$$\omega = f dz \wedge d\bar{z} \quad \text{mit} \quad f \in \mathcal{E}(U \cap Y).$$

Dabei bedeutet $\omega = f dz \wedge d\bar{z}$, daß $\omega(a) = f(a) d_a z \wedge d_a \bar{z}$ für alle $a \in U \cap Y$.

Wir bezeichnen mit $\mathcal{E}^{(2)}(Y)$ den Vektorraum aller differenzierbaren Differentialformen 2. Ordnung auf Y.

Beispiele. Sind $\omega_1, \omega_2 \in \mathscr{E}^{(1)}(Y)$ Differentialformen 1. Ordnung, so definiert man eine Differentialform 2. Ordnung $\omega_1 \wedge \omega_2 \in \mathscr{E}^{(2)}(Y)$ durch

$$(\omega_1 \wedge \omega_2)(a) := \omega_1(a) \wedge \omega_2(a)$$

für alle $a \in Y$. Für $f \in \mathscr{E}(Y)$ und $\omega \in \mathscr{E}^{(2)}(Y)$ erhält man eine neue Differentialform 2. Ordnung $f\omega \in \mathscr{E}^{(2)}(Y)$ durch die Definition $(f\omega)(a) = f(a)\omega(a)$ für alle $a \in Y$.

9.13. Ableitung von Differentialformen. Wir definieren jetzt Ableitungen $d, d', d'' : \mathscr{E}^{(1)}(U) \to \mathscr{E}^{(2)}(U)$, wobei U eine offene Teilmenge einer Riemannschen Fläche ist, folgendermaßen: Lokal läßt sich eine Differentialform 1. Ordnung ω als eine endliche Summe

$$\omega = \Sigma f_k \, dg_k$$

schreiben, wobei die f_k und g_k differenzierbare Funktionen sind (z.B. $\omega = f_1 \, dz + f_2 \, d\bar{z}$ mit einer lokalen Koordinate z).
Wir setzen

$$\begin{aligned} d\omega &:= \Sigma \, df_k \wedge dg_k, \\ d'\omega &:= \Sigma \, d'f_k \wedge dg_k, \\ d''\omega &:= \Sigma \, d''f_k \wedge dg_k. \end{aligned}$$

Es muß noch gezeigt werden, daß diese Definition unabhängig von der Darstellung $\omega = \Sigma f_k dg_k$ ist. Wir zeigen dies als Beispiel für den Differentialoperator d.

Sei $\omega = \Sigma f_k dg_k = \Sigma \tilde{f}_j d\tilde{g}_j$. Wir arbeiten in einer Koordinaten-Umgebung (U, z), $z = x + iy$. Es ist zu zeigen, daß $\Sigma \, df_k \wedge dg_k = \Sigma \, d\tilde{f}_j \wedge d\tilde{g}_j$. Wegen

$$dg_k = \frac{\partial g_k}{\partial x} dx + \frac{\partial g_k}{\partial y} dy$$

und einer entsprechenden Formel für $d\tilde{g}_j$ gilt nach Voraussetzung

$$\Sigma f_k \frac{\partial g_k}{\partial x} = \Sigma \tilde{f}_j \frac{\partial \tilde{g}_j}{\partial x}, \quad \Sigma f_k \frac{\partial g_k}{\partial y} = \Sigma \tilde{f}_j \frac{\partial \tilde{g}_j}{\partial y}.$$

Durch partielle Differentiation nach x bzw. y und Subtraktion ergibt sich

$$\Sigma \left(\frac{\partial f_k}{\partial y} \frac{\partial g_k}{\partial x} - \frac{\partial f_k}{\partial x} \frac{\partial g_k}{\partial y} \right) = \Sigma \left(\frac{\partial \tilde{f}_j}{\partial y} \frac{\partial \tilde{g}_j}{\partial x} - \frac{\partial \tilde{f}_j}{\partial x} \frac{\partial \tilde{g}_j}{\partial y} \right).$$

Andererseits berechnet man

$$\Sigma \, df_k \wedge dg_k = \Sigma \left(\frac{\partial f_k}{\partial x} \frac{\partial g_k}{\partial y} - \frac{\partial f_k}{\partial y} \frac{d g_k}{\partial x} \right) dx \wedge dy$$

und eine entsprechende Formel für $\Sigma \, d\tilde{f}_j \wedge d\tilde{g}_j$. Daraus folgt die Behauptung.

9.14. Rechenregeln. Sei U eine offene Teilmenge einer Riemannschen Fläche, $f \in \mathscr{E}(U)$ und $\omega \in \mathscr{E}^{(1)}(U)$. Dann gilt

i) $ddf = d'd'f = d''d''f = 0$,
ii) $d\omega = d'\omega + d''\omega$,
iii) $d(f\omega) = df \wedge \omega + f d\omega$ und analoge Regeln für d' und d''.

Diese Rechenregeln folgen einfach aus den Definitionen;
z.B. ist $ddf = d(1 \cdot df) = d1 \wedge df = 0$.
Aus i) und ii) folgt

$$d'd''f = -d''d'f,$$

denn $0 = (d' + d'')(d' + d'')f = d'd''f + d''d'f$.
Bezüglich einer lokalen Karte (U, z), $z = x + iy$, ergibt sich

$$d'd''f = \frac{\partial^2 f}{\partial z\, \partial \bar{z}} dz \wedge d\bar{z} = \frac{1}{2i}\left(\frac{\partial^2 f}{\partial x^2} + \frac{\partial^2 f}{\partial y^2}\right) dx \wedge dy.$$

Man nennt deshalb eine auf einer offenen Teilmenge einer Riemannschen Fläche differenzierbare Funktion f *harmonisch*, falls $d'd''f = 0$.

9.15. Definition. Sei Y eine offene Teilmenge einer Riemannschen Fläche. Eine Differentialform $\omega \in \mathscr{E}^{(1)}(Y)$ heißt *geschlossen*, falls $d\omega = 0$, und *total* (oder exakt), falls ein $f \in \mathscr{E}(Y)$ existiert, so daß $\omega = df$.

Bemerkung. Wegen $ddf = 0$ ist jede totale Differentialform geschlossen. Die Umkehrung gilt i.a. nicht. Wir werden diese Frage im nächsten Paragraphen genauer untersuchen.

9.16. Satz. *Sei Y eine offene Teilmenge einer Riemannschen Fläche. Dann gilt:*

a) *Jede holomorphe Differentialform $\omega \in \Omega(Y)$ ist geschlossen.*
b) *Jede geschlossene Differentialform $\omega \in \mathscr{E}^{1,0}(Y)$ ist holomorph.*

Beweis. Sei ω eine differenzierbare Differentialform vom Typ (1,0). Bzgl. einer Koordinatenumgebung (U, z) läßt sich ω schreiben als $\omega = f dz$ mit einer differenzierbaren Funktion f. Für die Ableitung gilt

$$d\omega = df \wedge dz = \left(\frac{\partial f}{\partial z} dz + \frac{\partial f}{\partial \bar{z}} d\bar{z}\right) \wedge dz = -\frac{\partial f}{\partial \bar{z}} dz \wedge d\bar{z}.$$

Also ist $d\omega = 0$ gleichbedeutend mit $\dfrac{\partial f}{\partial \bar{z}} = 0$. Daraus folgen die Behauptungen.

Folgerung. Ist u eine harmonische Funktion, so ist $d'u$ eine holomorphe Differentialform. Denn $dd'u = d''d'u = 0$.

9.17. Rücktransport von Differentialformen. Sei $F: X \to Y$ eine holomorphe Abbildung zwischen zwei Riemannschen Flächen. Für jede offene Menge $U \subset Y$ induziert F einen Homomorphismus

$$F^*: \mathscr{E}(U) \to \mathscr{E}(F^{-1}(U)), \quad F^*(f) := f \circ F.$$

In Verallgemeinerung davon definiert man entsprechende Abbildungen für Differentialformen

$$F^*: \mathscr{E}^{(k)}(U) \to \mathscr{E}^{(k)}(F^{-1}(U)), \quad k=1,2,$$

(die Verwendung desselben Symbols F^* führt zu keinen Mißverständnissen) auf folgende Weise: Lokal läßt sich eine Differentialform erster bzw. zweiter Ordnung schreiben als endliche Summe $\Sigma f_j dg_j$ bzw. $\Sigma f_j dg_j \wedge dh_j$ mit differenzierbaren Funktionen f_j, g_j, h_j. Man setzt

$$F^*(\Sigma f_j dg_j) := \Sigma (F^* f_j) d(F^* g_j),$$
$$F^*(\Sigma f_j dg_j \wedge dh_j) := \Sigma (F^* f_j) d(F^* g_j) \wedge d(F^* h_j).$$

Es ist leicht nachzurechnen, daß diese Definitionen unabhängig von der gewählten lokalen Darstellung sind und sich deshalb eindeutig zu globalen Vektorraum-Homomorphismen $F^*: \mathscr{E}^{(k)}(U) \to \mathscr{E}^{(k)}(F^{-1}(U))$ zusammensetzen. Für $f \in \mathscr{E}(U)$ und $\omega \in \mathscr{E}^{(1)}(U)$ gelten die Rechenregeln

i) $F^*(df) = d(F^* f), \quad F^*(d\omega) = d(F^*\omega),$

ii) $F^*(d'f) = d'(F^* f), \quad F^*(d'\omega) = d'(F^*\omega)$

und entsprechende Formeln für d''.

Folgerung. Ist $f \in \mathscr{E}(U)$ harmonisch, so ist auch die Funktion $F^* f = f \circ F \in \mathscr{E}(F^{-1}(U))$ harmonisch. Denn $d'd''(F^* f) = d'(F^* d'' f) = F^*(d'd'' f) = 0$.

§ 10. Integration von Differentialformen

Differentialformen 1. Ordnung kann man über Kurven integrieren. Ist die Differentialform geschlossen, so hängt das Integral nur von der Homotopieklasse der Kurve ab. Daher ist auf einer einfach zusammenhängenden Fläche X das unbestimmte Integral (fester Anfangspunkt und variabler Endpunkt der Integrationskurve) einer geschlossenen Differentialform eine wohldefinierte Funktion auf X. Im allgemeinen erhält man durch Integration geschlossener Differentialformen jedoch mehrdeutige Funktionen, die aber ein ganz spezielles Mehrdeutigkeitsverhalten aufweisen, das wir in diesem Paragraphen genauer untersuchen werden. Außerdem beschäftigen wir uns mit der Integration von Differentialformen 2. Ordnung, was für die Umwandlung von Kurven- in Flächenintegrale wichtig ist und u.a. zum Beweis des Residuensatzes dient.

A. Differentialformen 1. Ordnung

10.1. Sei X eine Riemannsche Fläche und $\omega \in \mathscr{E}^{(1)}(X)$. Weiter sei eine stückweise stetig differenzierbare Kurve in X gegeben, d.h. eine stetige Abbildung

$$c:[0,1]\to X$$

derart, daß es eine Unterteilung

$$0=t_0<t_1<\cdots<t_n=1$$

des Intervalls $[0,1]$ und Karten $(U_k,z_k), z_k=x_k+iy_k, (k=1,\ldots,n)$, gibt, so daß $c([t_{k-1},t_k])\subset U_k$ und die Funktionen

$$x_k\circ c:[t_{k-1},t_k]\to\mathbb{R},\quad y_k\circ c:[t_{k-1},t_k]\to\mathbb{R}$$

einmal stetig differenzierbar sind. Das Integral von ω über die Kurve c wird folgendermaßen definiert: In U_k läßt sich ω schreiben als $\omega=f_k dx_k+g_k dy_k$ mit differenzierbaren Funktionen f_k, g_k. Man setzt

$$\int_c \omega := \sum_{k=1}^{n}\int_{t_{k-1}}^{t_k}\left(f_k(c(t))\frac{dx_k(c(t))}{dt}+g_k(c(t))\frac{dy_k(c(t))}{dt}\right)dt.$$

Man kann leicht nachrechnen, daß diese Definition unabhängig von der Unterteilung des Intervalls und den gewählten Karten ist.

10.2. Satz. *Sei X eine Riemannsche Fläche, $c:[0,1]\to X$ eine stückweise stetig differenzierbare Kurve und $F\in\mathscr{E}(X)$. Dann gilt*

$$\int_c dF = F(c(1))-F(c(0)).$$

Beweis. Wir wählen die Intervall-Unterteilung $0=t_0<t_1<\cdots<t_n=1$ und die Karten (U_k,z_k) wie oben. In U_k gilt

$$dF=\frac{\partial F}{\partial x_k}dx_k+\frac{\partial F}{\partial y_k}dy_k.$$

Also ist

$$\begin{aligned}\int_c dF &= \sum_{k=1}^{n}\int_{t_{k-1}}^{t_k}\left(\frac{\partial F}{\partial x_k}(c(t))\frac{dx_k(c(t))}{dt}+\frac{\partial F}{\partial y_k}(c(t))\frac{dy_k(c(t))}{dt}\right)dt\\ &= \sum_{k=1}^{n}\int_{t_{k-1}}^{t_k}\left(\frac{d}{dt}F(c(t))\right)dt\\ &= \sum_{k=1}^{n}\left(F(c(t_k))-F(c(t_{k-1}))\right)=F(c(1))-F(c(0)).\end{aligned}$$

10.3. Definition. Sei X eine Riemannsche Fläche, $\omega\in\mathscr{E}^{(1)}(X)$. Eine Funktion $F\in\mathscr{E}(X)$ heißt *Stammfunktion* von ω, falls $dF=\omega$.

Nach (9.15) ist eine Differentialform, die eine Stammfunktion besitzt, insbesondere geschlossen.

Die Stammfunktion einer Differentialform ist nicht eindeutig bestimmt: Ist F Stammfunktion von ω und $c \in \mathbb{C}$, so ist auch $F+c$ Stammfunktion von ω. Umgekehrt unterscheiden sich je zwei Stammfunktionen um eine Konstante, denn aus $dF=0$ folgt z.B. mittels Satz (10.2), daß F konstant ist.

Mit Satz (10.2) kann man Kurvenintegrale über Differentialformen, für die eine Stammfunktion bekannt ist, leicht berechnen. Im übrigen folgt aus dem Satz, daß das Integral einer totalen Differentialform über eine Kurve nur vom Anfangs- und Endpunkt der Kurve abhängt.

10.4. Lokale Existenz von Stammfunktionen. Sei $U := \{z \in \mathbb{C} : |z| < r\}, r > 0$, eine offene Kreisscheibe um den Nullpunkt in $\mathbb{C}$ und $\omega \in \mathscr{E}^{(1)}(U)$. Die Differentialform ω läßt sich schreiben als

$$\omega = f\,dx + g\,dy, \quad f, g \in \mathscr{E}(U),$$

wobei x, y die kanonischen reellen Koordinatenfunktionen von $\mathbb{R}^2 \cong \mathbb{C}$ sind. Wir setzen voraus, daß ω *geschlossen* ist, d.h. $d\omega = 0$. Wegen

$$d\omega = df \wedge dx + dg \wedge dy = \left(\frac{\partial g}{\partial x} - \frac{\partial f}{\partial y}\right) dx \wedge dy$$

ist dies gleichbedeutend mit $\dfrac{\partial g}{\partial x} = \dfrac{\partial f}{\partial y}$. Wir beweisen nun, daß ω eine Stammfunktion $F \in \mathscr{E}(U)$ besitzt, die durch das Integral

$$F(x,y) := \int_0^1 \big(f(tx,ty)x + g(tx,ty)y\big)dt, \quad (x,y) \in U,$$

gegeben wird. Man sieht unmittelbar, daß F beliebig oft differenzierbar ist. Es muß nur noch gezeigt werden, daß $dF = \omega$, d.h. $\dfrac{\partial F}{\partial x} = f$ und $\dfrac{\partial F}{\partial y} = g$. Differentiation unter dem Integralzeichen liefert

$$\frac{\partial F(x,y)}{\partial x} = \int_0^1 \left(\frac{\partial f}{\partial x}(tx,ty)tx + \frac{\partial g}{\partial x}(tx,ty)ty + f(tx,ty)\right) dt.$$

Da $\dfrac{\partial g}{\partial x} = \dfrac{\partial f}{\partial y}$ und $\dfrac{d}{dt} f(tx,ty) = \dfrac{\partial f}{\partial x}(tx,ty)x + \dfrac{\partial f}{\partial y}(tx,ty)y$, ergibt sich weiter

$$\begin{aligned}\frac{\partial F(x,y)}{\partial x} &= \int_0^1 \left(t\frac{d}{dt} f(tx,ty) + f(tx,ty)\right) dt \\ &= \int_0^1 \frac{d}{dt}\big(tf(tx,ty)\big)dt = f(x,y).\end{aligned}$$

Ebenso zeigt man $\dfrac{\partial F}{\partial y} = g$. Damit ist bewiesen, daß $dF = \omega$.

Im Spezialfall, daß ω holomorph ist, läßt sich die Existenz einer Stammfunktion in der Kreisscheibe U noch einfacher beweisen. In diesem Fall gilt nämlich

$$\omega = f\,dz \quad \text{mit} \quad f \in \mathcal{O}(U).$$

Sei

$$f(z) = \sum_{n=0}^{\infty} c_n z^n$$

die Taylor-Entwicklung von f. Dann wird durch

$$F(z) := \sum_{n=0}^{\infty} \frac{c_n}{n+1} z^{n+1}$$

eine Funktion $F \in \mathcal{O}(U)$ mit $dF = \omega$ definiert.

Global existiert eine Stammfunktion einer geschlossenen Differentialform im allgemeinen nur als mehrdeutige Funktion. Dies wird durch den folgenden Satz präzisiert.

10.5. Satz. *Sei X eine Riemannsche Fläche und $\omega \in \mathscr{E}^{(1)}(X)$ eine geschlossene Differentialform. Dann existiert eine unverzweigte unbegrenzte zusammenhängende Überlagerung $p: \hat{X} \to X$ und eine Stammfunktion $F \in \mathscr{E}(\hat{X})$ der Differentialform $p^*\omega$.*

Beweis. Sei $\mathscr{F}$ die Garbe der Stammfunktionen von ω: Für eine offene Teilmenge $U \subset X$ besteht $\mathscr{F}(U)$ aus allen Funktionen $f \in \mathscr{E}(U)$ mit $df = \omega$ auf U. Die Garbe $\mathscr{F}$ genügt dem Identitätssatz (vgl. Definition 6.9), denn für ein Gebiet $U \subset X$ unterscheiden sich je zwei Elemente $f_1, f_2 \in \mathscr{F}(U)$ um eine Konstante. Wir betrachten die unverzweigte Überlagerung $p: |\mathscr{F}| \to X$. Nach Satz (6.10) ist $|\mathscr{F}|$ Hausdorffsch. Wir zeigen jetzt, daß die Überlagerung $p: |\mathscr{F}| \to X$ unbegrenzt ist. Zu jedem Punkt $a \in X$ gibt es nach (10.4) eine zusammenhängende offene Umgebung U und eine Stammfunktion $f \in \mathscr{F}(U)$ von ω. Dann ist $f + c, c \in \mathbb{C}$, die Gesamtheit aller Stammfunktionen von ω über U. Daraus folgt

$$p^{-1}(U) = \bigcup_{c \in \mathbb{C}} [U, f + c].$$

Die Mengen $[U, f+c]$ sind paarweise disjunkt und alle Abbildungen $p|[U, f+c] \to U$ sind Homöomorphismen. Damit ist bewiesen, daß $p: |\mathscr{F}| \to X$ eine unverzweigte, unbegrenzte Überlagerung ist. Sei $\hat{X} \subset |\mathscr{F}|$ eine Zusammenhangs-Komponente. Dann ist auch $p|\hat{X} \to X$ unverzweigt und unbegrenzt. Da $\hat{X}$ eine Menge von Funktionskeimen ist, ist in natürlicher Weise eine Funktion $F: \hat{X} \to \mathbb{C}$ definiert durch $F(\varphi) := \varphi(p(\varphi))$. Aus den Definitionen folgt unmittelbar, daß F eine Stammfunktion von $p^*\omega$ ist.

10.6. Corollar. *Sei X eine Riemannsche Fläche, $\pi: \tilde{X} \to X$ ihre universelle Überlagerung und $\omega \in \mathscr{E}^{(1)}(X)$ eine geschlossene Differentialform. Dann existiert eine Stammfunktion $f \in \mathscr{E}(\tilde{X})$ von $\pi^*\omega$.*

Beweis. Sei $p: \hat{X} \to X$ die nach (10.5) existierende unverzweigte unbegrenzte Überlagerung und $F \in \mathscr{E}(\hat{X})$ Stammfunktion von $p^*\omega$. Da $\pi: \tilde{X} \to X$ die universelle Überlagerung ist, gibt es eine spurtreue holomorphe Abbildung $\tau: \tilde{X} \to \hat{X}$. Sei $f := \tau^* F \in \mathscr{E}(\tilde{X})$. Dann ist f Stammfunktion von $\tau^*(p^*\omega) = \pi^*\omega$.

10.7. Corollar. *Auf einer einfach zusammenhängenden Riemannschen Fläche X besitzt jede geschlossene Differentialform $\omega \in \mathscr{E}^{(1)}(X)$ eine Stammfunktion $F \in \mathscr{E}(X)$.*
Dies folgt aus (10.6), da in diesem Fall $\mathrm{id}: X \to X$ die universelle Überlagerung ist.

10.8. Satz. *Sei X eine Riemannsche Fläche und $p: \tilde{X} \to X$ ihre universelle Überlagerung. Sei $\omega \in \mathscr{E}^{(1)}(X)$ eine geschlossene Differentialform und $F \in \mathscr{E}(\tilde{X})$ eine Stammfunktion von $p^*\omega$. Ist dann $c: [0,1] \to X$ eine stückweise stetig differenzierbare Kurve und $\hat{c}: [0,1] \to \tilde{X}$ eine Liftung von c, so gilt*

$$\int_c \omega = F(\hat{c}(1)) - F(\hat{c}(0)).$$

Beweis. Für jede stückweise stetig differenzierbare Kurve $v: [0,1] \to \tilde{X}$ und jede Differentialform $\omega \in \mathscr{E}^{(1)}(X)$ gilt

$$\int_v p^*\omega = \int_{p \circ v} \omega.$$

Dies folgt unmittelbar aus den Definitionen. Die Behauptung des Satzes folgt deshalb aus Satz (10.2).

10.9. Bemerkung. Aufgrund von Satz (10.8) kann man das Integral einer geschlossenen Differentialform über eine beliebige (stetige) Kurve $c: [0,1] \to X$ durch die dort angegebene Formel definieren. Diese Definition ist unabhängig von der Wahl der Stammfunktion F von $p^*\omega$, denn je zwei Stammfunktionen unterscheiden sich nur um eine Konstante, die bei der Differenzbildung wegfällt. Außerdem ist die Definition unabhängig von der Liftung der Kurve c: Seien u und v zwei Liftungen von c. Da die Überlagerung $p: \tilde{X} \to X$ normal ist (5.6), gibt es eine Decktransformation σ mit $v = \sigma \circ u$. Da $p \circ \sigma = p$, gilt $\sigma^*(p^*\omega) = p^*\omega$. Daher ist $\sigma^* F$ ebenfalls Stammfunktion von $p^*\omega$, also $\sigma^* F - F = \mathrm{const}$. Daraus folgt

$$F(v(1)) - F(v(0)) = \sigma^* F(u(1)) - \sigma^* F(u(0)) = F(u(1)) - F(u(0)),$$

also ergibt sich mit beiden Liftungen derselbe Wert für das Integral.

10.10. Satz. *Sei X eine Riemannsche Fläche und $\omega \in \mathscr{E}^{(1)}(X)$ eine geschlossene Differentialform.*

a) *Sind $a, b \in X$ zwei Punkte und $u, v : [0,1] \to X$ zwei homotope Kurven von a nach b, so gilt*

$$\int_u \omega = \int_v \omega.$$

b) *Sind $u, v : [0,1] \to X$ zwei geschlossene Kurven, die frei homotop sind, so gilt ebenfalls*

$$\int_u \omega = \int_v \omega.$$

Beweis. a) Sei $p : \tilde{X} \to X$ die universelle Überlagerung und seien $\hat{u}, \hat{v} : [0,1] \to \tilde{X}$ Liftungen von u bzw. v mit demselben Anfangspunkt. Nach Satz (4.10) haben $\hat{u}$ und $\hat{v}$ auch denselben Endpunkt. Die Behauptung folgt deshalb aus Satz (10.8).
b) Die Kurve u habe Anfangs- und Endpunkt x_0, die Kurve v Anfangs- und Endpunkt x_1. Dann gibt es eine Kurve w von x_0 nach x_1, so daß u zu $w \cdot v \cdot w^-$ homotop ist, vgl. (3.13).
Deshalb gilt nach a)

$$\int_u \omega = \int_{w \cdot v \cdot w^-} \omega = \int_w \omega + \int_v \omega - \int_w \omega = \int_v \omega.$$

10.11. Perioden. Sei X eine Riemannsche Fläche und $\omega \in \mathscr{E}^{(1)}(X)$ eine geschlossene Differentialform. Dann kann man nach Satz (10.10) die Integrale

$$a_\sigma := \int_\sigma \omega, \quad \sigma \in \pi_1(X),$$

repräsentantenweise definieren. Diese Integrale heißen die *Perioden* von ω. Offenbar gilt

$$\int_{\sigma \cdot \tau} \omega = \int_\sigma \omega + \int_\tau \omega \quad \text{für} \quad \sigma, \tau \in \pi_1(X),$$

man erhält also einen Homomorphismus $\pi_1(X) \to \mathbb{C}$ der Fundamentalgruppe von X in die additive Gruppe $\mathbb{C}$.
Dieser Homomorphismus heißt der der geschlossenen Differentialform ω zugeordnete *Perioden-Homomorphismus.*

Beispiel. Sei $X = \mathbb{C}^*$. Nach (5.7.a) gilt $\pi_1(\mathbb{C}^*) \cong \mathbb{Z}$. Ein erzeugendes Element von $\pi_1(\mathbb{C}^*)$ wird repräsentiert durch die Kurve $u : [0,1] \to \mathbb{C}^*$, $u(t) = e^{2\pi i t}$.

Sei $\omega := \dfrac{dz}{z}$, wobei z die kanonische Koordinatenfunktion ist. Es gilt

$$\int_u \omega = \int_u \frac{dz}{z} = 2\pi i.$$

Der Perioden-Homomorphismus von ω ist deshalb

$$\mathbb{Z} \to \mathbb{C}, n \mapsto 2\pi i n,$$

wenn man die Isomorphie $\mathbb{Z} \cong \pi_1(\mathbb{C}^*)$ durch die Zuordnung $n \mapsto \mathrm{cl}(u^n)$ realisiert.

10.12. Automorphiesummanden. Sei X eine Riemannsche Fläche, $p: \tilde{X} \to X$ ihre universelle Überlagerung und $G := \mathrm{Deck}(\tilde{X}/X)$ die zur Fundamentalgruppe isomorphe Decktransformationsgruppe, vgl. (5.6). Ist $\sigma \in G$ und $f: \tilde{X} \to \mathbb{C}$ eine Funktion, so definieren wir die Funktion $\sigma f: \tilde{X} \to \mathbb{C}$ durch $\sigma f := f \circ \sigma^{-1}$. Ist $g: \tilde{X} \to \mathbb{C}$ eine weitere Funktion, so gilt $\sigma(f+g) = \sigma f + \sigma g$ und $\sigma(fg) = (\sigma f)(\sigma g)$. Für $\sigma, \tau \in G$ hat man $(\sigma\tau)f = \sigma(\tau f)$.
Eine Funktion $f: \tilde{X} \to \mathbb{C}$ heißt *additiv automorph* mit konstanten Automorphiesummanden, falls es Konstanten $a_\sigma \in \mathbb{C}$, $\sigma \in G$, gibt, so daß

$$f - \sigma f = a_\sigma \quad \text{für alle} \quad \sigma \in G.$$

Die Konstanten a_σ, die durch f eindeutig bestimmt sind, heißen die *Automorphiesummanden* von f. Für $\sigma, \tau \in G$ folgt aus $f - \tau f = a_\tau$, daß $\sigma f - \sigma\tau f = a_\tau$, also

$$a_{\sigma\tau} = f - \sigma\tau f = (f - \sigma f) + (\sigma f - \sigma\tau f) = a_\sigma + a_\tau.$$

Die Zuordnung $\sigma \mapsto a_\sigma$ ist also ein Gruppen-Homomorphismus $\mathrm{Deck}(\tilde{X}/X) \to \mathbb{C}$.
Eine spezielle additiv automorphe Funktion ist eine Funktion $f: \tilde{X} \to \mathbb{C}$, die invariant gegenüber Decktransformationen ist, d.h. $\sigma f = f$ für alle $\sigma \in G$. Ihre Automorphiesummanden sind alle null. Zu einer solchen Funktion gibt es eine Funktion $f_0: X \to \mathbb{C}$, so daß $f = p^* f_0$. Ist f differenzierbar bzw. holomorph, so ist auch f_0 differenzierbar bzw. holomorph.

10.13. Satz. *Sei X eine Riemannsche Fläche und $p: \tilde{X} \to X$ ihre universelle Überlagerung.*

a) *Ist $\omega \in \mathscr{E}^{(1)}(X)$ eine geschlossene Differentialform und $F \in \mathscr{E}(\tilde{X})$ Stammfunktion von $p^*\omega$, so ist F additiv automorph mit konstanten Automorphiesummanden. Ihre Automorphiesummanden $a_\sigma, \sigma \in \mathrm{Deck}(\tilde{X}/X)$, sind vermöge des Isomorphismus $\pi_1(X) \cong \mathrm{Deck}(\tilde{X}/X)$, gerade die Perioden von ω.*

b) *Sei umgekehrt eine additiv automorphe Funktion $F \in \mathscr{E}(\tilde{X})$ mit konstanten Automorphiesummanden vorgegeben. Dann gibt es genau eine geschlossene Differentialform $\omega \in \mathscr{E}^{(1)}(X)$ mit $dF = p^*\omega$.*

Beweis. a) Ist σ irgendeine Decktransformation, so ist wegen $p \circ \sigma^{-1} = p$ auch σF Stammfunktion von $p^*\omega$, also

$$a_\sigma := F - \sigma F$$

eine Konstante. Sei $x_0 \in X$ und $z_0 \in \tilde{X}$ ein Punkt mit $p(z_0) = x_0$. Nach (5.6) kann das $\sigma \in \mathrm{Deck}(\tilde{X}/X)$ zugeordnete Element $\bar{\sigma} \in \pi_1(X, x_0)$ wie folgt repräsentiert werden: Wir wählen eine Kurve $v: [0,1] \to \tilde{X}$ mit $v(0) := y_0 := \sigma^{-1}(z_0)$ und $v(1) := z_0 = \sigma(y_0)$. Dann ist $u := p \circ v$ eine geschlossene Kurve in X und $\bar{\sigma} = \mathrm{cl}(u)$. Nach Satz (10.8) berechnet sich die Periode von ω bzgl. $\bar{\sigma}$ als

$$\int_u \omega = F(v(1)) - F(v(0)) = F(z_0) - F(\sigma^{-1}(z_0)) = a_\sigma.$$

b) Hat F die Automorphiesummanden $a_\sigma \in \mathbb{C}$, so gilt für alle $\sigma \in \mathrm{Deck}(\tilde{X}/X)$

$$\sigma^*(dF) = d(\sigma^* F) = d(F + a_\sigma) = dF.$$

Die geschlossene Differentialform dF ist also gegen Decktransformationen invariant. Da $p: \tilde{X} \to X$ lokal biholomorph ist, gibt es ein $\omega \in \mathscr{E}^{(1)}(X)$ mit $dF = p^*\omega$. Natürlich ist ω eindeutig bestimmt und ebenfalls geschlossen.

10.14. Beispiel. Sei $\Gamma = \mathbb{Z}\gamma_1 + \mathbb{Z}\gamma_2$, ($\gamma_1, \gamma_2 \in \mathbb{C}$ linear unabhängig über $\mathbb{R}$), ein Gitter in $\mathbb{C}$ und $X := \mathbb{C}/\Gamma$.

Die kanonische Quotientenabbildung $\pi: \mathbb{C} \to X$ ist zugleich die universelle Überlagerung und $\mathrm{Deck}(\mathbb{C}/X)$ ist die Gruppe aller Translationen um Vektoren $\gamma \in \Gamma$, vgl. (5.7.c). Wir betrachten die identische Abbildung $z: \mathbb{C} \to \mathbb{C}$. Die Funktion z ist gegenüber $\mathrm{Deck}(\mathbb{C}/X)$ additiv automorph mit den Automorphiesummanden $a_\gamma = \gamma, \gamma \in \Gamma$. Deshalb ist dz invariant gegenüber Decktransformationen, gibt also zu einer holomorphen Differentialform $\omega \in \Omega(X)$ mit $p^*\omega = dz$ Anlaß, deren Perioden gerade die Elemente des Gitters Γ sind.

10.15. Satz. *Sei X eine Riemannsche Fläche. Eine geschlossene Differentialform $\omega \in \mathscr{E}^{(1)}(X)$ besitzt genau dann eine Stammfunktion $f \in \mathscr{E}(X)$, wenn alle Perioden von ω null sind.*

Beweis. Besitzt ω eine Stammfunktion, so sind nach (10.2) alle ihre Perioden null.

Sei umgekehrt vorausgesetzt, daß alle Perioden von ω verschwinden. Nach Corollar (10.6) existiert auf der universellen Überlagerung $p: \tilde{X} \to X$ eine Stammfunktion $F \in \mathscr{E}(\tilde{X})$ von $p^*\omega$. Nach (10.13) hat F die Automorphiesummanden 0, es gibt also ein $f \in \mathscr{E}(X)$ mit $F = p^*f$. Diese Funktion ist Stammfunktion von ω, denn aus $p^*\omega = dF = d(p^*f) = p^*(df)$ folgt $\omega = df$.

Bemerkung. Nach Satz (10.2) erhält man, falls alle Perioden von ω verschwinden, eine spezielle Stammfunktion von ω durch das Integral

$$f(x) := \int_{x_0}^{x} \omega.$$

Dabei ist $x_0 \in X$ ein festgewählter Punkt, und das Integral ist längs irgendeiner Kurve von x_0 nach x zu bilden (das Integral ist in diesem Fall unabhängig von der gewählten Kurve).

10.16. Corollar. *Sei X eine kompakte Riemannsche Fläche und seien $\omega_1, \omega_2 \in \Omega(X)$ zwei holomorphe Differentialformen, die denselben Perioden-Homomorphismus $\pi_1(X) \to \mathbb{C}$ definieren. Dann gilt $\omega_1 = \omega_2$.*

Beweis. Die Differenz $\omega := \omega_1 - \omega_2$ hat die Perioden 0, besitzt also eine Stammfunktion $f \in \mathscr{O}(X)$. Da X kompakt ist, ist f konstant, also $\omega = df = 0$.

B. Differentialformen 2. Ordnung

10.17. Wir befassen uns zunächst mit der Integration von Differentialformen 2. Ordnung in der komplexen Ebene. Sei $U \subset \mathbb{C}$ offen und $\omega \in \mathscr{E}^{(2)}(U)$. Dann läßt sich ω schreiben als

$$\omega = f\,dx \wedge dy = \frac{i}{2} f\,dz \wedge d\bar{z}, \quad f \in \mathscr{E}(U).$$

Wir setzen voraus, daß f außerhalb einer kompakten Teilmenge von U verschwindet. Dann definiert man

$$\iint_U \omega := \iint_U f(x,y)\,dx\,dy,$$

wobei die rechte Seite als gewöhnliches Doppelintegral zu verstehen ist.

Sei nun V eine weitere offene Teilmenge von $\mathbb{C}$ und $\varphi: V \to U$ eine biholomorphe Abbildung. Ist $\varphi = u + iv$ die Zerlegung in Real- und Imaginärteil, so gilt nach den Cauchy-Riemannschen Differentialgleichungen für die Funktionaldeterminante der Abbildung φ

$$\frac{\partial(u,v)}{\partial(x,y)} = \frac{\partial u}{\partial x}\frac{\partial v}{\partial y} - \frac{\partial u}{\partial y}\frac{\partial v}{\partial x} = |\varphi'|^2,$$

also schreibt sich die Transformationsformel für mehrfache Integrale

$$\iint_U f\,dx\,dy = \iint_V (f \circ \varphi)\,|\varphi'|^2\,dx\,dy.$$

Andererseits berechnet man
$\varphi^*(dz \wedge d\bar{z}) = d\varphi \wedge d\bar{\varphi} = (\varphi' dz) \wedge (\overline{\varphi' dz}) = |\varphi'|^2\,dz \wedge d\bar{z}$,
also $\varphi^*\omega = (f \circ \varphi)|\varphi'|^2\,dx \wedge dy$. Daraus folgt

$$\iint_U \omega = \iint_V \varphi^*\omega.$$

10.18. Sei jetzt X eine Riemannsche Fläche. Unter dem *Träger* einer Differentialform ω auf X versteht man die abgeschlossene Menge

$$\mathrm{Supp}(\omega) := \overline{\{a \in X : \omega(a) \neq 0\}}.$$

Analog ist der Träger $\mathrm{Supp}(f)$ einer Funktion $f: X \to \mathbb{C}$ definiert.

a) Sei $\varphi: U \to V$ eine Karte auf X und $\omega \in \mathscr{E}^{(2)}(X)$ eine Differentialform, deren Träger kompakt und in U enthalten ist. Dann ist $(\varphi^{-1})^*\omega$ eine Differentialform mit kompaktem Träger in $V \subset \mathbb{C}$ und man definiert

$$\iint_X \omega := \iint_U \omega := \iint_V (\varphi^{-1})^*\omega.$$

Diese Definition ist unabhängig von der gewählten Karte. Denn sei $\varphi_1: U_1 \to V_1$

eine weitere Karte mit $\mathrm{Supp}(\omega) \subset U_1$. Wir können o.B.d.A. annehmen, daß $U = U_1$ (andernfalls gehe man zum Durchschnitt über). Dann ist

$$\psi := \varphi_1 \circ \varphi^{-1} : V \to V_1$$

eine biholomorphe Abbildung. Da

$$(\varphi^{-1})^* \omega = (\varphi_1^{-1} \circ \psi)^* \omega = \psi^* ((\varphi_1^{-1})^* \omega),$$

gilt nach (10.17)

$$\iint_V (\varphi^{-1})^* \omega = \iint_{V_1} (\varphi_1^{-1})^* \omega.$$

Also ist $\iint_X \omega$ unabhängig von der Karte definiert.

b) Ist nun $\omega \in \mathscr{E}^{(2)}(X)$ eine beliebige Differentialform mit kompaktem Träger, so gibt es endlich viele Karten $\varphi_k : U_k \to V_k$, $k = 1, \ldots, n$, mit

$$\mathrm{Supp}(\omega) \subset \bigcup_{k=1}^{n} U_k.$$

Man kann jetzt Funktionen $f_k \in \mathscr{E}(X)$ mit folgenden Eigenschaften finden („Teilung der Eins", vgl. Anhang):

i) $\mathrm{Supp}(f_k) \subset U_k$,

ii) $\sum_{k=1}^{n} f_k(x) = 1$ für alle $x \in \mathrm{Supp}(\omega)$.

Dann ist $f_k \omega$ eine Differentialform mit $\mathrm{Supp}(f_k \omega) \subset\subset U_k$ und es gilt

$$\omega = \sum_{k=1}^{n} f_k \omega.$$

Man definiert

$$\iint_X \omega := \sum_{k=1}^{n} \iint_X f_k \omega.$$

Dabei ist die rechte Seite nach a) definiert. Wiederum überlegt man sich leicht, daß die Definition unabhängig von der Wahl der Karten und der Funktionen f_k ist.

10.19. Wir werden im folgenden einigemale einen Spezialfall des *Satzes von Stokes* in der Ebene anzuwenden haben. Sei $U \subset \mathbb{C}$ offen und $A \subset U$ eine kompakte Teilmenge mit glattem Rand ∂A. Dann gilt für jede Differentialform $\omega \in \mathscr{E}^{(1)}(U)$

$$\iint_A d\omega = \int_{\partial A} \omega.$$

Dabei ist der Rand so zu orientieren, daß der äußere Normalenvektor von A und der Tangentialvektor an ∂A in dieser Reihenfolge eine positiv orientierte Basis der Ebene bilden.

Wir benützen den Satz nur in dem Fall, daß A eine Kreisscheibe oder ein Kreisring

$$A=\{z\in\mathbb{C} : \varepsilon\leq |z|\leq R\}, \quad 0<\varepsilon<R,$$

ist. In letzterem Fall besteht ∂A aus dem positiv orientierten Kreis $|z|=R$ und aus dem negativ orientierten Kreis $|z|=\varepsilon$. Der Satz von Stokes lautet dann für $\omega=f dx+g dy$

$$\iint_{\varepsilon\leq|z|\leq R}\left(\frac{\partial g}{\partial x}-\frac{\partial f}{\partial y}\right)dx\,dy=\int_{|z|=R}(f dx+g dy)-\int_{|z|=\varepsilon}(f dx+g dy).$$

Wir wollen diese Formel direkt durch Einführung von Polarkoordinaten $z=re^{i\theta}$, d.h.

$$x=r\cos\theta,\ y=r\sin\theta,$$

beweisen. Behandeln wir zunächst den Fall $\omega=g dy$, also $d\omega=\frac{\partial g}{\partial x}dx\wedge dy$. Wegen

$$\frac{\partial}{\partial x}=\cos\theta\frac{\partial}{\partial r}-\frac{\sin\theta}{r}\frac{\partial}{\partial\theta}$$

erhält man mit $\tilde{g}(r,\theta):=g(re^{i\theta})$

$$\iint_A d\omega=\iint_{\varepsilon\leq|z|\leq R}\frac{\partial g}{\partial x}dx\,dy=\iint_{\substack{\varepsilon\leq r\leq R\\ 0\leq\theta\leq 2\pi}}\left(\cos\theta\frac{\partial\tilde{g}}{\partial r}-\frac{\sin\theta}{r}\frac{\partial\tilde{g}}{\partial\theta}\right)r\,dr\,d\theta$$

$$=\iint_{\substack{\varepsilon\leq r\leq R\\ 0\leq\theta\leq 2\pi}}\left(\cos\theta\frac{\partial}{\partial r}(r\tilde{g})-\frac{\partial}{\partial\theta}(\sin\theta\,\tilde{g})\right)dr\,d\theta.$$

Nun ist für jedes feste $r\in[\varepsilon,R]$

$$\int_0^{2\pi}\frac{\partial}{\partial\theta}(\sin\theta\,\tilde{g})\,d\theta=\sin\theta\,\tilde{g}(r,\theta)\Big|_{\theta=0}^{\theta=2\pi}=0,$$

also

$$\iint_A d\omega=\int_0^{2\pi}\cos\theta\left(\int_\varepsilon^R\frac{\partial}{\partial r}(r\tilde{g})\,dr\right)d\theta$$

$$=\int_0^{2\pi}\tilde{g}(R,\theta)\,R\cos\theta\,d\theta-\int_0^{2\pi}\tilde{g}(\varepsilon,\theta)\,\varepsilon\cos\theta\,d\theta=$$

$$=\int_{|z|=R}g\,dy-\int_{|z|=\varepsilon}g\,dy=\int_{\partial A}\omega.$$

Der Fall $\omega=f dx$ kann durch die Koordinatentransformation $(x,y)\mapsto(y,-x)$, welche die Funktionaldeterminante 1 hat, auf den eben behandelten Fall zurückgeführt werden. Damit ist der Satz von Stokes für einen Kreisring bewiesen. Der Fall der Kreisscheibe ergibt sich durch Grenzübergang $\varepsilon\to 0$.

10.20. Satz. *Sei X eine Riemannsche Fläche und $\omega \in \mathscr{E}^{(1)}(X)$ eine Differentialform mit kompaktem Träger. Dann gilt*

$$\iint_X d\omega = 0.$$

Beweis. Durch Multiplikation mit einer Teilung der Eins wie in (10.18.b) kann man ω in eine Summe $\omega = \omega_1 + \cdots + \omega_n$ zerlegen, wobei jedes ω_k einen kompakten Träger hat, der ganz in einer Karte enthalten ist.
Wir können daher o.B.d.A. annehmen, daß $X = \mathbb{C}$ ist.
Wir wählen $R > 0$ so groß, daß

$$\operatorname{Supp}(\omega) \subset \{z \in \mathbb{C} : |z| < R\}.$$

Dann gilt

$$\iint_{\mathbb{C}} d\omega = \iint_{|z| \leq R} d\omega = \int_{|z| = R} \omega = \int_{|z| = R} 0 = 0.$$

10.21. Residuensatz. *Sei X eine kompakte Riemannsche Fläche und seien $a_1, \ldots, a_n$ paarweise verschiedene Punkte von X. Dann gilt für jede in $X' := X \setminus \{a_1, \ldots, a_n\}$ holomorphe Differentialform $\omega \in \Omega(X')$*

$$\sum_{k=1}^{n} \operatorname{Res}_{a_k}(\omega) = 0.$$

Beweis. Es gibt Koordinaten-Umgebungen (U_k, z_k) von a_k mit $U_j \cap U_k = \emptyset$ für $j \neq k$. Wir dürfen annehmen, daß $z_k(a_k) = 0$ und daß $z_k(U_k) \subset \mathbb{C}$ der Einheitskreis ist. Wir wählen für jedes $k = 1, \ldots, n$ eine Funktion $f_k \in \mathscr{E}(X)$ mit kompaktem Träger $\operatorname{Supp}(f_k) \subset U_k$, so daß es eine offene Umgebung $U_k' \subset U_k$ von a_k gibt mit $f_k | U_k' = 1$. Wir setzen $g := 1 - (f_1 + \cdots + f_n)$. Es gilt $g | U_k' = 0$, also läßt sich $g\omega$ durch null in die Punkte a_k fortsetzen und als Element von $\mathscr{E}^{(1)}(X)$ auffassen. Nach (10.20) gilt

$$\iint_X d(g\omega) = 0.$$

Da ω holomorph ist, gilt $d\omega = 0$ in X'. In $U_k' \cap X'$ ist $f_k\omega = \omega$, also $d(f_k\omega) = 0$. Daher läßt sich $d(f_k\omega)$ als Element von $\mathscr{E}^{(2)}(X)$ auffassen, dessen Träger eine kompakte Teilmenge von $U_k \setminus \{a_k\}$ ist. Aus der Gleichung $d(g\omega) = -\Sigma d(f_k\omega)$ folgt nun

$$\sum_{k=1}^{n} \iint_X d(f_k\omega) = 0.$$

Der Satz ist daher bewiesen, wenn wir zeigen

$$\iint_X d(f_k\omega) = -2\pi i \operatorname{Res}_{a_k}(\omega).$$

Da der Träger von $d(f_k\omega)$ in U_k enthalten ist, braucht nur über U_k integriert zu werden. Wir können U_k vermöge z_k mit dem Einheitskreis identifizieren. Es gibt $0 < \varepsilon < R < 1$ mit

$$\operatorname{Supp}(f_k) \subset \{|z_k| < R\} \quad \text{und} \quad f_k | \{|z_k| \leq \varepsilon\} = 1.$$

Damit ist

$$\iint_X d(f_k\omega) = \iint_{\varepsilon \le |z_k| \le R} d(f_k\omega) = \int_{|z_k|=R} f_k\omega - \int_{|z_k|=\varepsilon} f_k\omega$$

$$= -\int_{|z_k|=\varepsilon} \omega = -2\pi i \operatorname{Res}_{a_k}(\omega)$$

nach dem Residuensatz in der komplexen Ebene.

10.22. Corollar. *Eine nicht-konstante meromorphe Funktion f auf einer kompakten Riemannschen Fläche X hat mit Vielfachheit gerechnet ebensoviele Nullstellen wie Pole.*

Beweis. Die Differentialform $\omega := \frac{df}{f}$ ist holomorph außerhalb der Nullstellen und Pole von f. Ist $a \in X$ eine Nullstelle (bzw. Polstelle) m-ter Ordnung von f, so gilt $\operatorname{Res}_a(\omega) = m$ (bzw. $\operatorname{Res}_a(\omega) = -m$). Die Behauptung folgt deshalb aus dem Residuensatz.

Bemerkung. Wir hatten die Aussage des Corollars bereits in (4.25) mit Überlagerungstheorie bewiesen.

§ 11. Lineare Differentialgleichungen

In diesem Paragraphen beschäftigen wir uns mit der Lösung von Differentialgleichungen der Gestalt $w' = A(z)w$, wobei $A(z)$ eine vorgegebene, holomorph von z abhängende $n \times n$-Matrix ist. Gesucht ist eine vektorwertige Funktion $w = w(z)$, die die Differentialgleichung erfüllt. Lokal gibt es zu vorgegebener Anfangsbedingung $w(z_0) = w_0$ stets eine eindeutig bestimmte, holomorphe Lösung. Diese Lösung kann längs jeder Kurve im Definitionsbereich von A fortgesetzt werden, jedoch ist die Fortsetzung i.a. keine eindeutige Funktion mehr. Es zeigt sich, daß eine genaue Untersuchung des Vieldeutigkeitsverhaltens einen guten Einblick in die Struktur der Lösungen gibt.

11.1. Bezeichnungen. Wir bezeichnen mit $M(n \times m, \mathbb{C})$ den Vektorraum aller $n \times m$-Matrizen mit Koeffizienten aus $\mathbb{C}$ und mit $GL(n, \mathbb{C})$ die Gruppe aller invertierbaren $n \times n$-Matrizen mit komplexen Koeffizienten. Ist X eine Riemannsche Fläche, so heißt eine Abbildung

$$A : X \to M(n \times m, \mathbb{C})$$

holomorph, wenn alle Koeffizienten $a_{ij}: X \to \mathbb{C}$ von A holomorph sind. Die Menge aller holomorphen Abbildungen $A: X \to M(n \times m, \mathbb{C})$ werde mit $M(n \times m, \mathcal{O}(X))$ bezeichnet. Analog ist $GL(n, \mathcal{O}(X))$ definiert.

11.2. Satz. *Sei* $A \in M(n \times n, \mathcal{O}(D))$ *eine holomorphe* $n \times n$*-Matrix in der Kreisscheibe*

$$D := \{z \in \mathbb{C} : |z| < R\}, \quad (0 < R \leq \infty).$$

Dann gibt es zu jedem $w_0 \in \mathbb{C}^n$ *genau eine holomorphe Funktion* $w: D \to \mathbb{C}^n$ *mit*

(1) $w'(z) = A(z) w(z)$ *für alle* $z \in D$,

(2) $w(0) = w_0$.

(Hierbei identifizieren wir $\mathbb{C}^n$ mit dem Raum $M(n \times 1, \mathbb{C})$ der Spaltenvektoren.)

Beweis. a) Die Matrix A läßt sich in D in eine Taylorreihe

$$A(z) = \sum_{\nu=0}^{\infty} A_\nu z^\nu, \quad A_\nu = (a_{ij\nu}) \in M(n \times n, \mathbb{C}),$$

entwickeln. (Dies ist als System von n^2 Gleichungen für die Komponenten von $A(z)$ zu verstehen.) Für die Lösung w machen wir den Ansatz

$$w(z) = \sum_{\nu=0}^{\infty} c_\nu z^\nu, \quad c_\nu = (c_{i\nu}) \in \mathbb{C}^n.$$

Falls diese Reihe in D konvergiert, ist (1) gleichbedeutend mit

$$\sum_{k=1}^{\infty} k c_k z^{k-1} = \left(\sum_{\mu=0}^{\infty} A_\mu z^\mu\right)\left(\sum_{\nu=0}^{\infty} c_\nu z^\nu\right) = \sum_{k=0}^{\infty}\left(\sum_{\mu+\nu=k} A_\mu c_\nu\right) z^k,$$

d.h.

(3) $$(k+1) c_{k+1} = \sum_{\nu=0}^{k} A_{k-\nu} c_\nu \quad \text{für alle} \quad k \in \mathbb{N}.$$

Die Anfangsbedingung (2) ist äquivalent mit $c_0 = w_0$. Deshalb kann man aus (3) rekursiv alle Koeffizienten c_k berechnen. Damit ist die Eindeutigkeit bewiesen.

b) Um die Existenz der Lösung zu beweisen, genügt es zu zeigen, daß die Reihe für w, die mit den aus (3) berechneten Koeffizienten gebildet wird, in D konvergiert. Dazu verwenden wir die Majorantenmethode von Cauchy.
Für ein beliebiges r mit $0 < r < R$ konvergiert die Reihe

$$\sum_{\nu=0}^{\infty} |a_{ij\nu}| r^\nu.$$

Es gibt deshalb ein $N \in \mathbb{N}$, so daß

(4) $|a_{ij\nu}| \leq N r^{-\nu-1}$ für alle $\nu \in \mathbb{N}$ und $i, j = 1, \ldots, n$.

Wir definieren eine in $|z| < r$ holomorphe $n \times n$-Matrix $B = (b_{ij})$ durch

(5) $$b_{ij}(z) := \frac{N}{r}\left(1 - \frac{z}{r}\right)^{-1} = \frac{N}{r} \sum_{\nu=0}^{\infty} \frac{z^\nu}{r^\nu} \quad \text{für alle} \quad i, j.$$

Sei $w_0=(w_{10},\ldots,w_{n0})$ und $K:=\max(|w_{10}|,\ldots,|w_{n0}|)$. Wir lösen jetzt im Kreis $|z|<r$ die Differentialgleichung

$$v'(z)=B(z)v(z)$$

mit der Anfangsbedingung $v(0)=(K,\ldots,K)$. Die nach a) eindeutige Lösung dieser Differentialgleichung wird gegeben durch

$$v(z)=(\psi(z),\ldots,\psi(z))$$

mit

$$\psi(z)=K\left(1-\frac{z}{r}\right)^{-nN}$$

denn

$$\psi'(z)=\frac{KnN}{r}\left(1-\frac{z}{r}\right)^{-nN-1}=n\frac{N}{r}\left(1-\frac{z}{r}\right)^{-1}\psi(z).$$

Andererseits kann man die Differentialgleichung $v'=Bv$ durch Potenzreihenansatz lösen. Sind

$$B(z)=\sum_{v=0}^{\infty}B_v z^v, \quad B_v=(b_{ijv})\in M(n\times n,\mathbb{C}),$$

und

$$v(z)=\sum_{v=0}^{\infty}\gamma_v z^v, \quad \gamma_v=(\gamma_{iv})\in\mathbb{C}^n$$

die Taylorreihen, so gilt analog zu a)

$$(6)\qquad (k+1)\gamma_{k+1}=\sum_{v=0}^{k}B_{k-v}\gamma_v.$$

Aus (4) und (5) folgt, daß

$$|a_{ijv}|\le b_{ijv} \quad \text{für alle} \quad i,j,v.$$

Da $|c_{i0}|=|w_{i0}|\le K=\gamma_{i0}$ für $i=1,\ldots,n$, folgt durch Vergleich von (3) und (6) durch Induktion über k, daß

$$|c_{ik}|\le\gamma_{ik} \quad \text{für alle} \quad k\in\mathbb{N} \quad \text{und} \quad i=1,\ldots,n.$$

Da die Reihe $\sum_k \gamma_{ik}z^k=\psi(z)$ für $|z|<r$ konvergiert, konvergiert auch $\sum_k c_k z^k=w(z)$ für $|z|<r$.
Da $r<R$ beliebig war, konvergiert die Reihe in ganz $D=\{|z|<R\}$, q.e.d.

11.3. Auf einer Riemannschen Fläche X schreibt sich eine lineare Differentialgleichung für eine gesuchte holomorphe Funktion $w:X\to\mathbb{C}^n$ in der Form

$$dw=Aw,$$

wobei $A=(a_{ij})\in M(n\times n,\Omega(X))$ eine vorgegebene $n\times n$-Matrix aus holomorphen

Differentialformen $a_{ij} \in \Omega(X)$ ist. Bzgl. einer lokalen Karte (U, z) auf X ist $A = F dz$ mit $F \in M(n \times n, \mathcal{O}(U))$ und die Differentialgleichung geht über in

$$\frac{dw}{dz} = F \cdot w,$$

also die in (11.2) studierte Form.

11.4. Satz. *Sei X eine einfach zusammenhängende Riemannsche Fläche, $A \in M(n \times n, \Omega(X))$ und $x_0 \in X$. Dann gibt es zu jedem $c \in \mathbb{C}^n$ genau eine Lösung $w \in \mathcal{O}(X)^n$ der Differentialgleichung*

$$dw = A w$$

mit $w(x_0) = c$.

Beweis. a) Nach Satz (11.2) gibt es eine zusammenhängende offene Umgebung U_0 von x_0 und eine Lösung $f \in \mathcal{O}(U_0)^n$ der Differentialgleichung $df = Af$ mit $f(x_0) = c$. Wir zeigen jetzt, daß sich f längs jeder Kurve $\alpha : [0,1] \to X$ mit Anfangspunkt x_0 analytisch fortsetzen läßt. Nach Corollar (7.4) setzen sich diese Fortsetzungen dann zu einer globalen Funktion $w \in \mathcal{O}(X)^n$ zusammen, die wegen des Identitätssatzes auf ganz X der Differentialgleichung $dw = Aw$ genügt.

b) Nach Satz (11.2) gibt es eine Unterteilung

$$0 = t_0 < t_1 < \cdots < t_k = 1$$

des Intervalls $[0,1]$ und Gebiete $U_j, j = 1, \ldots, k-1$, mit folgenden Eigenschaften:

i) $\alpha([t_j - t_{j+1}]) \subset U_j$ für $j = 0, \ldots, k-1$,
(dabei ist U_0 die eingangs genannte Umgebung von x_0).

ii) Zu beliebigem Anfangswert $c_j \in \mathbb{C}^n$ gibt es ein $f_j \in \mathcal{O}(U_j)^n$ mit $df_j = Af_j$ und $f_j(\alpha(t_j)) = c_j, j = 1, \ldots, k-1$.

Ausgehend von der Lösung $f_0 := f$ in U_0 aus a) kann man nun durch Induktion über j Lösungen f_j in U_j mit

$$f_j(\alpha(t_j)) = f_{j-1}(\alpha(t_j))$$

konstruieren. Aus der Eindeutigkeitsaussage von Satz (11.2) und dem Identitätssatz folgt, daß f_{j-1} und f_j auf der Zusammenhangskomponente von $U_{j-1} \cap U_j$ übereinstimmen, in der $\alpha(t_j)$ liegt. Damit ist die Fortsetzbarkeit von f längs α bewiesen.

11.5. Corollar. *Sei X eine Riemannsche Fläche, $p : \tilde{X} \to X$ ihre universelle Überlagerung, $x_0 \in X$ ein Punkt und $y_0 \in \tilde{X}$ ein Punkt mit $p(y_0) = x_0$. Sei $A \in M(n \times n, \Omega(X))$ und $c \in \mathbb{C}^n$. Dann gibt es auf der universellen Überlagerung eine eindeutig bestimmte Lösung $w \in \mathcal{O}(\tilde{X})^n$ der Differentialgleichung*

$$dw = (p^* A) w$$

mit $w(y_0) = c$.

11.6. Automorphiefaktoren. Sei X eine Riemannsche Fläche und $A \in M(n \times n, \Omega(X))$. Auf der universellen Überlagerung $p: \tilde{X} \to X$ sei L_A die Menge aller Lösungen $w \in \mathcal{O}(\tilde{X})^n$ der Differentialgleichung

$$dw = (p^* A) w .$$

Wie in der Theorie der reellen linearen Differentialgleichungen beweist man, daß L_A ein n-dimensionaler Vektorraum (über $\mathbb{C}$) ist und daß $w_1, \ldots, w_n \in L_A$ genau dann linear unabhängig sind, wenn für einen beliebig vorgegebenen Punkt $a \in \tilde{X}$ die Vektoren $w_1(a), \ldots, w_n(a) \in \mathbb{C}^n$ linear unabhängig sind. Eine Basis $w_1, \ldots, w_n$ von L_A definiert daher eine invertierbare Matrix

$$\Phi := (w_1, \ldots, w_n) \in GL(n, \mathcal{O}(\tilde{X}))$$

mit $d\Phi = (p^* A)\Phi$. Eine solche Matrix Φ heißt *Lösungs-Fundamentalsystem* der Differentialgleichung $dw = Aw$. Sei $G := Deck(\tilde{X}/X) \cong \pi_1(X)$ die Decktransformationsgruppe von $p: \tilde{X} \to X$. Für $\sigma \in G$ setzen wir $\sigma\Phi := \Phi \circ \sigma^{-1}$ analog zu (10.12). Mit Φ genügt auch $\sigma\Phi$ der Differentialgleichung $d(\sigma\Phi) = (p^* A)(\sigma\Phi)$, ist also wieder ein Lösungs-Fundamentalsystem. Es gibt deshalb eine konstante Matrix $T_\sigma \in GL(n, \mathbb{C})$ mit

$$\sigma\Phi = \Phi T_\sigma .$$

Ist τ eine weitere Decktransformation, so folgt

$$\Phi T_{\tau\sigma} = \tau\sigma\Phi = \tau(\Phi T_\sigma) = (\tau\Phi) T_\sigma = \Phi T_\tau T_\sigma ,$$

d.h. $T_{\tau\sigma} = T_\tau T_\sigma$. Die Zuordnung $\sigma \mapsto T_\sigma$ definiert deshalb einen Gruppenhomomorphismus

$$\pi_1(X) \cong \mathrm{Deck}(\tilde{X}/X) \to GL(n, \mathbb{C}).$$

Die Matrizen T_σ heißen die *Automorphiefaktoren* von Φ. Es sei nun umgekehrt ein Homomorphismus

$$T: \mathrm{Deck}(\tilde{X}/X) \to GL(n, \mathbb{C}), \quad \sigma \mapsto T_\sigma ,$$

und eine holomorphe Abbildung

$$\Phi: \tilde{X} \to GL(n, \mathbb{C})$$

mit

$$\sigma\Phi = \Phi T_\sigma \quad \text{für alle} \quad \sigma \in \mathrm{Deck}(\tilde{X}/X)$$

vorgegeben. Die Matrix $(d\Phi)\Phi^{-1} \in M(n \times n, \Omega(\tilde{X}))$ ist invariant gegen Decktransformationen, denn

$$\sigma(d\Phi \cdot \Phi^{-1}) = (d\Phi \cdot T_\sigma)(\Phi T_\sigma)^{-1} = d\Phi \cdot \Phi^{-1} .$$

Es gibt deshalb eine Matrix $A \in M(n \times n, \Omega(X))$ mit $p^* A = d\Phi \cdot \Phi^{-1}$ und Φ ist Lösungs-Fundamentalsystem der Differentialgleichung $dw = Aw$.

11.7. Wir betrachten jetzt den Spezialfall

$$X := \{z \in \mathbb{C} : 0 < |z| < R\}, \quad (0 < R \leq \infty).$$

Die universelle Überlagerung $p : \tilde{X} \to X$ hat nach (5.7.b) die Decktransformationsgruppe $\mathbb{Z}$. Wir bezeichnen mit σ ein erzeugendes Element von $\mathrm{Deck}(\tilde{X}/X)$. Auf $\tilde{X}$ existiert der Logarithmus der Koordinatenfunktion von X, d.h. es gibt eine holomorphe Funktion

$$\log : \tilde{X} \to \mathbb{C}$$

mit $\exp \circ \log = p$. Wir können annehmen, daß σ so gewählt ist, daß

$$\sigma \log = \log + 2\pi i.$$

Sei $A \in M(n \times n, \Omega(X))$ und $\Phi \in GL(n, \mathcal{O}(\tilde{X}))$ ein Fundamentalsystem von Lösungen der Differentialgleichung $dw = Aw$. Da $\mathrm{Deck}(\tilde{X}/X) = \{\sigma^n : n \in \mathbb{Z}\}$, ist das Automorphieverhalten von Φ bereits eindeutig bestimmt durch die Matrix $T \in GL(n, \mathbb{C})$, für die

$$\sigma\Phi = \Phi T.$$

Ist $\Psi \in GL(n, \mathcal{O}(\tilde{X}))$ ein anderes Lösungs-Fundamentalsystem von $dw = Aw$, so gibt es eine Matrix $S \in GL(n, \mathbb{C})$ mit $\Psi = \Phi S$ und es folgt

$$\sigma\Psi = \Psi S^{-1} T S = \Psi \tilde{T}$$

mit $\tilde{T} = S^{-1} T S$. Durch geeignete Wahl des Fundamentalsystems Ψ kann man also erreichen, daß der Automorphiefaktor T Jordansche Normalform hat.

11.8. Exponentialfunktion von Matrizen. Für eine Matrix $A \in M(n \times n, \mathbb{C})$ ist die Exponentialfunktion definiert durch

$$\exp A = \sum_{k=0}^{\infty} \frac{1}{k!} A^k.$$

Die Reihe konvergiert komponentenweise absolut. Sind $A, B \in M(n \times n, \mathbb{C})$ vertauschbare Matrizen, d.h. $AB = BA$, so gilt

$$\exp(A+B) = \exp(A)\exp(B).$$

Dies beweist man wie bei der Exponentialfunktion von komplexen Zahlen durch Bildung des Cauchy-Produkts der Reihen für $\exp A$ und $\exp B$. Insbesondere für $B = -A$ erhält man $\exp(A)\exp(-A) = E$, d.h. $\exp(A) \in GL(n, \mathbb{C})$.

Für $S \in GL(n, \mathbb{C})$ und $A \in M(n \times n, \mathbb{C})$ gilt

$$(*) \qquad \exp(S^{-1} A S) = S^{-1} (\exp A) S.$$

Zu jeder Matrix $B \in GL(n, \mathbb{C})$ gibt es eine Matrix $A \in M(n \times n, \mathbb{C})$ mit

$$\exp A = B.$$

Wegen $(*)$ genügt es, dies für den Fall zu beweisen, daß B Jordansche Normalform hat. Ist B Diagonalmatrix mit den Diagonalelementen $\lambda_1, \ldots, \lambda_n \in \mathbb{C}^*$, so kann man für A einfach die Diagonalmatrix mit Diagonalelementen $\mu_1, \ldots, \mu_n$, wobei $\exp(\mu_j) = \lambda_j$, wählen. Eine allgemeine Matrix in Jordanscher Normalform setzt sich zusammen aus Jordan-Kästchen der Gestalt

$$B_1 = \begin{pmatrix} \lambda & 1 & & & 0 \\ & \lambda & 1 & & \\ & & \ddots & \ddots & \\ & & & \ddots & \ddots \\ & & & \lambda & 1 \\ 0 & & & & \lambda \end{pmatrix} = \lambda\left(E + \frac{1}{\lambda}N\right), \text{ wobei } N = \begin{pmatrix} 0 & 1 & & & 0 \\ & 0 & 1 & & \\ & & \ddots & \ddots & \\ & & & \ddots & \ddots \\ & & & 0 & 1 \\ 0 & & & & 0 \end{pmatrix}$$

Eine Matrix A_1 mit $\exp(A_1) = B_1$ wird geliefert durch

$$A_1 = \mu E + M,$$

wobei $\exp(\mu) = \lambda$ und

$$M = \log\left(E + \frac{1}{\lambda}N\right) := \sum_{k=1}^{\infty} (-1)^k \frac{1}{k\lambda^k} N^k.$$

Die Reihe bricht ab, da N nilpotent ist.

11.9. Ist A eine $n \times n$-Matrix, deren Koeffizienten holomorphe Funktionen auf einer Riemannschen Fläche X sind, so sind auch die Koeffizienten der Matrix $\exp A$ holomorph in X, da die Reihe auf X kompakt konvergiert.

Ist $A \in M(n \times n, \mathcal{O}(X))$ eine Matrix mit

$$A \cdot dA = dA \cdot A,$$

so folgt

$$d(\exp A) = dA \cdot \exp A = \exp A \cdot dA,$$

wie man durch gliedweise Differentiation der Exponentialreihe unmittelbar sieht.

11.10. Satz. *Sei $T \in GL(n, \mathbb{C})$ eine vorgegebene Matrix und $B \in M(n \times n, \mathbb{C})$ eine Matrix mit*

$$\exp(2\pi i B) = T.$$

Man betrachte die Differentialgleichung

$$w' = \frac{1}{z} B w$$

in $X = \{z \in \mathbb{C} : 0 < |z| < R\}$. Dann ist

$$\Phi_0 := \exp(B \log)$$

auf der universellen Überlagerung $p: \tilde{X} \to X$ *ein Lösungs-Fundamentalsystem von* $w' = Aw$ *mit dem Automorphie-Verhalten*

$$\sigma\Phi_0 = \Phi_0 T.$$

Dabei ist σ wie in (11.7) definiert.

Beweis. Aus der Bemerkung in (11.9) folgt $\Phi_0' = \frac{1}{z} B\Phi_0$. Außerdem gilt

$$\begin{aligned}\sigma\Phi_0 &= \sigma\exp(B\log) = \exp(B\sigma\log)\\ &= \exp\big(B(\log + 2\pi i)\big) = \exp(B\log)\exp(2\pi i B) = \Phi_0 T.\end{aligned}$$

Bemerkung. Der Satz zeigt, daß man für die punktierte Kreisscheibe X zu vorgegebenem Automorphie-Verhalten stets eine Differentialgleichung finden kann, deren Lösungen dieses Automorphie-Verhalten zeigen. Wir werden uns mit demselben Problem auf einer beliebigen nicht-kompakten Riemannschen Fläche X in § 31 beschäftigen.

11.11. Satz. (Bezeichnungen wie in Satz 11.10).
Sei $A \in M(n \times n, \mathcal{O}(X))$. *Dann besitzt die Differentialgleichung*

$$w' = Aw$$

ein Lösungs-Fundamentalsystem $\Phi \in GL(n, \mathcal{O}(\tilde{X}))$ *der Gestalt*

$$\Phi = \Psi\Phi_0,$$

wobei $\Phi_0 = \exp(B\log)$ *mit einer konstanten Matrix* $B \in M(n \times n, \mathbb{C})$ *und* Ψ *invariant gegenüber Decktransformationen ist, d.h. als Element aus* $GL(n, \mathcal{O}(X))$ *aufgefaßt werden kann.*

Beweis. Sei $\Phi \in GL(n, \mathcal{O}(\tilde{X}))$ ein Lösungs-Fundamentalsystem von $w' = Aw$ und

$$\sigma\Phi = \Phi T, \quad T \in GL(n, \mathbb{C}).$$

Nach (11.10) läßt sich ein $\Phi_0 = \exp(B\log) \in GL(n, \mathcal{O}(\tilde{X}))$ finden mit

$$\sigma\Phi_0 = \Phi_0 T.$$

Für $\Psi := \Phi\Phi_0^{-1}$ gilt dann $\sigma\Psi = \Psi$, q.e.d.

11.12. Nach Satz (11.11) läßt sich ein Lösungs-Fundamentalsystem einer Differentialgleichung $w' = Aw$ in der punktierten Kreisscheibe $X = \{0 < |z| < R\}$ immer als Produkt einer ganz speziellen mehrdeutigen Funktion $\Phi_0 = \exp(B\log)$ und einer eindeutigen (matrixwertigen) Funktion Ψ darstellen. Diese Funktion Ψ läßt sich in X in eine Laurentreihe entwickeln. Man nennt den Nullpunkt eine *Stelle der Bestimmtheit* oder Singularität vom *Fuchsschen Typ* der Differentialgleichung $w' = Aw$, falls Ψ im Nullpunkt höchstens einen Pol hat, d.h. in der Laurent-Entwicklung nur endliche viele negative Exponenten vorkommen.

11.13. Satz. *Sei* $X := \{z \in \mathbb{C} : 0 < |z| < R\}$.
Hat die Matrix $A \in M(n \times n, \mathcal{O}(X))$ *im Nullpunkt höchstens einen Pol 1. Ordnung, so ist der Nullpunkt eine Stelle der Bestimmtheit der Differentialgleichung* $w' = Aw$.

Beweis. Wir benötigen dazu zwei Hilfssätze.
(1) *Sei* $K \geq 0$ *eine Konstante und* $F:]0, r_0] \to \mathbb{R}_+^*$ *eine stetig differenzierbare positive Funktion, die der Differentialungleichung*

$$|F'(r)| \leq \frac{K}{r} F(r) \quad \textit{für alle} \quad r \in]0, r_0]$$

genügt. Dann gilt

$$F(r) \leq F(r_0) \left(\frac{r}{r_0}\right)^{-K} \quad \textit{für}\ \text{alle} \quad r \in]0, r_0].$$

Beweis von (1). Aus der Voraussetzung folgt

$$\frac{d}{dr} \log F(r) = \frac{F'(r)}{F(r)} \geq -\frac{K}{r}.$$

Integration über das Intervall $[r, r_0]$ ergibt

$$\log \frac{F(r_0)}{F(r)} \geq -K \log \frac{r_0}{r},$$

also

$$F(r) \leq F(r_0) \left(\frac{r}{r_0}\right)^{-K}.$$

(2) *Für jede in* X *holomorphe Funktion* f *gilt*

$$\left|\frac{\partial}{\partial r} |f|^2\right| \leq 2 |f| \, |f'|.$$

Dabei bezeichnet $\frac{\partial}{\partial r}$ die radiale Ableitung bzgl. Polarkoordinaten $z = re^{i\theta}$.

Beweis von (2). Da f komplex differenzierbar ist, gilt

$$f' = \frac{df}{dz} = \frac{1}{e^{i\theta}} \frac{\partial f}{\partial r}, \quad \text{also} \quad \left|\frac{\partial f}{\partial r}\right| = |f'|.$$

Außerdem gilt

$$\frac{\partial \bar{f}}{\partial r} = \overline{\left(\frac{\partial f}{\partial r}\right)}, \quad \text{also} \quad \left|\frac{\partial \bar{f}}{\partial r}\right| = |f'|.$$

Daraus folgt

$$\left|\frac{\partial}{\partial r} |f|^2\right| = \left|\bar{f} \frac{\partial f}{\partial r} + f \frac{\partial \bar{f}}{\partial r}\right| \leq 2 |f| \, |f'|.$$

Nun zum eigentlichen Beweis des Satzes 11.13! Nach (11.11) läßt sich ein Lösungs-Fundamentalsystem von $w'=Aw$ schreiben als $\Phi=\Psi\Phi_0$, wobei $\Psi\in GL(n,\mathcal{O}(X))$ und $\Phi_0=\exp(B\log)$ mit $B\in M(n\times n,\mathbb{C})$. Damit gilt

$$\Phi'=A\Phi=\Psi'\Phi_0+\Psi\Phi_0'=\Psi'\Phi_0+\Psi\cdot\frac{1}{z}B\Phi_0.$$

Multiplikation mit Φ_0^{-1} von rechts ergibt $A\Psi=\Psi'+\frac{1}{z}\Psi B$, d.h.

$$(*)\qquad \Psi'=A\Psi-\frac{1}{z}\Psi B.$$

Da die Matrix A in 0 einen Pol höchstens 1. Ordnung hat, gibt es eine im ganzen Kreis $|z|<R$ holomorphe Matrix A_1 mit $A=\frac{1}{z}A_1$. Definiert man die Norm einer Matrix $C=(c_{jk})$ durch

$$||C||:=\left(\sum_{j,k}|c_{jk}|^2\right)^{1/2},$$

so folgt aus $(*)$, daß es zu vorgegebenem $r_0\in\,]0,R[$ eine Konstante $M\geq 0$ gibt, so daß

$$||\Psi'(z)||\leq\frac{M}{r}||\Psi(z)|| \quad \text{für} \quad 0<|z|=r\leq r_0.$$

Seien ψ_{jk} die Komponenten der Matrix Ψ. Für festes $\theta\in\mathbb{R}$ definieren wir

$$F(r):=||\Psi(re^{i\theta})||^2=\sum_{j,k}|\psi_{jk}(re^{i\theta})|^2.$$

Mittels (2) ergibt sich daraus

$$\begin{aligned}|F'(r)|&\leq 2\sum_{j,k}|\psi_{jk}(re^{i\theta})|\cdot|\psi'_{jk}(re^{i\theta})|\\ &\leq 2||\Psi(re^{i\theta})||\cdot||\Psi'(re^{i\theta})||\leq\frac{2M}{r}||\Psi(re^{i\theta})||^2,\end{aligned}$$

d.h. $|F'(r)|\leq\frac{2M}{r}F(r)$. Nun folgt aus (1), daß

$$F(r)\leq F(r_0)\left(\frac{r}{r_0}\right)^{-2M},$$

d.h.

$$||\Psi(re^{i\theta})||\leq||\Psi(r_0e^{i\theta})||\left(\frac{r}{r_0}\right)^{-M}.$$

Deshalb kann Ψ im Nullpunkt höchstens einen Pol der Ordnung $\leq M$ haben, q.e.d.

Wir wollen nun aus Satz (11.13) eine Folgerung über die Gestalt der Lösungen gewisser, in der Praxis häufig auftretender linearer Differentialgleichungen 2. Ordnung ziehen.

11.14. Satz. *Sei* $D:=\{z\in\mathbb{C}:|z|<R\}$ *und* $X:=D\setminus\{0\}$. *Seien* $a,b\in\mathcal{O}(D)$. *Dann besitzt die Differentialgleichung*

$$(1)\qquad w''+\frac{a(z)}{z}w'+\frac{b(z)}{z^2}w=0$$

auf der universellen Überlagerung $p:\widetilde{X}\to X$ *ein Fundamentalsystem* (φ_1,φ_2) *von Lösungen folgender Gestalt:*

Entweder
$$\begin{cases}\varphi_1(z)=z^{\varrho_1}\psi_1(z),\\ \varphi_2(z)=z^{\varrho_2}\psi_2(z),\end{cases}$$

oder
$$\begin{cases}\varphi_1(z)=z^{\varrho}\psi_1(z),\\ \varphi_2(z)=z^{\varrho}\left(\psi_1(z)\log z+\psi_2(z)\right).\end{cases}$$

Dabei sind $\varrho,\varrho_1,\varrho_2$ *komplexe Zahlen und* $\psi_1,\psi_2\in\mathcal{O}(D)$.

Bemerkung. $\log z$ und $z^{\varrho}=e^{\varrho\log z}$ sind eindeutige holomorphe Funktionen auf $\widetilde{X}$; die holomorphen Funktionen in D werden als gegen Decktransformationen invariante Funktionen auf $\widetilde{X}$ aufgefaßt.

Beweis. Wir führen die Differentialgleichung auf ein System von zwei Differentialgleichungen 1. Ordnung zurück, indem wir setzen

$$w_1:=w,\quad w_2:=zw'.$$

Da $w_2'=zw''+w'$, ist (1) äquivalent zu dem System

$$(2)\qquad \begin{cases}w_1'=\dfrac{1}{z}w_2,\\[2mm] w_2'=\dfrac{-b(z)}{z}w_1+\dfrac{1-a(z)}{z}w_2.\end{cases}$$

Auf das System (2) ist Satz (11.13) anwendbar, es besitzt also ein Lösungs-Fundamentalsystem der Gestalt

$$\Phi(z)=z^n\Psi(z)\exp(B\log z),$$

wobei $n\in\mathbb{Z}$, $\Psi\in GL(2,\mathcal{O}(D))$, $B\in M(2\times 2,\mathbb{C})$. Nach einer Basistransformation kann man sogar annehmen, daß B Jordansche Normalform hat.

1. Fall: B ist Diagonalmatrix, $B=\begin{pmatrix}\alpha_1 & 0\\ 0 & \alpha_2\end{pmatrix}$.

Dann folgt

$$\exp(B\log z)=\begin{pmatrix} z^{\alpha_1} & 0 \\ 0 & z^{\alpha_2}\end{pmatrix},$$

$$\Phi(z)=\begin{pmatrix} \varphi_1(z) & \varphi_2(z) \\ z\varphi_1'(z) & z\varphi_2'(z)\end{pmatrix}=z^n\begin{pmatrix} \psi_1(z) & \psi_2(z) \\ \psi_3(z) & \psi_4(z)\end{pmatrix}\begin{pmatrix} z^{\alpha_1} & 0 \\ 0 & z^{\alpha_2}\end{pmatrix},$$

also $\varphi_1(z)=z^{n+\alpha_1}\psi_1(z)$, $\varphi_2(z)=z^{n+\alpha_2}\psi_2(z)$.

2. Fall: B ist Jordankästchen, $B=\begin{pmatrix} \alpha & 1 \\ 0 & \alpha\end{pmatrix}$. Dann gilt

$$\exp(B\log z)=z^{\alpha}\begin{pmatrix} 1 & \log z \\ 0 & 1\end{pmatrix}$$

woraus sich ergibt

$$\varphi_1(z)=z^{n+\alpha}\psi_1(z),\quad \varphi_2(z)=z^{n+\alpha}\,(\psi_1(z)\log z+\psi_2(z)),\ \text{q.e.d.}$$

11.15. Besselsche Differentialgleichung. Als Beispiel betrachten wir die Besselsche Differentialgleichung in $\mathbb{C}^*$

(1) $$w''+\frac{1}{z}w'+\left(1-\frac{p^2}{z^2}\right)w=0.$$

Dabei ist p eine beliebige komplexe Zahl. Nach Satz (11.14) besitzt die Differentialgleichung mindestens eine Lösung der Gestalt

(2) $$\varphi(z)=z^{\varrho}\sum_{n=0}^{\infty}c_n z^n,\quad \varrho\in\mathbb{C},\, c_0\neq 0.$$

Differentiation der Reihe ergibt

$$\varphi'(z)=z^{\varrho}\sum_{n=0}^{\infty}(\varrho+n)\,c_n z^{n-1},$$

$$\varphi''(z)=z^{\varrho}\sum_{n=0}^{\infty}(\varrho+n)(\varrho+n-1)\,c_n z^{n-2}.$$

Setzt man dies in die Differentialgleichung ein und betrachtet die auftretenden Koeffizienten bei $z^{\varrho+n-2}$, so erkennt man, daß die Differentialgleichung genau dann erfüllt ist, wenn

i) $(\varrho^2-p^2)\,c_0=0$,

ii) $((\varrho+1)^2-p^2)\,c_1=0$,

iii) $((\varrho+n)^2-p^2)\,c_n+c_{n-2}=0$ für alle $n\geq 2$.

Da $c_0\neq 0$, ergibt sich aus i), daß notwendig $\varrho=\pm p$.
Die Gleichung iii) geht dann für gerades $n=2k$ über in

iii)′ $2^2 k(\varrho+k)\,c_{2k}+c_{2k-2}=0.$

Wir unterscheiden nun zwei Fälle.

1. Fall: $p \in \mathbb{C} \setminus \mathbb{Z}$. Das Gleichungssystem i) – iii) wird gelöst durch

$$c_{2k+1} = 0,$$
$$c_{2k} = (-1)^k \left(\frac{1}{2}\right)^{2k} \frac{c_0}{k!(\varrho+1)\dots(\varrho+k)}$$

für alle $k \in \mathbb{N}$ bei beliebigem c_0. Da

$$\Gamma(\varrho+k+1) = (\varrho+k)(\varrho+k-1)\cdot\dots\cdot(\varrho+1)\Gamma(\varrho+1),$$

erhält man speziell für $c_0 = 1/\Gamma(\varrho+1)$

$$c_{2k} = (-1)^k \left(\frac{1}{2}\right)^{2k} \frac{1}{\Gamma(k+1)\Gamma(\varrho+k+1)}.$$

Die *Besselfunktion* der Ordnung ϱ ist definiert durch

$$J_\varrho(z) := \left(\frac{z}{2}\right)^\varrho \sum_{k=0}^{\infty} \frac{(-1)^k}{\Gamma(k+1)\Gamma(\varrho+k+1)} \left(\frac{z}{2}\right)^{2k}.$$

Unsere Überlegungen zeigen, daß J_p und J_{-p} zwei linear unabhängige Lösungen der Differentialgleichung (1) sind.

2. Fall: $p \in \mathbb{Z}$. Wir können annehmen, daß $p \geq 0$.
Hier führt der Ansatz (2) für $\varrho = p$ notwendig auf die Lösung $\varphi(z) = \text{const} \cdot J_p(z)$.
Ist $p \neq 0$ und $\varrho = -p$, so folgt aus $c_0 \neq 0$ mittels iii)′ zunächst $c_{2k} \neq 0$ für alle $k < p$ und für $k = p$ der Widerspruch $0 \cdot c_{2p} + c_{2p-2} = 0$. Der Ansatz (2) führt also bei ganzzahligen p nur auf eine linear unabhängige Lösung. Nach Satz (11.14) besitzt die Differentialgleichung (1) eine zweite, von J_p linear unabhängige Lösung der Gestalt

$$\psi(z) = J_p(z) \log z + g(z),$$

wobei g eine in $\mathbb{C}^*$ holomorphe Funktion ist, die in 0 höchstens einen Pol hat. Differenzieren ergibt

$$\psi'(z) = J_p'(z) \log z + \frac{1}{z} J_p(z) + g'(z),$$

$$\psi''(z) = J_p''(z) \log z + \frac{2}{z} J_p'(z) - \frac{1}{z^2} J_p(z) + g''(z).$$

Setzt man dies in die Differentialgleichung ein und benützt, daß $w = J_p(z)$ bereits eine Lösung von (1) ist, so erhält man, daß ψ genau dann Lösung von (1) ist, wenn

$$g''(z) + \frac{1}{z} g'(z) + \left(1 - \frac{p^2}{z^2}\right) g(z) = -\frac{2}{z} J_p'(z).$$

Diese Gleichung kann durch eine Potenzreihe der Gestalt

$$g(z) = z^{-p} \sum_{n=0}^{\infty} a_n z^n$$

gelöst werden, die bis auf Addition eines konstanten Vielfachen von J_p eindeutig bestimmt ist. Nach geeigneter Normierung erhält man so die sog. *Neumannsche Funktion* N_p als Lösung von (1), die zusammen mit J_p ein Lösungs-Fundamentalsystem der Besselschen Differentialgleichung (1) bildet, vgl. [52], [55].

Kapitel II. Kompakte Riemannsche Flächen

Unter den Riemannschen Flächen bilden die kompakten eine besonders wichtige Klasse, denn zu ihnen gehören insbesondere alle Überlagerungsflächen der Riemannschen Zahlenkugel, die durch algebraische Funktionen definiert werden. Die Funktionentheorie auf kompakten Riemannschen Flächen unterliegt interessanten Gesetzmäßigkeiten, wie Satz von Riemann-Roch und Abelsches Theorem. In neuerer Zeit ist die Theorie der Riemannschen Flächen zu einer umfangreichen Theorie der komplexen Mannigfaltigkeiten beliebiger Dimension verallgemeinert worden. Die hierfür entwickelten Methoden eignen sich auch sehr gut zum Beweis der klassischen Theoreme. Daher bringen wir in diesem Kapitel auch eine kurze Einführung in die Cohomologietheorie von Garben.
Kapitel II ist weitgehend unabhängig von Kapitel I. Es wird im wesentlichen nur benötigt § 1 (Definition der Riemannschen Flächen), die erste Hälfte von §6 (Definition der Garben), sowie die §§ 9 und 10 (Differentialformen).

§12. Cohomologiegruppen

Ziel dieses Paragraphen ist die Definition der Cohomologiegruppen $H^1(X,\mathcal{F})$ für Garben $\mathcal{F}$ abelscher Gruppen auf einem topologischen Raum X. Diese Cohomologiegruppen spielen für unsere weiteren Untersuchungen Riemannscher Flächen eine entscheidende Rolle.

12.1. Coketten, Cozyklen, Coränder. Sei X ein topologischer Raum und $\mathcal{F}$ eine Garbe abelscher Gruppen auf X. Weiter sei eine offene Überdeckung von X gegeben, d.h. eine Familie $\mathfrak{U}=(U_i)_{i\in I}$ offener Teilmengen mit $\bigcup_{i\in I} U_i=X$. Für $q=0,1,2,\ldots$ definieren wir die *q-te Cokettengruppe* von $\mathcal{F}$ bzgl. $\mathfrak{U}$ als

$$C^q(\mathfrak{U},\mathcal{F}):=\prod_{(i_0,\ldots,i_q)\in I^{q+1}}\mathcal{F}(U_{i_0}\cap\ldots\cap U_{i_q}).$$

Die Elemente von $C^q(\mathfrak{U},\mathscr{F})$ heißen q-Coketten. Eine q-Cokette ist also eine Familie

$$(f_{i_0\ldots i_q})_{i_0,\ldots,i_q\in I} \quad \text{mit} \quad f_{i_0\ldots i_q}\in\mathscr{F}(U_{i_0}\cap\ldots\cap U_{i_q})$$

für alle $(i_0,\ldots,i_q)\in I^{q+1}$. Die Addition zweier Coketten erfolgt komponentenweise. Wir definieren nun *Ableitungsoperatoren*

$$\delta: C^0(\mathfrak{U},\mathscr{F})\to C^1(\mathfrak{U},\mathscr{F})$$
$$\delta: C^1(\mathfrak{U},\mathscr{F})\to C^2(\mathfrak{U},\mathscr{F})$$

folgendermaßen:

i) Für $(f_i)_{i\in I}\in C^0(\mathfrak{U},\mathscr{F})$ sei $\delta((f_i)_{i\in I})=(g_{ij})_{i,j\in I}$ mit

$$g_{ij}:=f_j-f_i\in\mathscr{F}(U_i\cap U_j).$$

Dabei sind die Elemente f_i und f_j vor der Differenzbildung auf den Durchschnitt $U_i\cap U_j$ zu beschränken.

ii) Für $(f_{ij})_{i,j\in I}\in C^1(\mathfrak{U},\mathscr{F})$ sei $\delta((f_{ij}))=(g_{ijk})$ mit

$$g_{ijk}:=f_{jk}-f_{ik}+f_{ij}\in\mathscr{F}(U_i\cap U_j\cap U_k).$$

Hier sind die Glieder der rechten Seite auf den gemeinsamen Definitionsbereich $U_i\cap U_j\cap U_k$ zu beschränken.

Die Ableitungsoperatoren sind Gruppen-Homomorphismen. Man setzt

$$Z^1(\mathfrak{U},\mathscr{F}):=\operatorname{Ker}\left(C^1(\mathfrak{U},\mathscr{F})\xrightarrow{\delta}C^2(\mathfrak{U},\mathscr{F})\right),$$
$$B^1(\mathfrak{U},\mathscr{F}):=\operatorname{Im}\left(C^0(\mathfrak{U},\mathscr{F})\xrightarrow{\delta}C^1(\mathfrak{U},\mathscr{F})\right).$$

Die Elemente von $Z^1(\mathfrak{U},\mathscr{F})$ heißen 1-*Cozyklen*. Nach Definition ist eine 1-Cokette $(f_{ij})\in C^1(\mathfrak{U},\mathscr{F})$ genau dann ein Cozyklus, wenn

$$(*) \qquad f_{ik}=f_{ij}+f_{jk} \quad \text{über} \quad U_i\cap U_j\cap U_k$$

für alle $i,j,k\in I$. Aus dieser sog. *Cozyklenrelation* folgt

$$f_{ii}=0, \quad f_{ij}=-f_{ji}.$$

Die erste Beziehung ergibt sich, wenn man in $(*)$ $i=j=k$ setzt; die zweite Beziehung für $i=k$.

Die Elemente von $B^1(\mathfrak{U},\mathscr{F})$ heißen *1-Coränder*. Jeder Corand ist insbesondere ein Cozyklus. Man nennt die Coränder auch *zerfallende Cozyklen*. Ein 1-Cozyklus $(f_{ij})\in Z^1(\mathfrak{U},\mathscr{F})$ ist genau dann zerfallend, wenn es eine 0-Cokette $(g_i)\in C^0(\mathfrak{U},\mathscr{F})$ gibt mit

$$f_{ij}=g_i-g_j \quad \text{über} \quad U_i\cap U_j \quad \text{für alle} \quad i,j\in I.$$

12.2. Definition. Die Faktorgruppe

$$H^1(\mathfrak{U},\mathscr{F}):=Z^1(\mathfrak{U},\mathscr{F})/B^1(\mathfrak{U},\mathscr{F})$$

heißt *1. Cohomologiegruppe* mit Koeffizienten in $\mathscr{F}$ bzgl. der Überdeckung $\mathfrak{U}$.

Ihre Elemente heißen Cohomologieklassen; zwei Cozyklen, die in derselben Cohomologieklasse liegen, nennt man *cohomolog*.
Zwei Cozyklen sind also genau dann cohomolog, wenn ihre Differenz ein Corand ist.
Die Gruppen $H^1(\mathfrak{U}, \mathscr{F})$ hängen von der Überdeckung $\mathfrak{U}$ ab. Um zu einer Cohomologiegruppe zu gelangen, die nur mehr von X und $\mathscr{F}$ abhängt, geht man zu immer feineren Überdeckungen über und bildet den Limes. Dies werden wir jetzt präzisieren.
Eine offene Überdeckung $\mathfrak{V} = (V_k)_{k \in K}$ heißt *feiner* als die Überdeckung $\mathfrak{U} = (U_i)_{i \in I}$, in Zeichen $\mathfrak{V} < \mathfrak{U}$, falls jedes V_k in wenigstens einem U_i enthalten ist. Es gibt dann also eine Abbildung $\tau: K \to I$ mit

$$V_k \subset U_{\tau k} \quad \text{für alle} \quad k \in K.$$

Mittels dieser Abbildung τ definieren wir eine Abbildung

$$t_{\mathfrak{V}}^{\mathfrak{U}}: Z^1(\mathfrak{U}, \mathscr{F}) \to Z^1(\mathfrak{V}, \mathscr{F})$$

folgendermaßen: Für $(f_{ij}) \in Z^1(\mathfrak{U}, \mathscr{F})$ sei $t_{\mathfrak{V}}^{\mathfrak{U}}((f_{ij})) = (g_{kl})$ mit

$$g_{kl} := f_{\tau k, \tau l} \mid V_k \cap V_l \quad \text{für alle} \quad k, l \in K.$$

Diese Abbildung führt Coränder in Coränder über, induziert also einen Homomorphismus $H^1(\mathfrak{U}, \mathscr{F}) \to H^1(\mathfrak{V}, \mathscr{F})$ der Cohomologiegruppen, den wir ebenfalls mit $t_{\mathfrak{V}}^{\mathfrak{U}}$ bezeichnen wollen.

12.3. Hilfssatz. *Die Abbildung*

$$t_{\mathfrak{V}}^{\mathfrak{U}}: H^1(\mathfrak{U}, \mathscr{F}) \to H^1(\mathfrak{V}, \mathscr{F})$$

ist unabhängig von der Wahl der Verfeinerungsabbildung $\tau: K \to I$.

Beweis. Sei $\tilde{\tau}: K \to I$ eine weitere Abbildung mit $V_k \subset U_{\tilde{\tau} k}$ für alle $k \in K$. Sei $(f_{ij}) \in Z^1(\mathfrak{U}, \mathscr{F})$ und

$$g_{kl} := f_{\tau k, \tau l} \mid V_k \cap V_l; \quad \tilde{g}_{kl} := f_{\tilde{\tau} k, \tilde{\tau} l} \mid V_k \cap V_l.$$

Wir haben zu zeigen, daß die Cozyklen (g_{kl}) und $(\tilde{g}_{kl})$ cohomolog sind. Da $V_k \subset U_{\tau k} \cap U_{\tilde{\tau} k}$, ist

$$h_k := f_{\tau k, \tilde{\tau} k} \mid V_k \in \mathscr{F}(V_k)$$

definiert. Über $V_k \cap V_l$ gilt

$$\begin{aligned} g_{kl} - \tilde{g}_{kl} &= f_{\tau k, \tau l} - f_{\tilde{\tau} k, \tilde{\tau} l} = \\ &= f_{\tau k, \tau l} + f_{\tau l, \tilde{\tau} k} - f_{\tau l, \tilde{\tau} k} - f_{\tilde{\tau} k, \tilde{\tau} l} \\ &= f_{\tau k, \tilde{\tau} k} - f_{\tau l, \tilde{\tau} l} = h_k - h_l. \end{aligned}$$

Also zerfällt der Cozyklus $(g_{kl}) - (\tilde{g}_{kl})$, q.e.d.

12.4. Hilfssatz. *Die Abbildung*

$$t^{\mathfrak{U}}_{\mathfrak{V}}: H^1(\mathfrak{U},\mathscr{F})\to H^1(\mathfrak{V},\mathscr{F})$$

ist injektiv.

Beweis. Es sei $(f_{ij})\in Z^1(\mathfrak{U},\mathscr{F})$ ein Cozyklus, dessen Bild in $Z^1(\mathfrak{V},\mathscr{F})$ zerfällt. Es ist zu zeigen, daß dann bereits (f_{ij}) zerfällt.
Sei also $f_{\tau k,\tau l}=g_k-g_l$ über $V_k\cap V_l$ mit $g_k\in\mathscr{F}(V_k)$. In $U_i\cap V_k\cap V_l$ gilt

$$g_k-g_l=f_{\tau k,\tau l}=f_{\tau k,i}+f_{i,\tau l}=f_{i,\tau l}-f_{i,\tau k},$$

also $f_{i,\tau k}+g_k=f_{i,\tau l}+g_l$. Nach dem Garbenaxiom II (siehe Definition 6.3), angewandt auf die Familie offener Mengen $(U_i\cap V_k)_{k\in K}$, existiert daher ein $h_i\in\mathscr{F}(U_i)$ mit

$$h_i=f_{i,\tau k}+g_k \quad \text{über} \quad U_i\cap V_k.$$

Mit den so gefundenen Elementen h_i gilt über $U_i\cap U_j\cap V_k$

$$f_{ij}=f_{i,\tau k}+f_{\tau k,j}=f_{i,\tau k}+g_k-f_{j,\tau k}-g_k=h_i-h_j.$$

Da k beliebig war, folgt aus dem Garbenaxiom *I* die Gültigkeit dieser Gleichung über $U_i\cap U_j$, d.h. der Cozyklus (f_{ij}) zerfällt schon auf der Überdeckung $\mathfrak{U}$, q.e.d.

12.5. Definition von $H^1(X,\mathscr{F})$. Für drei offene Überdeckungen mit $\mathfrak{W}<\mathfrak{V}<\mathfrak{U}$ gilt

$$t^{\mathfrak{V}}_{\mathfrak{W}}\circ t^{\mathfrak{U}}_{\mathfrak{V}}=t^{\mathfrak{U}}_{\mathfrak{W}}.$$

Deshalb kann man auf der disjunkten Vereinigung aller $H^1(\mathfrak{U},\mathscr{F})$, wo $\mathfrak{U}$ die offenen Überdeckungen von X durchläuft, folgende Äquivalenzrelation einführen: Zwei Cohomologieklassen $\xi\in H^1(\mathfrak{U},\mathscr{F})$ und $\eta\in H^1(\mathfrak{U}',\mathscr{F})$ heißen äquivalent, wenn es eine offene Überdeckung $\mathfrak{V}$ mit $\mathfrak{V}<\mathfrak{U}$ und $\mathfrak{V}<\mathfrak{U}'$ gibt, so daß $t^{\mathfrak{U}}_{\mathfrak{V}}(\xi)=t^{\mathfrak{U}'}_{\mathfrak{V}}(\eta)$. Die Menge aller Äquivalenzklassen ist der sog. *induktive Limes* der Cohomologiegruppen $H^1(\mathfrak{U},\mathscr{F})$ und heißt 1. Cohomologiegruppe von X mit Koeffizienten in $\mathscr{F}$, in Zeichen

$$H^1(X,\mathscr{F})=\varinjlim_{\mathfrak{U}} H^1(\mathfrak{U},\mathscr{F})=\Big(\dot{\bigcup_{\mathfrak{U}}} H^1(\mathfrak{U},\mathscr{F})\Big)/\text{Äq}.$$

Die Addition in $H^1(X,\mathscr{F})$ ist repräsentantenweise wie folgt definiert: Die Elemente $x,y\in H^1(X,\mathscr{F})$ seien repräsentiert durch $\xi\in H^1(\mathfrak{U},\mathscr{F})$ bzw. $\eta\in H^1(\mathfrak{U}',\mathscr{F})$. Sei $\mathfrak{V}$ eine gemeinsame Verfeinerung von $\mathfrak{U}$ und $\mathfrak{U}'$. Dann ist $x+y\in H^1(X,\mathscr{F})$ die Äquivalenzklasse von $t^{\mathfrak{U}}_{\mathfrak{V}}(\xi)+t^{\mathfrak{U}'}_{\mathfrak{V}}(\eta)\in H^1(\mathfrak{V},\mathscr{F})$. Man überlegt sich leicht, daß diese Definition unabhängig von den verschiedenen Wahlmöglichkeiten ist und $H^1(X,\mathscr{F})$ zu einer abelschen Gruppe macht. Ist $\mathscr{F}$ eine Garbe von Vektorräumen, so sind in natürlicher Weise auch $H^1(\mathfrak{U},\mathscr{F})$ und $H^1(X,\mathscr{F})$ Vektorräume.

Nach Hilfssatz (12.4) ist für jede offene Überdeckung von X die kanonische Abbildung

$$H^1(\mathfrak{U},\mathscr{F})\to H^1(X,\mathscr{F})$$

injektiv. Daraus folgt insbesondere:

Es gilt $H^1(X,\mathcal{F})=0$ genau dann, wenn für jede offene Überdeckung $\mathfrak{U}$ von X gilt $H^1(\mathfrak{U},\mathcal{F})=0$.

12.6. Satz. *Sei X eine Riemannsche Fläche und $\mathcal{E}$ die Garbe der differenzierbaren Funktionen auf X. Dann gilt $H^1(X,\mathcal{E})=0$.*

Beweis. Wir beweisen den Satz unter der Voraussetzung, daß X abzählbare Topologie hat. (Diese Voraussetzung ist stets erfüllt, siehe § 23.)

Sei $\mathfrak{U}=(U_i)_{i\in I}$ eine beliebige offene Überdeckung von X. Dann gibt es eine zugehörige Teilung der Eins, d.h. eine Familie $(\psi_i)_{i\in I}$ von Funktionen $\psi_i\in\mathcal{E}(X)$ mit folgenden Eigenschaften (vgl. Anhang):

i) $\operatorname{Supp}(\psi_i)\subset U_i$.
ii) Jeder Punkt von X besitzt eine Umgebung, die nur endlich viele der Mengen $\operatorname{Supp}(\psi_i)$ trifft.
iii) $\sum_{i\in I}\psi_i=1$.

Wir zeigen jetzt, daß $H^1(\mathfrak{U},\mathcal{E})=0$, d.h. jeder Cozyklus $(f_{ij})\in Z^1(\mathfrak{U},\mathcal{E})$ zerfällt.

Man kann die Funktion $\psi_j f_{ij}$, die auf $U_i\cap U_j$ definiert ist, durch null differenzierbar auf ganz U_i fortsetzen und so als Element von $\mathcal{E}(U_i)$ auffassen. Es sei

$$g_i:=\sum_{j\in I}\psi_j f_{ij}.$$

Wegen ii) enthält diese Summe in der Umgebung eines jeden Punktes von U_i nur endliche viele von Null verschiedene Glieder, stellt also ein Element $g_i\in\mathcal{E}(U_i)$ dar. Für $i,j\in I$ gilt auf $U_i\cap U_j$

$$\begin{aligned} g_i-g_j&=\sum_{k\in I}\psi_k f_{ik}-\sum_{k\in I}\psi_k f_{jk}=\sum_k\psi_k(f_{ik}-f_{jk})\\ &=\sum_k\psi_k(f_{ik}+f_{kj})=\sum_k\psi_k f_{ij}=f_{ij}, \end{aligned}$$

also ist (f_{ij}) ein Corand, q.e.d.

Bemerkung. Genauso beweist man, daß auf einer Riemannschen Fläche X die 1. Cohomologiegruppen mit Koeffizienten in den Garben $\mathcal{E}^{(1)}$, $\mathcal{E}^{1,0}$, $\mathcal{E}^{0,1}$ und $\mathcal{E}^{(2)}$ verschwinden.

12.7. Satz. *Sei X eine einfach zusammenhängende Riemannsche Fläche. Dann gilt*

a) $H^1(X,\mathbb{C})=0$,
b) $H^1(X,\mathbb{Z})=0$.

Dabei bezeichne $\mathbb{C}$ bzw. $\mathbb{Z}$ die Garbe der lokal-konstanten Funktionen mit Werten in den komplexen bzw. ganzen Zahlen, vgl. (6.4.e).

Beweis. a) Sei $\mathfrak{U}$ eine offene Überdeckung von X und $(c_{ij}) \in Z^1(\mathfrak{U}, \mathbb{C})$. Da $Z^1(\mathfrak{U}, \mathbb{C}) \subset Z^1(\mathfrak{U}, \mathscr{E})$ und $H^1(\mathfrak{U}, \mathscr{E}) = 0$, gibt es eine Cokette $(f_i) \in C^0(\mathfrak{U}, \mathscr{E})$ mit

$$c_{ij} = f_i - f_j \quad \text{auf} \quad U_i \cap U_j.$$

Wegen $dc_{ij} = 0$ gilt $df_i = df_j$ auf $U_i \cap U_j$, es gibt also eine globale Differentialform $\omega \in \mathscr{E}^{(1)}(X)$ mit $\omega | U_i = df_i$. Da $ddf_i = 0$, ist ω geschlossen. Weil X einfach zusammenhängt, gibt es nach (10.7) ein $f \in \mathscr{E}(X)$ mit $df = \omega$. Wir setzen

$$c_i := f_i - f | U_i.$$

Da $dc_i = df_i - df = \omega - \omega = 0$ auf U_i, ist c_i lokalkonstant, d.h. $(c_i) \in C^0(\mathfrak{U}, \mathbb{C})$. Über $U_i \cap U_j$ gilt

$$c_{ij} = f_i - f_j = (f_i - f) - (f_j - f) = c_i - c_j,$$

also zerfällt der Cozyklus (c_{ij}).

b) Sei $(a_{jk}) \in Z^1(\mathfrak{U}, \mathbb{Z})$. Nach a) gibt es eine Cokette $(c_j) \in C^0(\mathfrak{U}, \mathbb{C})$ mit

$$a_{jk} = c_j - c_k \quad \text{über} \quad U_j \cap U_k.$$

Da $\exp(2\pi i a_{jk}) = 1$, gilt $\exp(2\pi i c_j) = \exp(2\pi i c_k)$ über dem Durchschnitt $U_j \cap U_k$. Da X zusammenhängt, gibt es eine Zahl $b \in \mathbb{C}^*$ mit

$$b = \exp(2\pi i c_j) \quad \text{für alle} \quad j \in I.$$

Sei $c \in \mathbb{C}$ mit $\exp(2\pi i c) = b$ und

$$a_j := c_j - c.$$

Da $\exp(2\pi i a_j) = \exp(2\pi i c_j) \exp(-2\pi i c) = 1$, ist a_j ganzzahlig, d.h. $(a_j) \in C^0(\mathfrak{U}, \mathbb{Z})$. Außerdem gilt

$$a_{jk} = c_j - c_k = (c_j - c) - (c_k - c) = a_j - a_k,$$

d.h. der Cozyklus (a_{jk}) liegt in $B^1(\mathfrak{U}, \mathbb{Z})$, q.e.d.

Der nächste Satz zeigt, daß man unter gewissen Umständen zur Berechnung von $H^1(X, \mathscr{F})$ mit einer einzigen Überdeckung auskommt.

12.8. Satz (Leray). *Sei $\mathscr{F}$ eine Garbe von abelschen Gruppen auf dem topologischen Raum X und $\mathfrak{U} = (U_i)_{i \in I}$ eine offene Überdeckung von X mit $H^1(U_i, \mathscr{F}) = 0$ für alle $i \in I$. Dann gilt*

$$H^1(X, \mathscr{F}) \cong H^1(\mathfrak{U}, \mathscr{F}).$$

Man nennt dann $\mathfrak{U}$ *Leraysche Überdeckung* (1. Ordnung) bzgl. $\mathscr{F}$.

Beweis. Es genügt zu zeigen: Für jede offene Überdeckung $\mathfrak{V} = (V_\alpha)_{\alpha \in A}$ mit $\mathfrak{V} < \mathfrak{U}$ ist $t^{\mathfrak{U}}_{\mathfrak{V}}: H^1(\mathfrak{U}, \mathscr{F}) \to H^1(\mathfrak{V}, \mathscr{F})$ ein Isomorphismus. Nach (12.4) ist diese Abbildung injektiv.
Sei $\tau: A \to I$ eine Abbildung mit $V_\alpha \subset U_{\tau\alpha}$ für alle $\alpha \in A$. Um die Surjektivität von

$t\mathfrak{V}$ zu zeigen, müssen wir zu einem vorgegebenen Cozyklus $(f_{\alpha\beta})\in Z^1(\mathfrak{V},\mathcal{F})$ einen Cozyklus $(F_{ij})\in Z^1(\mathfrak{U},\mathcal{F})$ finden, so daß der Cozyklus

$$(F_{\tau\alpha,\tau\beta})-(f_{\alpha\beta})$$

bzgl. $\mathfrak{V}$ zerfällt.

Die Familie $(U_i\cap V_\alpha)_{\alpha\in A}$ ist eine offene Überdeckung von U_i. Wir bezeichnen sie mit $U_i\cap\mathfrak{V}$. Nach Voraussetzung ist $H^1(U_i\cap\mathfrak{V},\mathcal{F})=0$, d.h. es existieren $g_{i\alpha}\in\mathcal{F}(U_i\cap V_\alpha)$, so daß

$$f_{\alpha\beta}=g_{i\alpha}-g_{i\beta} \quad \text{über} \quad U_i\cap V_\alpha\cap V_\beta.$$

Da hiermit über $U_i\cap U_j\cap V_\alpha\cap V_\beta$ gilt

$$g_{j\alpha}-g_{i\alpha}=g_{j\beta}-g_{i\beta},$$

gibt es nach Garbenaxiom II Elemente $F_{ij}\in\mathcal{F}(U_i\cap U_j)$ mit

$$F_{ij}=g_{j\alpha}-g_{i\alpha} \quad \text{über} \quad U_i\cap U_j\cap V_\alpha.$$

Es ist klar, daß (F_{ij}) die Cozyklenrelation erfüllt, also in $Z^1(\mathfrak{U},\mathcal{F})$ liegt. Wir setzen $h_\alpha:=g_{\tau\alpha,\alpha}|V_\alpha\in\mathcal{F}(V_\alpha)$. Dann gilt über $V_\alpha\cap V_\beta$

$$\begin{aligned}F_{\tau\alpha,\tau\beta}-f_{\alpha\beta}&=(g_{\tau\beta,\alpha}-g_{\tau\alpha,\alpha})-(g_{\tau\beta,\alpha}-g_{\tau\beta,\beta})\\&=g_{\tau\beta,\beta}-g_{\tau\alpha,\alpha}=h_\beta-h_\alpha,\end{aligned}$$

also zerfällt $(F_{\tau\alpha,\tau\beta})-(f_{\alpha\beta})$, q.e.d.

12.9. Beispiel. Als Anwendung des Satzes von Leray wollen wir zeigen, daß

$$H^1(\mathbb{C}^*,\mathbb{Z})=\mathbb{Z}.$$

Sei $U_1:=\mathbb{C}^*\setminus\mathbb{R}_-$ und $U_2:=\mathbb{C}^*\setminus\mathbb{R}_+$, wobei $\mathbb{R}_+$ bzw. $\mathbb{R}_-$ die positive bzw. negative reelle Achse bezeichnen. Dann ist $\mathfrak{U}=(U_1,U_2)$ eine offene Überdeckung von $\mathbb{C}^*$ und nach (12.7) gilt $H^1(U_i,\mathbb{Z})=0$, da U_i sternförmig, also einfach zusammenhängend ist. Deshalb gilt $H^1(\mathbb{C}^*,\mathbb{Z})=H^1(\mathfrak{U},\mathbb{Z})$.

Da ein Cozyklus $(a_{ij})\in Z^1(\mathfrak{U},\mathbb{Z})$ alternierend ist, d.h. $a_{ii}=0$ und $a_{ij}=-a_{ji}$, wird er bereits vollständig durch a_{12} bestimmt und es gilt $Z^1(\mathfrak{U},\mathbb{Z})\cong\mathbb{Z}(U_1\cap U_2)$. Der Durchschnitt $U_1\cap U_2$ zerfällt in zwei Zusammenhangs-Komponenten, die obere und die untere Halbebene, also gilt $\mathbb{Z}(U_1\cap U_2)\cong\mathbb{Z}\times\mathbb{Z}$. Da U_i zusammenhängt, ist $\mathbb{Z}(U_i)\cong\mathbb{Z}$, also $C^0(\mathfrak{U},\mathbb{Z})\cong\mathbb{Z}\times\mathbb{Z}$. Der Ableitungsoperator $\delta: C^0(\mathfrak{U},\mathbb{Z})\to Z^1(\mathfrak{U},\mathbb{Z})$ wird vermöge dieser Isomorphien gegeben durch

$$\mathbb{Z}\times\mathbb{Z}\to\mathbb{Z}\times\mathbb{Z},(b_1,b_2)\mapsto(b_2-b_1,b_2-b_1).$$

Also identifizieren sich die Coränder mit der Untergruppe $B\subset\mathbb{Z}\times\mathbb{Z}$ aller Elemente (a_1,a_2) mit $a_1=a_2$. Deshalb ist $H^1(\mathfrak{U},\mathbb{Z})\cong\mathbb{Z}\times\mathbb{Z}/B\cong\mathbb{Z}$, q.e.d.

Ebenso kann man beweisen, daß $H^1(\mathbb{C}^*,\mathbb{C})\cong\mathbb{C}$.

12.10. Die nullte Cohomologiegruppe. Sei $\mathcal{F}$ eine Garbe abelscher Gruppen auf dem topologischen Raum X und $\mathfrak{U}=(U_i)_{i\in I}$ eine offene Überdeckung von X. Man setzt

$$Z^0(\mathfrak{U},\mathscr{F}):=\operatorname{Ker}(C^0(\mathfrak{U},\mathscr{F})\xrightarrow{\delta}C^1(\mathfrak{U},\mathscr{F})),$$
$$B^0(\mathfrak{U},\mathscr{F}):=0,$$
$$H^0(\mathfrak{U},\mathscr{F}):=Z^0(\mathfrak{U},\mathscr{F})/B^0(\mathfrak{U},\mathscr{F})=Z^0(\mathfrak{U},\mathscr{F}).$$

Aus der Definition von δ folgt, daß eine 0-Cokette $(f_i)\in C^0(\mathfrak{U},\mathscr{F})$ genau dann zu $Z^0(\mathfrak{U},\mathscr{F})$ gehört, wenn $f_i|U_i\cap U_j=f_j|U_i\cap U_j$ für alle $i,j\in I$. Nach dem Garbenaxiom II setzen sich dann die Elemente f_i zu einem globalen Element $f\in\mathscr{F}(X)$ zusammen und es ergibt sich in natürlicher Weise eine Isomorphie

$$H^0(\mathfrak{U},\mathscr{F})=Z^0(\mathfrak{U},\mathscr{F})\cong\mathscr{F}(X).$$

Die Gruppen $H^0(\mathfrak{U},\mathscr{F})$ hängen also gar nicht von $\mathfrak{U}$ ab. Man definiert

$$H^0(X,\mathscr{F}):=\mathscr{F}(X).$$

§ 13. Das Dolbeaultsche Lemma

In diesem Paragraphen lösen wir die inhomogene Cauchy-Riemannsche Differentialgleichung $\frac{\partial f}{\partial \bar z}=g$, wobei g eine vorgegebene differenzierbare Funktion in einer Kreisscheibe X ist. Dies wird dann benützt um zu zeigen, daß die Cohomologiegruppe $H^1(X,\mathcal{O})$ verschwindet.

13.1. Lemma. *Zu jeder Funktion $g\in\mathscr{E}(\mathbb{C})$ mit kompakten Träger gibt es eine Funktion $f\in\mathscr{E}(\mathbb{C})$ mit*

$$\frac{\partial f}{\partial \bar z}=g.$$

Beweis. Wir definieren die Funktion $f\colon\mathbb{C}\to\mathbb{C}$ durch

$$f(\zeta):=\frac{1}{2\pi i}\iint_{\mathbb{C}}\frac{g(z)}{z-\zeta}dz\wedge d\bar z.$$

Da der Integrand an der Stelle $z=\zeta$ eine Singularität hat, muß noch gezeigt werden, daß das Integral existiert und differenzierbar von ζ abhängt. Dies erkennt man am einfachsten durch Translation der Integrationsvariablen und Einführung von Polarkoordinaten r,θ, nämlich

$$z=\zeta+re^{i\theta}.$$

Da ζ für die Integration als Konstante zu betrachten ist, hat man

$$dz \wedge d\bar{z} = -2i dx \wedge dy = -2ir\,dr \wedge d\theta,$$

also

$$f(\zeta) = -\frac{1}{\pi}\iint \frac{g(\zeta + re^{i\theta})}{re^{i\theta}} r\,dr\,d\theta$$
$$= -\frac{1}{\pi}\iint g(\zeta + re^{i\theta}) e^{-i\theta} dr\,d\theta.$$

Da g kompakten Träger hat, braucht nur über ein Rechteck $0 \le r \le R, 0 \le \theta \le 2\pi$ mit genügend großem R integriert zu werden, und es kann unter dem Integralzeichen differenziert werden, d.h. es gilt $f \in \mathscr{E}(\mathbb{C})$ und

$$\frac{\partial f}{\partial \bar{\zeta}}(\zeta) = -\frac{1}{\pi}\iint \frac{\partial g(\zeta + re^{i\theta})}{\partial \bar{\zeta}} e^{-i\theta} dr\,d\theta.$$

Indem man die Einführung der Polarkoordinaten wieder rückgängig macht, ergibt sich weiter

$$\frac{\partial f}{\partial \bar{\zeta}}(\zeta) = \frac{1}{2\pi i} \lim_{\varepsilon \to 0} \iint_{B_\varepsilon} \frac{\partial g(\zeta + z)}{\partial \bar{\zeta}} \frac{1}{z} dz \wedge d\bar{z},$$

wobei $B_\varepsilon := \{z \in \mathbb{C} : \varepsilon \le |z| \le R\}$. Da

$$\frac{\partial g(\zeta + z)}{\partial \bar{\zeta}} \frac{1}{z} = \frac{\partial g(\zeta + z)}{\partial \bar{z}} \frac{1}{z} = \frac{\partial}{\partial \bar{z}}\left(\frac{g(\zeta + z)}{z}\right)$$

für $z \neq 0$, hat man

$$\frac{\partial f}{\partial \bar{\zeta}}(\zeta) = \frac{1}{2\pi i} \lim_{\varepsilon \to 0} \iint_{B_\varepsilon} \frac{\partial}{\partial \bar{z}}\left(\frac{g(\zeta + z)}{z}\right) dz \wedge d\bar{z} = -\lim_{\varepsilon \to 0} \iint_{B_\varepsilon} d\omega$$

mit der Differentialform

$$\omega(z) = \frac{1}{2\pi i} \frac{g(\zeta + z)}{z} dz$$

(dabei ist z als Variable, ζ als konstant zu betrachten). Nach dem Satz von Stokes ist

$$\frac{\partial f}{\partial \bar{\zeta}}(\zeta) = -\lim_{\varepsilon \to 0} \iint_{B_\varepsilon} d\omega = -\lim_{\varepsilon \to 0} \int_{\partial B_\varepsilon} \omega = \lim_{\varepsilon \to 0} \int_{|z| = \varepsilon} \omega.$$

Parametrisiert man die Kreislinie $|z| = \varepsilon$ durch $z = \varepsilon e^{i\theta}, 0 \le \theta \le 2\pi$, erhält man

$$\frac{\partial f}{\partial \bar{\zeta}}(\zeta) = \lim_{\varepsilon \to 0} \frac{1}{2\pi} \int_0^{2\pi} g(\zeta + \varepsilon e^{i\theta}) d\theta.$$

Durch das Integral wird nun gerade der Mittelwert der Funktion g auf der Kreislinie $\zeta + \varepsilon e^{i\theta}$, $0 \le \theta \le 2\pi$, dargestellt. Da g stetig ist, konvergiert dieser für $\varepsilon \to 0$ gegen $g(\zeta)$, d.h. $\frac{\partial f}{\partial \bar{\zeta}}(\zeta) = g(\zeta)$, q.e.d.

Im nächsten Satz befreien wir uns von der Voraussetzung, daß g kompakten Träger hat.

13.2. Satz. *Sei* $X := \{z \in \mathbb{C} : |z| < R\}, 0 < R \leq \infty$, *und* $g \in \mathscr{E}(X)$. *Dann existiert ein* $f \in \mathscr{E}(X)$ *mit*

$$\frac{\partial f}{\partial \bar{z}} = g.$$

Dieser Satz ist ein Spezialfall des sog. Dolbeaultschen Lemmas aus der Funktionentheorie mehrerer Veränderlichen, vgl. [31].

Beweis. In diesem Fall kann eine Lösung nicht einfach durch ein Integral wie in (13.1) angegeben werden, da das Integral i.a. nicht konvergieren würde. Wir benützen deshalb ein Ausschöpfungsverfahren zur Zurückführung von (13.2) auf (13.1).

Sei $0 < R_0 < R_1 < \cdots < R_n$ eine Folge von Radien mit $\lim\limits_{n \to \infty} R_n = R$ und

$$X_n := \{z \in \mathbb{C} : |z| < R_n\}.$$

Es gibt Funktionen $\psi_n \in \mathscr{E}(X)$ mit kompaktem Träger $\operatorname{Supp}(\psi_n) \subset X_{n+1}$ und $\psi_n | X_n = 1$. Wir denken uns die Funktionen $\psi_n g$, die außerhalb von X_{n+1} verschwinden, durch null auf ganz $\mathbb{C}$ fortgesetzt. Nach (13.1) gibt es Funktionen $f_n \in \mathscr{E}(X)$ mit

$$\bar{\partial} f_n = \psi_n g \quad \text{auf } X.$$

Hier und im folgenden benützen wir die Abkürzung $\bar{\partial} := \dfrac{\partial}{\partial \bar{z}}$. Wir ändern nun durch vollständige Induktion die Folge (f_n) so zu einer Folge $(\tilde{f}_n)$ ab, daß für alle $n \geq 1$ gilt

i) $\bar{\partial} \tilde{f}_n = g$ auf X_n,

ii) $\|\tilde{f}_{n+1} - \tilde{f}_n\|_{X_{n-1}} \leq 2^{-n}$.

(Wie üblich sei $\|f\|_K := \sup\limits_{x \in K} |f(x)|$ die Supremums-Norm.) Wir setzen $\tilde{f}_1 := f_1$. Seien $\tilde{f}_1, \ldots, \tilde{f}_n$ schon konstruiert. Dann gilt

$$\bar{\partial}(f_{n+1} - \tilde{f}_n) = 0 \quad \text{über} \quad X_n,$$

also ist $f_{n+1} - \tilde{f}_n$ holomorph in X_n. Es gibt daher ein Polynom P (z.B. einen Abschnitt der Taylorreihe von $f_{n+1} - \tilde{f}_n$), so daß

$$\|f_{n+1} - \tilde{f}_n - P\|_{X_{n-1}} \leq 2^{-n}.$$

Setzen wir $\tilde{f}_{n+1} := f_{n+1} - P$, so ist ii) erfüllt. Außerdem ist über X_{n+1}

$$\bar{\partial} \tilde{f}_{n+1} = \bar{\partial} f_{n+1} - \bar{\partial} P = \bar{\partial} f_{n+1} = \psi_{n+1} g = g,$$

d.h. es gilt auch i). Da jeder Punkt $z \in X$ in fast allen X_n enthalten ist, existiert der Grenzwert

$$f(z) := \lim_{n \to \infty} \tilde{f}_n(z).$$

Über X_n hat f die Darstellung

$$f=\tilde{f}_n+\sum_{k=n}^{\infty}(\tilde{f}_{k+1}-\tilde{f}_k).$$

Die Funktionen $\tilde{f}_{k+1}-\tilde{f}_k$ sind für $k\geq n$ holomorph in X_n, da $\bar{\partial}(\tilde{f}_{k+1}-\tilde{f}_k)=0$. Wegen ii) ist

$$F_n:=\sum_{k=n}^{\infty}(\tilde{f}_{k+1}-\tilde{f}_k)$$

gleichmäßig konvergent auf X_n, also dort holomorph. Daher ist $f=\tilde{f}_n+F_n$ für jedes n über X_n beliebig oft differenzierbar, also $f\in\mathscr{E}(X)$. Ferner gilt

$$\bar{\partial}f=\bar{\partial}\tilde{f}_n=g \quad \text{über} \quad X_n$$

für alle n, also $\bar{\partial}f=g$ auf ganz X, q.e.d.

Bemerkung. Die Lösung der Gleichung $\bar{\partial}f=g$ ist natürlich nicht eindeutig, sondern nur bis auf einen holomorphen Summanden bestimmt.

13.3. Corollar. *Sei* $X:=\{z\in\mathbb{C}:|z|<R\}, 0<R\leq\infty$. *Dann gibt es zu jedem* $g\in\mathscr{E}(X)$ *eine Funktion* $f\in\mathscr{E}(X)$ *mit* $\Delta f=g$.

Dabei ist $\Delta=\frac{\partial^2}{\partial x^2}+\frac{\partial^2}{\partial y^2}=4\frac{\partial^2}{\partial z\partial\bar{z}}$ der Laplace-Operator.

Beweis. Sei $f_1\in\mathscr{E}(X)$ eine Funktion mit $\bar{\partial}f_1=g$ und $f_2\in\mathscr{E}(X)$ eine Funktion mit $\bar{\partial}f_2=\bar{f}_1$. Dann erfüllt $f:=\frac{1}{4}\bar{f}_2$ die Gleichung $\Delta f=g$, denn

$$\Delta f=\frac{\partial^2\bar{f}_2}{\partial z\partial\bar{z}}=\frac{\partial}{\partial\bar{z}}\left(\frac{\partial\bar{f}_2}{\partial z}\right)=\frac{\partial}{\partial\bar{z}}\overline{\left(\frac{\partial f_2}{\partial\bar{z}}\right)}=\frac{\partial f_1}{\partial\bar{z}}=g.$$

13.4. Satz. *Sei* $X:=\{z\in\mathbb{C}:|z|<R\}, 0<R\leq\infty$. *Dann gilt* $H^1(X,\mathcal{O})=0$.

Beweis. Sei $\mathfrak{U}=(U_i)$ eine offene Überdeckung von X und $(f_{ij})\in Z^1(\mathfrak{U},\mathcal{O})$ ein Cozyklus. Da $Z^1(\mathfrak{U},\mathcal{O})\subset Z^1(\mathfrak{U},\mathscr{E})$ und $H^1(X,\mathscr{E})=0$, gibt es eine Cokette $(g_i)\in C^0(\mathfrak{U},\mathscr{E})$ mit

$$f_{ij}=g_i-g_j \quad \text{über} \quad U_i\cap U_j.$$

Da $\bar{\partial}f_{ij}=0$, gilt $\bar{\partial}g_i=\bar{\partial}g_j$ über $U_i\cap U_j$, also gibt es eine globale Funktion $h\in\mathscr{E}(X)$ mit $h|U_i=\bar{\partial}g_i$. Nach (13.2) können wir eine Funktion $g\in\mathscr{E}(X)$ finden mit $\bar{\partial}g=h$. Wir definieren

$$f_i:=g_i-g.$$

Da $\bar{\partial}f_i=\bar{\partial}g_i-\bar{\partial}g=0$, ist f_i holomorph, also $(f_i)\in C^0(\mathfrak{U},\mathcal{O})$. Außerdem gilt über $U_i\cap U_j$

$$f_i-f_j=g_i-g_j=f_{ij},$$

d.h. der Cozyklus (f_{ij}) zerfällt, q.e.d.

13.5. Satz. *Für die Riemannsche Zahlenkugel gilt* $H^1(\mathbb{P}_1, \mathcal{O}) = 0$.

Beweis. Wir setzen $U_1 := \mathbb{P}_1 \backslash \infty$ und $U_2 := \mathbb{P}_1 \backslash 0$. Da $U_1 = \mathbb{C}$ und U_2 zu $\mathbb{C}$ biholomorph äquivalent ist, gilt nach (13.4), daß $H^1(U_i, \mathcal{O}) = 0$. Also ist $\mathfrak{U} = (U_1, U_2)$ eine Leraysche Überdeckung von $\mathbb{P}_1$ und $H^1(\mathbb{P}_1, \mathcal{O}) = H^1(\mathfrak{U}, \mathcal{O})$, vgl. (12.8). Es ist also zu zeigen, daß jeder Cozyklus $(f_{ij}) \in Z^1(\mathfrak{U}, \mathcal{O})$ zerfällt. Dazu genügt es offenbar, Funktionen $f_i \in \mathcal{O}(U_i)$ zu finden, so daß

$$f_{12} = f_1 - f_2 \quad \text{über} \quad U_1 \cap U_2 = \mathbb{C}^*.$$

Es sei

$$f_{12}(z) = \sum_{n=-\infty}^{\infty} c_n z^n$$

die Laurent-Entwicklung von f_{12} in $\mathbb{C}^*$. Wir setzen

$$f_1(z) := \sum_{n=0}^{\infty} c_n z^n \quad \text{und} \quad f_2(z) := -\sum_{n=-\infty}^{-1} c_n z^n.$$

Dann gilt $f_i \in \mathcal{O}(U_i)$ und $f_1 - f_2 = f_{12}$, q.e.d.

§ 14. Ein Endlichkeitssatz

In diesem Paragraphen beweisen wir, daß auf einer kompakten Riemannschen Fläche X die Cohomologiegruppe $H^1(X, \mathcal{O})$ ein endlich-dimensionaler $\mathbb{C}$-Vektorraum ist. Seine Dimension heißt das Geschlecht von X. Aus dem Endlichkeitssatz ergibt sich u.a., daß auf einer kompakten Riemannschen Fläche stets nicht-konstante meromorphe Funktionen existieren. Im Hinblick auf spätere Anwendungen in Kapitel III führen wir unsere Untersuchungen gleich allgemeiner für relativ-kompakte Teilmengen nicht notwendig kompakter Riemannscher Flächen durch.

14.1. L^2-Norm für holomorphe Funktionen. Sei $D \subset \mathbb{C}$ eine offene Menge. Für eine holomorphe Funktion $f \in \mathcal{O}(D)$ definieren wir die L^2-Norm durch

$$\|f\|_{L^2(D)} := \left(\iint_D |f(x+iy)|^2 dx\, dy\right)^{1/2}.$$

Es ist $\|f\|_{L^2(D)} \in \mathbb{R}_+ \cup \{\infty\}$. Falls $\|f\|_{L^2(D)} < \infty$, heißt f in D quadratintegrierbar. Den Vektorraum aller quadratintegrierbaren holomorphen Funktionen in D bezeichnen wir mit $L^2(D, \mathcal{O})$. Ist

$$\mathrm{Vol}(D) := \iint_D dx\, dy < \infty,$$

so gilt für jede beschränkte Funktion $f \in \mathcal{O}(D)$

$$\|f\|_{L^2(D)} \leq \sqrt{\operatorname{Vol}(D)}\,\|f\|_D,$$

wobei $\|f\|_D := \sup\{|f(z)| : z \in D\}$ die Supremums-Norm bezeichnet.

Für $f, g \in L^2(D, \mathcal{O})$ definiert man ein Skalar-Produkt $\langle f, g\rangle \in \mathbb{C}$ durch

$$\langle f, g\rangle := \iint_D f\bar{g}\, dx\, dy.$$

Das Integral existiert, weil für alle $z \in D$

$$|f(z)\overline{g(z)}| \leq \frac{1}{2}(|f(z)|^2 + |g(z)|^2).$$

Mit diesem Skalarprodukt wird $L^2(D, \mathcal{O})$ ein unitärer Vektorraum, es ist also insbesondere der Begriff der Orthogonalität definiert.
Sei jetzt $B = B(a, r) := \{z \in \mathbb{C} : |z - a| < r\}$ die Kreisscheibe mit Mittelpunkt a und Radius $r > 0$. Dann bilden die Monome $(\varphi_n)_{n \in \mathbb{N}}$,

$$\varphi_n(z) := (z - a)^n,$$

ein Orthogonalsystem in $L^2(B, \mathcal{O})$ mit

$$\|\varphi_n\|_{L^2(B)} = \frac{\sqrt{\pi}\, r^{n+1}}{\sqrt{n+1}} \quad \text{für alle} \quad n \in \mathbb{N},$$

wie man leicht durch Einführung von Polarkoordinaten nachrechnet. Ist $f \in L^2(B, \mathcal{O})$ und

$$f(z) = \sum_{n=0}^{\infty} c_n (z - a)^n$$

die Taylor-Entwicklung von f um a, so gilt deshalb nach Pythagoras

$$(*) \qquad \|f\|^2_{L^2(B)} = \sum_{n=0}^{\infty} \frac{\pi r^{2n+2}}{n+1} |c_n|^2.$$

14.2. Satz. *Sei $D \subset \mathbb{C}$ eine offene Menge, $r > 0$ und*

$$D_r := \{z \in D : B(z, r) \subset D\}$$

die Menge aller Punkte von D, die einen Randabstand $\geq r$ haben. Dann gilt für jede Funktion $f \in L^2(D, \mathcal{O})$

$$\|f\|_{D_r} \leq \frac{1}{\sqrt{\pi}\, r} \|f\|_{L^2(D)}.$$

Beweis. Sei $a \in D_r$ und $f(z) = \Sigma c_n (z - a)^n$ die Taylor-Entwicklung um a. Aus $(*)$ folgt

$$|f(a)| = |c_0| \leq \frac{1}{\sqrt{\pi}\, r} \|f\|_{L^2(B(a, r))} \leq \frac{1}{\sqrt{\pi}\, r} \|f\|_{L^2(D)}.$$

Da $\|f\|_{D_r} = \sup\{|f(a)| : a \in D_r\}$, folgt die Behauptung.

Aus Satz (14.2) folgt insbesondere: Ist $(f_n)_{n\in\mathbb{N}}$ eine Cauchy-Folge in $L^2(D,\mathcal{O})$, so konvergiert die Folge auf jedem kompakten Teil von D gleichmäßig, hat also eine holomorphe Funktion als Grenzwert. Daher ist $L^2(D,\mathcal{O})$ vollständig, d.h. ein Hilbertraum.

Das folgende Lemma kann als gewisse Verallgemeinerung des Schwarzschen Lemmas aufgefaßt werden.

14.3. Lemma. *Seien $D' \subset\subset D$ offene Teilmengen von $\mathbb{C}$. Dann gibt es zu jedem $\varepsilon > 0$ einen abgeschlossenen Untervektorraum $A \subset L^2(D,\mathcal{O})$ von endlicher Codimension, so daß*

$$\|f\|_{L^2(D')} \leq \varepsilon \|f\|_{L^2(D)} \quad \textit{für alle} \quad f \in A.$$

Beweis. Da $\overline{D'}$ kompakt in D liegt, gibt es ein $r > 0$ und endlich viele Punkte $a_1, \ldots, a_k \in D$ mit folgenden Eigenschaften:

i) $B(a_j, r) \subset D$ für $j = 1, \ldots, k$,

ii) $D' \subset \bigcup_{j=1}^{k} B(a_j, r/2)$.

Wir wählen n so groß, daß $2^{-n-1}k \leq \varepsilon$. Es sei A die Menge aller Funktionen $f \in L^2(D,\mathcal{O})$, die in jedem Punkt a_j mindestens von der Ordnung n verschwinden. A ist ein abgeschlossener Untervektorraum von $L^2(D,\mathcal{O})$ der Codimension $\leq kn$.

Sei $f \in A$. Dann hat f um a_j eine Taylor-Entwicklung

$$f(z) = \sum_{\nu=n}^{\infty} c_\nu (z - a_j)^\nu.$$

Für alle $\varrho \leq r$ gilt

$$\|f\|^2_{L^2(B(a_j,\varrho))} = \sum_{\nu=n}^{\infty} \frac{\pi \varrho^{2\nu+2}}{\nu+1} |c_\nu|^2,$$

woraus folgt

$$\|f\|_{L^2(B(a_j,r/2))} \leq 2^{-n-1} \|f\|_{L^2(B(a_j,r))}.$$

Wegen i) und ii) gilt

$$\|f\|_{L^2(B(a_j,r))} \leq \|f\|_{L^2(D)}$$

und

$$\|f\|_{L^2(D')} \leq \sum_{j=1}^{k} \|f\|_{L^2(B(a_j,r/2))},$$

also $\quad \|f\|_{L^2(D')} \leq k \cdot 2^{-n-1} \|f\|_{L^2(D)} \leq \varepsilon \|f\|_{L^2(D)}$, q.e.d.

14.4. Quadratintegrierbare Coketten. Sei X eine Riemannsche Fläche. Wir legen eine endliche Familie (U_i^*, z_i), $i = 1, \ldots, n$, von Karten auf X zugrunde, so daß

$z_i(U_i^*) \subset \mathbb{C}$ Kreisscheiben sind. Wir setzen nicht voraus, daß $\mathfrak{U}^* = (U_i^*)_{1 \le i \le n}$ eine Überdeckung von X ist.

Seien $U_i \subset U_i^*$ offene Teilmengen und $\mathfrak{U} := (U_i)_{1 \le i \le n}$. In den Cokettengruppen $C^0(\mathfrak{U}, \mathcal{O})$ und $C^1(\mathfrak{U}, \mathcal{O})$ auf dem Raum

$$|\mathfrak{U}| := U_1 \cup \cdots \cup U_n$$

führen wir folgendermaßen eine L^2-Norm ein:

i) Für $\eta = (f_i) \in C^0(\mathfrak{U}, \mathcal{O})$ sei

$$\|\eta\|^2_{L^2(\mathfrak{U})} := \sum_i \|f_i\|^2_{L^2(U_i)}$$

ii) Für $\xi = (f_{ij}) \in C^1(\mathfrak{U}, \mathcal{O})$ sei

$$\|\xi\|^2_{L^2(\mathfrak{U})} := \sum_{i,j} \|f_{ij}\|^2_{L(U_i \cap U_j)}.$$

Dabei seien die Normen von f_i bzw. f_{ij} bzgl. der Karte (U_i^*, z_i) berechnet, d.h.

$$\|f_i\|_{L^2(U_i)} := \|f_i \circ z_i^{-1}\|_{L^2(z_i(U_i))},$$

$$\|f_{ij}\|_{L^2(U_i \cap U_j)} := \|f_{ij} \circ z_i^{-1}\|_{L^2(z_i(U_i \cap U_j))}.$$

Die Coketten endlicher Norm bilden Untervektorräume $C^q_{L^2}(\mathfrak{U}, \mathcal{O}) \subset C^q(\mathfrak{U}, \mathcal{O})$, $q = 0,1$, die Hilberträume sind. Die Cozyklen aus $C^1_{L^2}(\mathfrak{U}, \mathcal{O})$ bilden einen abgeschlossenen Untervektorraum, der mit $Z^1_{L^2}(\mathfrak{U}, \mathcal{O})$ bezeichnet werde.

14.5. Sind $V_i \subset\subset U_i$, $i = 1, \ldots, n$, relativ-kompakte offene Teilmengen und $\mathfrak{V} = (V_i)_{1 \le i \le n}$, so schreiben wir dafür abkürzend $\mathfrak{V} \ll \mathfrak{U}$. Für jede Cokette $\xi \in C^q(\mathfrak{U}, \mathcal{O})$ gilt $\|\xi\|_{L^2(\mathfrak{V})} < \infty$. Aus dem Lemma (14.3) folgt unmittelbar:

Zu jedem $\varepsilon > 0$ gibt es einen abgeschlossenen Untervektorraum $A \subset Z^1_{L^2}(\mathfrak{U}, \mathcal{O})$ endlicher Codimension, so daß

$$\|\xi\|_{L^2(\mathfrak{V})} \le \varepsilon \|\xi\|_{L^2(\mathfrak{U})} \quad \text{für alle} \quad \xi \in A.$$

14.6. Lemma. *Sei X eine Riemannsche Fläche und $\mathfrak{U}^*$ eine endliche Familie von Karten auf X wie in (14.4). Weiter seien Schrumpfungen $\mathfrak{W} \ll \mathfrak{V} \ll \mathfrak{U} \ll \mathfrak{U}^*$ gegeben.*

Dann gibt es eine Konstante $C > 0$, so daß gilt:

Zu jedem $\xi \in Z^1_{L^2}(\mathfrak{V}, \mathcal{O})$ existieren Elemente $\zeta \in Z^1_{L^2}(\mathfrak{U}, \mathcal{O})$ und $\eta \in C^0_{L^2}(\mathfrak{W}, \mathcal{O})$ mit

$$\zeta = \xi + \delta\eta \quad \text{über} \quad \mathfrak{W}$$

und

$$\max(\|\zeta\|_{L^2(\mathfrak{U})}, \|\eta\|_{L^2(\mathfrak{W})}) \le C \|\xi\|_{L^2(\mathfrak{V})}.$$

Beweis. a) Sei $\xi = (f_{ij}) \in Z^1_{L^2}(\mathfrak{V}, \mathcal{O})$ vorgegeben. Wir konstruieren zunächst Elemente $\zeta \in Z^1_{L^2}(\mathfrak{U}, \mathcal{O})$ und $\eta \in C^0_{L^2}(\mathfrak{W}, \mathcal{O})$ mit $\zeta = \xi + \delta\eta$ über $\mathfrak{W}$, ohne uns um die Abschätzung zu kümmern.

Nach Satz (12.6) existiert eine Cokette $(g_i)\in C^0(\mathfrak{V},\mathscr{E})$ mit

$$f_{ij}=g_j-g_i \quad \text{über} \quad V_i\cap V_j.$$

Da $d''f_{ij}=0$, gilt $d''g_i=d''g_j$ über $V_i\cap V_j$, es gibt also eine Differentialform $\omega\in\mathscr{E}^{0,1}(|\mathfrak{V}|)$ mit $\omega|V_i=d''g_i$. Da $|\mathfrak{W}|\subset\subset|\mathfrak{V}|$, gibt es eine Funktion $\psi\in\mathscr{E}(X)$ mit

$$\operatorname{Supp}(\psi)\subset|\mathfrak{V}| \quad \text{und} \quad \psi||\mathfrak{W}|=1.$$

Deshalb kann $\psi\omega$ als Element von $\mathscr{E}(|\mathfrak{U}^*|)$ aufgefaßt werden. Nach Satz (13.2) gibt es Funktionen $h_i\in\mathscr{E}(U_i^*)$ mit

$$d''h_i=\psi\omega \quad \text{auf} \quad U_i^*.$$

Wegen $d''h_i=d''h_j$ auf $U_i^*\cap U_j^*$ ist

$$F_{ij}:=h_j-h_i\in\mathcal{O}(U_i^*\cap U_j^*).$$

Wir setzen $\zeta:=(F_{ij})|\mathfrak{U}$. Da $\mathfrak{U}\ll\mathfrak{U}^*$, gilt $\zeta\in Z^1_{L^2}(\mathfrak{U},\mathcal{O})$.
Auf W_i gilt $d''h_i=\psi\omega=\omega=d''g_i$, also ist h_i-g_i auf W_i holomorph. Da außerdem h_i-g_i auf W_i beschränkt ist, gilt

$$\eta:=(h_i-g_i)|\mathfrak{W}\in C^0_{L^2}(\mathfrak{W},\mathcal{O}).$$

Nun ist $F_{ij}-f_{ij}=(h_j-g_j)-(h_i-g_i)$ auf $W_i\cap W_j$, also

$$\zeta-\xi=\delta\eta \quad \text{über} \quad \mathfrak{W}.$$

b) Um zu der Abschätzung zu gelangen, betrachten wir den Hilbertraum

$$H:=Z^1_{L^2}(\mathfrak{U},\mathcal{O})\times Z^1_{L^2}(\mathfrak{V},\mathcal{O})\times C^0_{L^2}(\mathfrak{W},\mathcal{O})$$

mit der Norm

$$\|(\zeta,\xi,\eta)\|_H:=(\|\zeta\|^2_{L^2(\mathfrak{U})}+\|\xi\|^2_{L^2(\mathfrak{V})}+\|\eta\|^2_{L^2(\mathfrak{W})})^{1/2}.$$

Es sei $L\subset H$ der Unterraum

$$L:=\{(\zeta,\xi,\eta)\in H:\zeta=\xi+\delta\eta \quad \text{über} \quad \mathfrak{W}\}.$$

L ist abgeschlossen in H, also selbst ein Hilbertraum. Nach Teil a) ist die stetige lineare Abbildung

$$\pi: L\to Z^1_{L^2}(\mathfrak{V},\mathcal{O}), \quad (\zeta,\xi,\eta)\mapsto\xi,$$

surjektiv. Nach dem Satz von Banach ist die Abbildung π offen (vgl. Anhang B. 6, 7), es gibt also eine Konstante $C>0$, so daß zu jedem $\xi\in Z^1_{L^2}(\mathfrak{V},\mathcal{O})$ ein $x=(\zeta,\xi,\eta)\in L$ existiert mit $\pi(x)=\xi$ und $\|x\|_H\leq C\|\xi\|_{L^2(\mathfrak{V})}$. Diese Konstante erfüllt die Bedingungen des Satzes.

14.7. Lemma. *Mit den Bezeichnungen von Lemma (14.6) gilt: Es gibt einen endlich-dimensionalen Untervektorraum $S\subset Z^1(\mathfrak{U},\mathcal{O})$ mit folgender Eigenschaft:*
Zu jedem $\xi\in Z^1(\mathfrak{U},\mathcal{O})$ existieren Elemente $\sigma\in S$ und $\eta\in C^0(\mathfrak{W},\mathcal{O})$, so daß

$$\sigma=\xi+\delta\eta \quad \textit{über} \quad \mathfrak{W}.$$

Bemerkung. Das Lemma bedeutet, daß die natürliche Beschränkungsabbildung

$$H^1(\mathfrak{U},\mathcal{O})\to H^1(\mathfrak{W},\mathcal{O})$$

endlich-dimensionales Bild hat.

Beweis. Sei C die Konstante aus Lemma (14.6) und $\varepsilon := \frac{1}{2C}$. Nach (14.5) gibt es einen abgeschlossenen Untervektorraum $A\subset Z^1_{L^2}(\mathfrak{U},\mathcal{O})$ endlicher Codimension, so daß

$$\|\xi\|_{L^2(\mathfrak{V})}\le\varepsilon\|\xi\|_{L^2(\mathfrak{U})}\quad\text{für alle}\quad \xi\in A.$$

Sei S das orthogonale Komplement von A in $Z^1_{L^2}(\mathfrak{U},\mathcal{O})$, d.h. $A\oplus S=Z^1_{L^2}(\mathfrak{U},\mathcal{O})$.

Sei jetzt $\xi\in Z^1(\mathfrak{U},\mathcal{O})$ beliebig vorgegeben. Wegen $\mathfrak{V}\ll\mathfrak{U}$ ist

$$\|\xi\|_{L^2(\mathfrak{V})}=:M<\infty.$$

Nach (14.6) gibt es Elemente $\zeta_0\in Z^1_{L^2}(\mathfrak{U},\mathcal{O})$ und $\eta_0\in C^0_{L^2}(\mathfrak{W},\mathcal{O})$ mit

$$\zeta_0=\xi+\delta\eta_0\quad\text{über}\quad\mathfrak{W}$$

und $\|\zeta_0\|_{L^2(\mathfrak{U})}\le CM$, $\|\eta_0\|_{L^2(\mathfrak{W})}\le CM$. Sei

$$\zeta_0=\xi_0+\sigma_0,\quad \xi_0\in A,\quad \sigma_0\in S,$$

die orthogonale Zerlegung.

Wir konstruieren jetzt durch vollständige Induktion Elemente

$$\zeta_\nu\in Z^1_{L^2}(\mathfrak{U},\mathcal{O}),\eta_\nu\in C^0_{L^2}(\mathfrak{W},\mathcal{O}),\xi_\nu\in A,\sigma_\nu\in S$$

mit folgenden Eigenschaften:

i) $\zeta_\nu=\xi_{\nu-1}+\delta\eta_\nu$ über $\mathfrak{W}$

ii) $\zeta_\nu=\xi_\nu+\sigma_\nu$

iii) $\|\zeta_\nu\|_{L^2(\mathfrak{U})}\le 2^{-\nu}CM,\quad \|\eta_\nu\|_{L^2(\mathfrak{W})}\le 2^{-\nu}CM.$

Induktionsschritt $\nu\to\nu+1$. Da $\zeta_\nu=\xi_\nu+\sigma_\nu$ eine orthogonale Zerlegung ist, gilt

$$\|\xi_\nu\|_{L^2(\mathfrak{U})}\le\|\zeta_\nu\|_{L^2(\mathfrak{U})}\le 2^{-\nu}CM,$$

also

$$\|\xi_\nu\|_{L^2(\mathfrak{V})}\le\varepsilon\|\xi_\nu\|_{L^2(\mathfrak{U})}\le 2^{-\nu}\varepsilon CM\le 2^{-\nu-1}M.$$

Nach Lemma (14.6) gibt es Elemente $\zeta_{\nu+1}\in Z^1_{L^2}(\mathfrak{U},\mathcal{O})$ und $\eta_{\nu+1}\in C^0_{L^2}(\mathfrak{W},\mathcal{O})$ mit

$$\zeta_{\nu+1}=\xi_\nu+\delta\eta_{\nu+1}\quad\text{über}\quad\mathfrak{W}$$

und

$$\max(\|\zeta_{\nu+1}\|_{L^2(\mathfrak{U})},\|\eta_{\nu+1}\|_{L^2(\mathfrak{W})})\le 2^{-\nu-1}CM.$$

Sei $\zeta_{\nu+1}=\xi_{\nu+1}+\sigma_{\nu+1}$, $\xi_{\nu+1}\in A$, $\sigma_{\nu+1}\in S$ die orthogonale Zerlegung. Damit ist der Induktionsschritt getan.

Faßt man die Gleichung $\zeta_0 = \xi + \delta\eta_0$ mit den Gleichungen i) und ii) bis $\nu = k$ zusammen, erhält man

$$(*) \qquad \xi_k + \sum_{\nu=0}^{k} \sigma_\nu = \xi + \delta\Big(\sum_{\nu=0}^{k} \eta_\nu\Big) \quad \text{über} \quad \mathfrak{W}.$$

Aus ii) und iii) folgt

$$\max(\|\xi_\nu\|_{L^2(\mathfrak{U})}, \|\sigma_\nu\|_{L^2(\mathfrak{U})}, \|\eta_\nu\|_{L^2(\mathfrak{W})}) \le 2^{-\nu} CM.$$

Daher gilt $\lim\limits_{k\to\infty} \xi_k = 0$, und die Reihen

$$\sigma := \sum_{\nu=0}^{\infty} \sigma_\nu \in S,$$

$$\eta := \sum_{\nu=0}^{\infty} \eta_\nu \in C^0_{L^2}(\mathfrak{W}, \mathcal{O})$$

konvergieren. Wegen (*) gilt $\sigma = \xi + \delta\eta$ über $\mathfrak{W}$, q.e.d.

Bemerkung. Mit stärkeren funktional-analytischen Hilfsmitteln hätte man den Beweis kürzer führen können, vgl. den Beweis von Satz (29.13).

14.8. Sei X ein topologischer Raum, $Y \subset X$ eine offene Teilmenge und $\mathcal{F}$ eine Garbe abelscher Gruppen auf X. Für jede offene Überdeckung $\mathfrak{U} = (U_i)_{i\in I}$ von X ist $\mathfrak{U} \cap Y := (U_i \cap Y)_{i\in I}$ eine offene Überdeckung von Y und man hat eine natürliche Beschränkungsabbildung $Z^1(\mathfrak{U}, \mathcal{F}) \to Z^1(\mathfrak{U} \cap Y, \mathcal{F})$, die einen Homomorphismus $H^1(\mathfrak{U}, \mathcal{F}) \to H^1(\mathfrak{U} \cap Y, \mathcal{F})$ induziert. Diese Homomorphismen für alle $\mathfrak{U}$ liefern einen Beschränkungshomomorphismus

$$H^1(X, \mathcal{F}) \to H^1(Y, \mathcal{F}).$$

Es ist klar, daß für offene Mengen $Y \subset Y' \subset X$ der Homomorphismus $H^1(X, \mathcal{F}) \to H^1(Y, \mathcal{F})$ die Zusammensetzung der Homomorphismen $H^1(X, \mathcal{F}) \to H^1(Y', \mathcal{F})$ und $H^1(Y', \mathcal{F}) \to H^1(Y, \mathcal{F})$ ist.

14.9. Satz. *Sei X eine Riemannsche Fläche und seien $Y_1 \subset\subset Y_2 \subset X$ offene Teilmengen. Dann hat der Beschränkungshomomorphismus*

$$H^1(Y_2, \mathcal{O}) \to H^1(Y_1, \mathcal{O})$$

endlich-dimensionales Bild.

Beweis. Es gibt eine endliche Familie von Karten $(U_i, z_i)_{1\le i\le n}$ auf X und relativkompakte offene Teilmengen $W_i \subset\subset V_i \subset\subset U_i \subset\subset U_i^*$ mit folgenden Eigenschaften:

i) $Y_1 \subset \bigcup\limits_{i=1}^{n} W_i =: Y' \subset\subset Y'' := \bigcup\limits_{i=1}^{n} U_i \subset Y_2$,

ii) alle $z_i(U_i^*)$, $z_i(U_i)$, $z_i(W_i)$ sind Kreisscheiben in $\mathbb{C}$.

Sei $\mathfrak{U} := (U_i)_{1\le i\le n}$, $\mathfrak{W} := (W_i)_{1\le i\le n}$. Nach Lemma (14.7) hat die Beschränkungsabbildung $H^1(\mathfrak{U},\mathcal{O})\to H^1(\mathfrak{W},\mathcal{O})$ endlich-dimensionales Bild. Nach Satz (13.4) ist $H^1(U_i,\mathcal{O})=H^1(W_i,\mathcal{O})=0$, nach dem Satz von Leray (12.8) gilt also $H^1(\mathfrak{U},\mathcal{O})=H^1(Y'',\mathcal{O})$ und $H^1(\mathfrak{W},\mathcal{O})=H^1(Y',\mathcal{O})$. Da die Beschränkungsabbildung $H^1(Y_2,\mathcal{O})\to H^1(Y_1,\mathcal{O})$ über

$$H^1(Y_2,\mathcal{O})\to H^1(Y'',\mathcal{O})\to H^1(Y',\mathcal{O})\to H^1(Y_1,\mathcal{O})$$

faktorisiert, folgt die Behauptung des Satzes.

14.10. Corollar. *Für jede kompakte Riemannsche Fläche X gilt:*

$$\dim H^1(X,\mathcal{O})<\infty.$$

Beweis. Da X kompakt ist, kann man im vorigen Satz $Y_1=Y_2=X$ wählen.

14.11. Definition. Für eine kompakte Riemannsche Fläche X heißt

$$g:=\dim H^1(X,\mathcal{O})$$

das *Geschlecht* von X.
Nach Satz (13.5) hat die Riemannsche Zahlenkugel $\mathbb{P}_1$ das Geschlecht null.

14.12. Satz. *Sei X eine Riemannsche Fläche und $Y\subset\subset X$ eine relativ-kompakte offene Teilmenge. Dann gibt es zu jedem Punkt $a\in Y$ eine meromorphe Funktion $f\in\mathcal{M}(Y)$, die in a einen Pol hat und in $Y\setminus\{a\}$ holomorph ist.*

Beweis. Nach Satz (14.9) ist

$$k:=\dim \operatorname{Im}\left(H^1(X,\mathcal{O})\to H^1(Y,\mathcal{O})\right)<\infty.$$

Sei (U_1,z) eine Koordinaten-Umgebung von a mit $z(a)=0$. Wir setzen $U_2:=X\setminus\{a\}$. Dann ist $\mathfrak{U}=(U_1,U_2)$ eine offene Überdeckung von X. Die in $U_1\cap U_2=U_1\setminus\{a\}$ holomorphen Funktionen z^{-j} repräsentieren Cozyklen

$$\zeta_j\in Z^1(\mathfrak{U},\mathcal{O}), j=1,\ldots,k+1.$$

Da $\dim\operatorname{Im}\left(H^1(\mathfrak{U},\mathcal{O})\to H^1(\mathfrak{U}\cap Y,\mathcal{O})\right)<k+1$, sind die Cozyklen $\zeta_j|Y\in Z^1(\mathfrak{U}\cap Y,\mathcal{O})$, $1\le j\le k+1$, modulo den Corändern linear abhängig, es gibt also komplexe Zahlen $c_1,\ldots,c_{k+1}$, die nicht alle gleich null sind, und eine Cokette $\eta=(f_1,f_2)\in C^0(\mathfrak{U}\cap Y,\mathcal{O})$ mit

$$c_1\zeta_1+\cdots+c_{k+1}\zeta_{k+1}=\delta\eta \quad \text{bzgl.} \quad \mathfrak{U}\cap Y,$$

d.h.

$$\sum_{j=1}^{k+1} c_j z^{-j}=f_2-f_1 \quad \text{auf} \quad U_1\cap U_2\cap Y.$$

Es gibt deshalb eine Funktion $f \in \mathscr{M}(Y)$, die in $U_1 \cap Y$ mit

$$f_1 + \sum_{j=1}^{k+1} c_j z^{-j}$$

übereinstimmt und in $U_2 \cap Y = Y \setminus \{a\}$ gleich f_2 ist. Dies ist die gewünschte Funktion.

14.13. Corollar. *Sei X eine kompakte Riemannsche Fläche und seien $a_1, \ldots, a_n$ paarweise voneinander verschiedene Punkte von X. Dann gibt es zu beliebig vorgegebenen komplexen Zahlen $c_1, \ldots, c_n \in \mathbb{C}$ eine meromorphe Funktion $f \in \mathscr{M}(X)$ mit $f(a_i) = c_i$ für $i = 1, \ldots, n$.*

Beweis. Für jedes Paar $i \neq j$ gibt es nach Satz (14.12), angewandt auf den Fall $Y = X$, eine Funktion $f_{ij} \in \mathscr{M}(X)$, die in a_i einen Pol hat und in a_j holomorph ist. Für die Funktion

$$g_{ij} := \frac{f_{ij} - f_{ij}(a_j)}{f_{ij} - f_{ij}(a_j) + 1} \in \mathscr{M}(X)$$

gilt dann $g_{ij}(a_i) = 1$ und $g_{ij}(a_j) = 0$. Die Funktionen

$$h_i := \prod_{j \neq i} g_{ij}, \quad i = 1, \ldots, n,$$

erfüllen $h_i(a_j) = \delta_{ij}$, also ist

$$f := \sum_{i=1}^{n} c_i h_i$$

eine Lösung unseres Problems.

Wir beweisen jetzt noch einige Folgerungen aus dem Endlichkeitssatz für nichtkompakte Riemannsche Flächen, die der Leser, der nur an kompakten Riemannschen Flächen interessiert ist, überspringen kann.

14.14. Corollar. *Sei Y eine relativ-kompakte offene Teilmenge einer nichtkompakten Riemannschen Fläche X. Dann gibt es eine holomorphe Funktion $f: Y \to \mathbb{C}$, die auf keiner Zusammenhangs-Komponente von Y konstant ist.*

Beweis. Man wähle ein Gebiet Y_1 mit $Y \subset\subset Y_1 \subset\subset X$ sowie einen Punkt $a \in Y_1 \setminus Y$. (Da X nicht kompakt ist und zusammenhängt, ist $Y_1 \setminus Y$ nicht leer.) Nun wende man Satz (14.12) auf Y_1 und den Punkt a an.

14.15. Satz. *Sei X eine nicht-kompakte Riemannsche Fläche und seien $Y \subset\subset Y' \subset X$ offene Teilmengen. Dann gilt*

$$\operatorname{Im}\left(H^1(Y', \mathcal{O}) \to H^1(Y, \mathcal{O})\right) = 0.$$

Beweis. Nach Satz (14.9) wissen wir bereits, daß

$$L := \operatorname{Im}\left(H^1(Y',\mathcal{O}) \to H^1(Y,\mathcal{O})\right)$$

ein endlich-dimensionaler Vektorraum ist. Seien $\xi_1, \ldots, \xi_n \in H^1(Y',\mathcal{O})$ Cohomologieklassen, deren Beschränkungen auf Y den Vektorraum L aufspannen. Gemäß (14.14) wählen wir eine Funktion $f \in \mathcal{O}(Y')$, die auf keiner Zusammenhangs-Komponente von Y' konstant ist. Da $H^1(Y',\mathcal{O})$ in natürlicher Weise ein Modul über $\mathcal{O}(Y')$ ist, sind die Produkte $f\xi_\nu \in H^1(Y',\mathcal{O})$ definiert. Nach Wahl der ξ_ν gibt es Konstanten $c_{\nu\mu} \in \mathbb{C}$ mit

(1) $\quad f\xi_\nu = \sum_{\mu=1}^{n} c_{\nu\mu}\xi_\mu \quad$ auf Y für $\quad \nu = 1, \ldots, n.$

Wir setzen

$$F := \det(f\delta_{\nu\mu} - c_{\nu\mu})_{1 \le \nu,\mu \le n}.$$

F ist eine holomorphe Funktion auf Y', die auf keiner Zusammenhangs-Komponente von Y' identisch verschwindet.
Aus (1) folgt

(2) $\quad F\xi_\nu | Y = 0 \quad$ für $\quad \nu = 1, \ldots, n.$

Eine beliebige Cohomologieklasse $\zeta \in H^1(Y',\mathcal{O})$ kann durch einen Cozyklus $(f_{ij}) \in Z^1(\mathfrak{U},\mathcal{O})$ repräsentiert werden, wobei $\mathfrak{U} = (U_i)_{i\in I}$ eine solche offene Überdeckung von Y' ist, daß jedes U_i höchstens eine Nullstelle von F enthält. Für $i \neq j$ ist also $F|U_i \cap U_j \in \mathcal{O}^*(U_i \cap U_j)$. Deshalb gibt es einen Cozyklus $(g_{ij}) \in Z^1(\mathfrak{U},\mathcal{O})$ mit $f_{ij} = Fg_{ij}$. Sei $\xi \in H^1(Y',\mathcal{O})$ die Cohomologieklasse von (g_{ij}). Es gilt $\zeta = F\xi$. Aus (2) folgt deshalb $\zeta | Y = F\xi | Y = 0$, q.e.d.

14.16. Corollar. *Sei X eine nicht-kompakte Riemannsche Fläche und seien $Y \subset\subset Y' \subset X$ offene Teilmengen. Dann gibt es zu jeder Differentialform $\omega \in \mathcal{E}^{0,1}(Y')$ eine Funktion $f \in \mathcal{E}(Y)$ mit $d''f = \omega | Y$.*

Beweis. Nach Satz (13.2) ist das Problem lokal lösbar, es gibt also eine offene Überdeckung $\mathfrak{U} = (U_i)_{i\in I}$ von Y' und Funktionen $f_i \in \mathcal{E}(U_i)$ mit $d''f_i = \omega | U_i$. Die Differenzen $f_i - f_j$ sind über $U_i \cap U_j$ holomorph, definieren also einen Cozyklus aus $Z^1(\mathfrak{U},\mathcal{O})$. Nach (14.15) zerfällt dieser Cozyklus über Y, es gibt also holomorphe Funktionen $g_i \in \mathcal{O}(U_i \cap Y)$ mit

$$f_i - f_j = g_i - g_j \quad \text{über} \quad U_i \cap U_j \cap Y.$$

Es existiert deshalb eine Funktion $f \in \mathcal{E}(Y)$ mit

$$f = f_i - g_i \quad \text{über} \quad U_i \cap Y \quad \text{für alle} \quad i \in I.$$

Die Funktion f löst die Gleichung $d''f = \omega | Y$, q.e.d.

Bemerkung. Wir werden in den Sätzen (25.6) und (26.1) die Aussagen (14.15) und (14.16) vervollständigen.

§ 15. Die exakte Cohomologiesequenz

In diesem Paragraphen erklären wir den Begriff der Garben-Homomorphismen, exakte Garbensequenzen und die aus einer kurzen exakten Garbensequenz entspringende exakte Cohomologiesequenz, die uns ein Hilfsmittel in die Hand gibt, Cohomologiegruppen zu berechnen oder auf andere Gruppen zurückzuführen.

15.1. Definition. Seien $\mathcal{F}$ und $\mathcal{G}$ Garben abelscher Gruppen über dem topologischen Raum X. Ein *Garben-Homomorphismus* $\alpha : \mathcal{F} \to \mathcal{G}$ ist eine Familie von Gruppen-Homomorphismen

$$\alpha_U : \mathcal{F}(U) \to \mathcal{G}(U), \ U \text{ offen in } X,$$

die mit den Beschränkungsabbildungen verträglich sind, d.h. für jedes Paar offener Mengen $U, V \subset X$ mit $V \subset U$ ist das Diagramm

$$\begin{array}{ccc} \mathcal{F}(U) & \xrightarrow{\alpha_U} & \mathcal{G}(U) \\ \text{Beschr.} \downarrow & & \downarrow \text{Beschr.} \\ \mathcal{F}(V) & \xrightarrow{\alpha_V} & \mathcal{G}(V) \end{array}$$

kommutativ. Sind alle α_U Isomorphismen, so heißt α Isomorphismus.
Analog definiert man Garben-Homomorphismen zwischen Garben von Vektorräumen.
Wir schreiben oft kurz $\alpha : \mathcal{F}(U) \to \mathcal{G}(U)$ anstelle von $\alpha_U : \mathcal{F}(U) \to \mathcal{G}(U)$.

15.2. Beispiele
a) Seien $\mathcal{E}, \mathcal{E}^{(1)}, \mathcal{E}^{(2)}$ die Garben der differenzierbaren Funktionen bzw. Differentialformen 1. und 2. Ordnung auf einer Riemannschen Fläche X. Die Ableitung d von Funktionen bzw. Differentialformen liefert Garben-Homomorphismen

$$d : \mathcal{E} \to \mathcal{E}^{(1)}, \ d : \mathcal{E}^{(1)} \to \mathcal{E}^{(2)}.$$

Analoges gilt für die Ableitungsoperatoren d' und d''.

b) Auf einer Riemannschen Fläche X sind die natürlichen Inklusionen $\mathcal{O} \to \mathcal{E}$, $\mathbb{C} \to \mathcal{E}$, $\mathbb{Z} \to \mathcal{O}$, $\Omega \to \mathcal{E}^{1,0}$ usw. Garben-Homomorphismen.

c) Auf einer Riemannschen Fläche X ist ein Garben-Homomorphismus $\mathrm{ex} : \mathcal{O} \to \mathcal{O}^*$ der Garbe der holomorphen Funktionen in die multiplikative Garbe der holomorphen Funktionen mit Werten in $\mathbb{C}^*$ wie folgt definiert: Für U offen in X und $f \in \mathcal{O}(U)$ sei $\mathrm{ex}_U(f) := \exp(2\pi i f)$.

15.3. Kern eines Garben-Homomorphismus. Sei $\alpha : \mathcal{F} \to \mathcal{G}$ ein Garben-Homomorphismus auf dem topologischen Raum X. Für U offen in X sei

$$\mathcal{K}(U) := \operatorname{Ker}\left(\mathcal{F}(U) \xrightarrow{\alpha} \mathcal{G}(U)\right).$$

Die Familie der $\mathcal{K}(U)$ bildet zusammen mit den von der Garbe $\mathcal{F}$ induzierten Beschränkungs-Homomorphismen, wie man leicht nachprüft, wieder eine Garbe, die der Kern von α heißt, in Zeichen $\mathcal{K} = \operatorname{Ker}\alpha$.

Beispiele. Auf einer Riemannschen Fläche gilt

a) $\mathcal{O} = \operatorname{Ker}\left(\mathcal{E} \xrightarrow{d''} \mathcal{E}^{0,1}\right)$, (vgl. 9.1),

b) $\Omega = \operatorname{Ker}\left(\mathcal{E}^{1,0} \xrightarrow{d} \mathcal{E}^{(2)}\right)$, (vgl. 9.16),

c) $\mathbb{Z} = \operatorname{Ker}\left(\mathcal{O} \xrightarrow{\text{ex}} \mathcal{O}^*\right)$, (vgl. 15.2.c).

15.4. Bemerkung. Definiert man für einen Garben-Homomorphismus $\alpha: \mathcal{F} \to \mathcal{G}$ auf dem topologischen Raum X

$$\mathcal{B}(U) := \operatorname{Im}\left(\mathcal{F}(U) \to \mathcal{G}(U)\right) \quad \text{für} \quad U \text{ offen in } X,$$

so erhält man eine Prägarbe $\mathcal{B}$, die i.a. das Garbenaxiom II nicht erfüllt. Als Gegenbeispiel betrachten wir etwa den Garben-Homomorphismus

$$\text{ex}: \mathcal{O} \to \mathcal{O}^*, f \mapsto \exp(2\pi i f),$$

über dem Raum $\mathbb{C}^*$. Sei $U_1 = \mathbb{C}^* \setminus \mathbb{R}_-$ und $U_2 = \mathbb{C}^* \setminus \mathbb{R}_+$.
Die Elemente $f_k \in \mathcal{O}^*(U_k)$ seien definiert durch $f_k(z) = z$ für alle $z \in U_k$, $(k = 1,2)$. Da U_k einfach zusammenhängt, gilt

$$f_k \in \operatorname{Im}\left(\mathcal{O}(U_k) \xrightarrow{\text{ex}} \mathcal{O}^*(U_k)\right).$$

Außerdem gilt $f_1 | U_1 \cap U_2 = f_2 | U_1 \cap U_2$. Es gibt aber kein

$$f \in \operatorname{Im}\left(\mathcal{O}(\mathbb{C}^*) \xrightarrow{\text{ex}} \mathcal{O}^*(\mathbb{C}^*)\right)$$

mit $f | U_k = f_k$, da die Funktion $z \mapsto z$ auf $\mathbb{C}^*$ keinen eindeutigen Logarithmus besitzt.

15.5. Exakte Sequenzen. Ein Garben-Homomorphismus $\alpha: \mathcal{F} \to \mathcal{G}$ auf dem topologischen Raum X induziert für jedes $x \in X$ Homomorphismen der Halme

$$\alpha_x: \mathcal{F}_x \to \mathcal{G}_x.$$

Eine Sequenz von Garben-Homomorphismen $\mathcal{F} \xrightarrow{\alpha} \mathcal{G} \xrightarrow{\beta} \mathcal{H}$ heißt *exakt*, wenn für jedes $x \in X$ die Sequenz

$$\mathcal{F}_x \xrightarrow{\alpha_x} \mathcal{G}_x \xrightarrow{\beta_x} \mathcal{H}_x$$

exakt ist, d.h. $\operatorname{Ker}\beta_x = \operatorname{Im}\alpha_x$. Eine Sequenz

$$\mathcal{F}_1 \xrightarrow{\alpha_1} \mathcal{F}_2 \xrightarrow{\alpha_2} \cdots \to \mathcal{F}_{n-1} \xrightarrow{\alpha_{n-1}} \mathcal{F}_n, (n > 3),$$

von Garben-Homomorphismen heißt exakt, falls für $1 \le k \le n-2$ die Sequenzen $\mathcal{F}_k \xrightarrow{\alpha_k} \mathcal{F}_{k+1} \xrightarrow{\alpha_{k+1}} \mathcal{F}_{k+2}$ exakt sind.
Ein Garben-Homomorphismus $\alpha: \mathcal{F} \to \mathcal{G}$ heißt *Monomorphismus*, falls $0 \to \mathcal{F} \xrightarrow{\alpha} \mathcal{G}$ exakt ist, und *Epimorphismus*, falls $\mathcal{F} \xrightarrow{\alpha} \mathcal{G} \to 0$ exakt ist.

15.6. Hilfssatz. *Ist* $\alpha: \mathscr{F} \to \mathscr{G}$ *ein Garben-Monomorphismus über dem topologischen Raum* X, *so ist für jede offene Teilmenge* $U \subset X$ *die Abbildung* $\alpha_U: \mathscr{F}(U) \to \mathscr{G}(U)$ *injektiv.*

Beweis. Sei $f \in \mathscr{F}(U)$ mit $\alpha_U(f) = 0$. Da $\alpha_x: \mathscr{F}_x \to \mathscr{G}_x$ für jedes $x \in U$ injektiv ist, gibt es zu jedem $x \in U$ eine offene Umgebung $V_x \subset U$ mit $f | V_x = 0$. Mit Garbenaxiom I folgt daraus, daß $f = 0$.

15.7. Bemerkung. Ist $\alpha: \mathscr{F} \to \mathscr{G}$ ein Garben-Epimorphismus, so ist nicht notwendig für jede offene Menge U die Abbildung $\alpha_U: \mathscr{F}(U) \to \mathscr{G}(U)$ surjektiv. Dies zeigt der in (15.4) besprochene Garben-Homomorphismus $\text{ex}: \mathscr{O} \to \mathscr{O}^*$. Für jedes x ist $\text{ex}: \mathscr{O}_x \to \mathscr{O}_x^*$ surjektiv, da lokal jede nichtverschwindende Funktion einen Logarithmus besitzt, aber $\text{ex}: \mathscr{O}(\mathbb{C}^*) \to \mathscr{O}^*(\mathbb{C}^*)$ ist nicht surjektiv.

15.8. Lemma. *Ist* $0 \to \mathscr{F} \xrightarrow{\alpha} \mathscr{G} \xrightarrow{\beta} \mathscr{H}$ *eine exakte Garbensequenz auf dem topologischen Raum* X, *so ist für jede offene Menge* $U \subset X$ *die Sequenz*

$$0 \to \mathscr{F}(U) \xrightarrow{\alpha} \mathscr{G}(U) \xrightarrow{\beta} \mathscr{H}(U)$$

exakt.

Beweis. a) Die Exaktheit von $0 \to \mathscr{F}(U) \xrightarrow{\alpha} \mathscr{G}(U)$ wurde bereits in (15.6) bewiesen.

b) $\operatorname{Im}\alpha \subset \operatorname{Ker}\beta$. Sei $f \in \mathscr{F}(U)$ und $g := \alpha(f)$. Da für jedes $x \in U$ die Sequenz der Halme $\mathscr{F}_x \to \mathscr{G}_x \to \mathscr{H}_x$ exakt ist, besitzt jeder Punkt $x \in U$ eine Umgebung $V_x \subset U$, so daß $\beta(g) | V_x = 0$. Aus Garbenaxiom I folgt daraus $\beta(g) = 0$.

c) Zum Beweis der Inklusion $\operatorname{Ker}\alpha \subset \operatorname{Im}\beta$ geben wir uns ein Element $g \in \mathscr{G}(U)$ mit $\beta(g) = 0$ vor. Da für jedes $x \in U$ gilt $\operatorname{Ker}\beta_x = \operatorname{Im}\alpha_x$, gibt es eine offene Überdeckung $(V_i)_{i \in I}$ von U und Elemente $f_i \in \mathscr{F}(V_i)$ mit $\alpha(f_i) = g | V_i$ für alle $i \in I$. Über dem Durchschnitt $V_i \cap V_j$ gilt dann $\alpha(f_i - f_j) = 0$. Nach (15.6) folgt daraus $f_i = f_j$ über $V_i \cap V_j$. Das Garbenaxiom II liefert nun ein $f \in \mathscr{F}(U)$ mit $f | V_i = f_i$ für alle $i \in I$. Da $\alpha(f) | V_i = \alpha(f | V_i) = g | V_i$, folgt aus Garbenaxiom I, angewandt auf die Garbe $\mathscr{G}$, daß $\alpha(f) = g$, q.e.d.

15.9. Beispiele. Wir geben einige Beispiele von kurzen exakten Garbensequenzen

$$0 \to \mathscr{F} \to \mathscr{G} \to \mathscr{H} \to 0$$

auf einer Riemannschen Fläche X an.

a) $\quad 0 \to \mathscr{O} \to \mathscr{E} \xrightarrow{d''} \mathscr{E}^{0,1} \to 0.$

Dabei ist $\mathscr{O} \to \mathscr{E}$ die natürliche Inklusion. Die Exaktheit folgt aus dem Dolbeaultschen Lemma (13.2).

b) Sei $\mathscr{Z} := \operatorname{Ker}(\mathscr{E}^{(1)} \xrightarrow{d} \mathscr{E}^{(2)})$ die Garbe der geschlossenen Differentialformen. Die Sequenz

$$0 \to \mathbb{C} \to \mathscr{E} \xrightarrow{d} \mathscr{Z} \to 0$$

ist exakt. Daß $d: \mathscr{E} \to \mathscr{Z}$ ein Epimorphismus ist, folgt daraus, daß lokal jede geschlossene Differentialform total ist, vgl. (10.4).

c) $$0 \to \mathbb{C} \to \mathcal{O} \xrightarrow{d} \Omega \to 0.$$

Diese exakte Sequenz ist das holomorphe Analogon zu b).

d) Da $\Omega = \operatorname{Ker}(\mathscr{E}^{1,0} \xrightarrow{d} \mathscr{E}^{(2)})$, ist zum Beweis der Exaktheit von

$$0 \to \Omega \to \mathscr{E}^{1,0} \xrightarrow{d} \mathscr{E}^{(2)} \to 0$$

nur noch zu zeigen, daß $d: \mathscr{E}^{1,0} \to \mathscr{E}^{(2)}$ ein Epimorphismus ist. Bezüglich einer lokalen Karte (U, z) ist

$$d(f\,dz) = \frac{\partial f}{\partial \bar{z}}\, d\bar{z} \wedge dz.$$

Für jede offene Menge $V \subset U$, so daß $z(V) \subset \mathbb{C}$ eine Kreisscheibe ist, folgt deshalb aus dem Dolbeaultschen Lemma (13.2), daß $d: \mathscr{E}^{1,0}(V) \to \mathscr{E}^{(2)}(V)$ surjektiv ist. Deshalb ist $d: \mathscr{E}^{1,0}_a \to \mathscr{E}^{(2)}_a$ für jeden Punkt $a \in X$ surjektiv.

e) Aus (15.3.c) und der Bemerkung (15.7) folgt die Exaktheit der Sequenz

$$0 \to \mathbb{Z} \to \mathcal{O} \xrightarrow{\mathrm{ex}} \mathcal{O}^* \to 0.$$

15.10. Ein Garben-Homomorphismus $\alpha: \mathscr{F} \to \mathscr{G}$ auf dem topologischen Raum X induziert Homomorphismen

$$\alpha^0: H^0(X, \mathscr{F}) \to H^0(X, \mathscr{G}),$$
$$\alpha^1: H^1(X, \mathscr{F}) \to H^1(X, \mathscr{G}).$$

Der Homomorphismus α^0 ist nichts anderes als die Abbildung $\alpha_X: \mathscr{F}(X) \to \mathscr{G}(X)$. Der Homomorphismus α^1 entsteht so: Sei $\mathfrak{U} = (U_i)_{i \in I}$ eine offene Überdeckung von X. Die Abbildung

$$\alpha_{\mathfrak{U}}: C^1(\mathfrak{U}, \mathscr{F}) \to C^1(\mathfrak{U}, \mathscr{G})$$

ordnet einer Cokette $\xi = (f_{ij}) \in C^1(\mathfrak{U}, \mathscr{F})$ als Cokette

$$\alpha_{\mathfrak{U}}(\xi) := (\alpha(f_{ij})) \in C^1(\mathfrak{U}, \mathscr{G})$$

zu. Dabei werden Cozyklen in Cozyklen und Coränder in Coränder übergeführt, also ein Homomorphismus

$$\bar{\alpha}_{\mathfrak{U}}: H^1(\mathfrak{U}, \mathscr{F}) \to H^1(\mathfrak{U}, \mathscr{G})$$

induziert. Die Kollektion der $\bar{\alpha}_{\mathfrak{U}}$, wo $\mathfrak{U}$ alle offenen Überdeckungen von X durchläuft, induziert nunmehr den Homomorphismus α^1.

15.11. Der verbindende Homomorphismus. Gegeben sei eine exakte Garbensequenz

$$0 \to \mathscr{F} \xrightarrow{\alpha} \mathscr{G} \xrightarrow{\beta} \mathscr{H} \to 0$$

auf dem topologischen Raum X. Wir definieren einen „verbindenden" Homomorphismus

$$\delta^* : H^0(X,\mathscr{H}) \to H^1(X,\mathscr{F})$$

auf folgende Weise: Sei

$$h \in H^0(X,\mathscr{H}) = \mathscr{H}(X).$$

Da alle Homomorphismen $\beta_x : \mathscr{G}_x \to \mathscr{H}_x$ surjektiv sind, gibt es eine offene Überdeckung $\mathfrak{U} = (U_i)_{i \in I}$ von X und eine Cokette $(g_i) \in C^0(\mathfrak{U},\mathscr{G})$ mit

(1) $\quad \beta(g_i) = h | U_i \quad$ für alle $\quad i \in I.$

Über $U_i \cap U_j$ gilt deshalb $\beta(g_j - g_i) = 0$. Nach Lemma (15.8) gibt es ein $f_{ij} \in \mathscr{F}(U_i \cap U_j)$ mit

(2) $\quad \alpha(f_{ij}) = g_j - g_i.$

Da über $U_i \cap U_j \cap U_k$ gilt $\alpha(f_{ij} + f_{jk} - f_{ik}) = 0$, folgt aus (15.6), daß $f_{ij} + f_{jk} = f_{ik}$, d.h.

$$(f_{ij}) \in Z^1(\mathfrak{U},\mathscr{F}).$$

Es sei nun $\delta^* h \in H^1(X,\mathscr{F})$ die durch (f_{ij}) repräsentierte Cohomologieklasse. Man überlegt sich leicht, daß diese Definition unabhängig ist von den verschiedenen Wahlmöglichkeiten, die man hat.

15.12. Satz. *Sei X ein topologischer Raum und*

$$0 \to \mathscr{F} \xrightarrow{\alpha} \mathscr{G} \xrightarrow{\beta} \mathscr{H} \to 0$$

eine exakte Garbensequenz auf X. Dann ist die induzierte Sequenz

$$0 \to H^0(X,\mathscr{F}) \xrightarrow{\alpha^0} H^0(X,\mathscr{G}) \xrightarrow{\beta^0} H^0(X,\mathscr{H}) \xrightarrow{\delta^*}$$
$$\xrightarrow{\delta^*} H^1(X,\mathscr{F}) \xrightarrow{\alpha^1} H^1(X,\mathscr{G}) \xrightarrow{\beta^1} H^1(X,\mathscr{H})$$

der Cohomologiegruppen exakt.

Beweis. a) Die Exaktheit an den Stellen $H^0(X,\mathscr{F})$ und $H^0(X,\mathscr{G})$ folgt aus dem Lemma (15.8).

b) $\operatorname{Im}\beta^0 \subset \operatorname{Ker}\delta^*$. Sei $g \in H^0(X,\mathscr{G})$ und $h := \beta^0(g)$. In der in (15.11) beschriebenen Konstruktion von $\delta^* h$ kann man $g_i = g | U_i$ wählen. Dann ergibt sich $f_{ij} = 0$, also $\delta^* h = 0$.

c) $\operatorname{Ker}\delta^* \subset \operatorname{Im}\beta^0$. Sei $h \in \operatorname{Ker}\delta^*$. Mit den Bezeichnungen von (15.11) wird $\delta^* h$ repräsentiert durch den Cozyklus $(f_{ij}) \in Z^1(\mathfrak{U},\mathscr{F})$. Da $\delta^* h = 0$, gibt es eine Cokette $(f_i) \in C^0(\mathfrak{U},\mathscr{F})$ mit $f_{ij} = f_j - f_i$ über $U_i \cap U_j$. Setzt man $\tilde{g}_i := g_i - \alpha(f_i)$, so folgt wegen $\alpha(f_{ij})=g_j-g_i$, daß $\tilde{g}_i=\tilde{g}_j$ über $U_i\cap U_j$. Die $\tilde{g}_i$ setzen sich also zu einem globalen Element $g\in H^0(X,\mathscr{G})$ zusammen. Über U_i gilt $\beta(g)=\beta(\tilde{g}_i)=\beta(g_i-\alpha(f_i))=$ $=\beta(g_i)=h$, d.h. $h\in\operatorname{Im}\beta^0$.

d) $\operatorname{Im}\delta^*\subset\operatorname{Ker}\alpha^1$. Diese Inklusion folgt aus der Beziehung (2) in (15.11).

e) $\operatorname{Ker}\alpha^1\subset\operatorname{Im}\delta^*$. Sei $\xi\in\operatorname{Ker}\alpha^1$ repräsentiert durch den Cozyklus $(f_{ij})\in Z^1(\mathfrak{U},\mathscr{F})$. Wegen $\alpha^1(\xi)=0$ gibt es eine Cokette $(g_i)\in C^0(\mathfrak{U},\mathscr{G})$ mit $\alpha(f_{ij})=g_j-g_i$ über $U_i\cap U_j$. Daraus folgt

$$0=\beta\left(\alpha(f_{ij})\right)=\beta(g_j)-\beta(g_i) \quad \text{über} \quad U_i\cap U_j.$$

Es gibt deshalb ein $h\in\mathscr{H}(X)=H^0(X,\mathscr{H})$ mit $h|U_i=\beta(g_i)$. Aus der Konstruktion in (15.11) sieht man, daß $\delta^*h=\xi$.

f) $\operatorname{Im}\alpha^1\subset\operatorname{Ker}\beta^1$. Dies folgt daraus, daß

$$\mathscr{F}(U_i\cap U_j)\xrightarrow{\alpha}\mathscr{G}(U_i\cap U_j)\xrightarrow{\beta}\mathscr{H}(U_i\cap U_j)$$

nach (15.8) exakt ist.

g) $\operatorname{Ker}\beta^1\subset\operatorname{Im}\alpha^1$. Sei $\eta\in\operatorname{Ker}\beta^1$ repräsentiert durch den Cozyklus $(g_{ij})\in Z^1(\mathfrak{U},\mathscr{G})$, wobei $\mathfrak{U}=(U_i)_{i\in I}$. Es gibt dann eine Cokette $(h_i)\in C^0(\mathfrak{U},\mathscr{H})$ mit $\beta(g_{ij})=h_j-h_i$. Zu jedem $x\in X$ wählen wir ein $\tau x\in I$ mit $x\in U_{\tau x}$. Da $\beta_x:\mathscr{G}_x\to\mathscr{H}_x$ surjektiv ist, gibt es eine offene Umgebung $V_x\subset U_{\tau x}$ von x und ein Element $g_x\in\mathscr{G}(V_x)$ mit $\beta(g_x)=h_{\tau x}|V_x$. Sei $\mathfrak{V}=(V_x)_{x\in X}$ und $\tilde{g}_{xy}=g_{\tau x,\tau y}|V_x\cap V_y$. Dann ist $(\tilde{g}_{xy})\in Z^1(\mathfrak{V},\mathscr{G})$ ein Cozyklus, der ebenfalls die Cohomologieklasse η repräsentiert. Sei $\psi_{xy}:=$ $\tilde{g}_{xy}-g_y+g_x$. Der Cozyklus (ψ_{xy}) ist zu $(\tilde{g}_{xy})$ cohomolog und es gilt $\beta(\psi_{xy})=0$, es existiert also ein $f_{xy}\in\mathscr{F}(V_x\cap V_y)$ mit $\alpha(f_{xy})=\psi_{xy}$. Da

$$\alpha:\mathscr{F}(V_x\cap V_y\cap V_z)\to\mathscr{G}(V_x\cap V_y\cap V_z)$$

nach (15.6) injektiv ist, ist $(f_{xy})\in Z^1(\mathfrak{V},\mathscr{F})$. Für die Cohomologieklasse $\xi\in H^1(X,\mathscr{F})$ von (f_{xy}) gilt dann $\alpha^1(\xi)=\eta$.
Damit ist Satz (15.12) bewiesen.

15.13. Satz. *Es sei* $0\to\mathscr{F}\xrightarrow{\alpha}\mathscr{G}\xrightarrow{\beta}\mathscr{H}\to 0$ *eine exakte Garbensequenz auf dem topologischen Raum X mit* $H^1(X,\mathscr{G})=0$. *Dann gilt*

$$H^1(X,\mathscr{F})\cong\mathscr{H}(X)/\beta\mathscr{G}(X).$$

Beweis. Wegen $H^1(X,\mathscr{G})=0$ liefert Satz (15.12) eine exakte Sequenz

$$\mathscr{G}(X)\xrightarrow{\beta}\mathscr{H}(X)\xrightarrow{\delta^*}H^1(X,\mathscr{F})\to 0.$$

Daraus folgt die Behauptung.
Für manche Anwendungen ist es wichtig, den Isomorphismus

$$\Phi: H^1(X,\mathscr{F})\xrightarrow{\sim}\mathscr{H}(X)/\beta\mathscr{G}(X)$$

explizit zu beschreiben. Nach Lemma (15.8) können wir annehmen, daß $\mathscr{F}=\operatorname{Ker}\beta$ und $\alpha:\mathscr{F}\to\mathscr{G}$ die Inklusion ist.

Sei $\xi \in H^1(X,\mathscr{F})$ eine Cohomologieklasse, die durch den Cozyklus $(f_{ij}) \in Z^1(\mathfrak{U},\mathscr{F}) \subset Z^1(\mathfrak{U},\mathscr{G})$ repräsentiert werde. Da $H^1(\mathfrak{U},\mathscr{G})=0$, gibt es eine Cokette $(g_i) \in C^0(\mathfrak{U},\mathscr{G})$ mit $f_{ij}=g_j-g_i$ über $U_i \cap U_j$. Da $\beta(f_{ij})=0$, stimmen $\beta(g_j)$ und $\beta(g_i)$ über $U_i \cap U_j$ überein, setzen sich also zu einem globalen Element $h \in \mathscr{H}(X)$ zusammen. Jetzt ist $\Phi(\xi)$ die Restklasse von h modulo $\beta\mathscr{G}(X)$.

Daß die so beschriebene Abbildung Φ die Umkehrung des durch die exakte Cohomologiesequenz induzierten Isomorphismus $\mathscr{H}(X)/\beta\mathscr{G}(X) \xrightarrow{\sim} H^1(X,\mathscr{F})$ ist, folgt aus Punkt e) des Beweises von (15.12).

15.14. Satz von Dolbeault. *Auf jeder Riemannschen Fläche X hat man Isomorphien*

a) $H^1(X,\mathcal{O}) \cong \mathscr{E}^{0,1}(X)/d''\mathscr{E}(X)$,
b) $H^1(X,\Omega) \cong \mathscr{E}^{(2)}(X)/d\mathscr{E}^{1,0}(X)$.

Dies folgt wegen $H^1(X,\mathscr{E}^{0,1})=H^1(X,\mathscr{E}^{(2)})=0$ mit Satz (15.13) aus den exakten Sequenzen (15.9.a) und (15.9.d).

Bemerkung. Satz (13.4) ist ein Spezialfall des Satzes von Dolbeault.

15.15. Die de Rhamsche Gruppe. Auf einer Riemannschen Fläche X ist jede totale Differentialform geschlossen, aber nicht notwendig jede geschlossene Differentialform total. Man betrachtet daher die Quotientengruppe

$$\mathrm{Rh}^1(X) := \frac{\mathrm{Ker}\left(\mathscr{E}^{(1)}(X) \xrightarrow{d} \mathscr{E}^{(2)}(X)\right)}{\mathrm{Im}\left(\mathscr{E}(X) \xrightarrow{d} \mathscr{E}^{(1)}(X)\right)}$$

der geschlossenen Differentialformen modulo den totalen. Zwei geschlossene Differentialformen, die dasselbe Element von $\mathrm{Rh}^1(X)$ bestimmen, deren Differenz also total ist, nennt man cohomolog.
$\mathrm{Rh}^1(X)$ heißt die 1. de Rhamsche Gruppe von X. Genau dann gilt $\mathrm{Rh}^1(X)=0$, wenn jede geschlossene Differentialform $\omega \in \mathscr{E}^{(1)}(X)$ eine Stammfunktion besitzt. Nach (10.7) ist $\mathrm{Rh}^1(X)=0$, falls X einfach zusammenhängt.

Satz von de Rham. *Auf jeder Riemannschen Fläche X gilt*

$$H^1(X,\mathbb{C}) \cong \mathrm{Rh}^1(X).$$

Dies folgt mit (15.13) aus der exakten Sequenz (15.9.b). Satz (12.7.a) ist ein Spezialfall des Satzes von de Rham.

Bemerkung. Die hier nur für Riemannsche Flächen bewiesenen Sätze von de Rham und Dolbeault gelten in allgemeiner Form auf differenzierbaren bzw. komplexen Mannigfaltigkeiten beliebiger Dimension. Wir verweisen hierzu auf die Lehrbücher der komplexen Analysis mehrerer Veränderlichen, z.B. [30], [31], [32], [33], [34].

Eine systematische Einführung in die Garben- und Cohomologietheorie, von der wir in den §§ 6, 12 und 15 nur die einfachsten Grundbegriffe behandelt haben, findet der Leser in [42].

§ 16. Der Satz von Riemann-Roch

Der Satz von Riemann-Roch ist der zentrale Satz in der Theorie der kompakten Riemannschen Flächen. Grob gesprochen macht er eine Aussage über die Anzahl linear unabhängiger meromorpher Funktionen, deren Polstellenverhalten gewissen Einschränkungen unterworfen ist.

16.1. Divisoren. Sei X eine Riemannsche Fläche. Ein Divisor auf X ist eine Abbildung

$$D: X \to \mathbb{Z}$$

mit der Eigenschaft, daß zu jeder kompakten Teilmenge $K \subset X$ nur endlich viele Punkte $x \in K$ existieren mit $D(x) \neq 0$.
Bezüglich der Addition bildet die Menge aller Divisoren auf X eine abelsche Gruppe, die mit $\operatorname{Div}(X)$ bezeichnet werde.
Man führt in $\operatorname{Div}(X)$ eine teilweise Ordnung ein. Für $D, D' \in \operatorname{Div}(X)$ setzt man $D \leq D'$, falls $D(x) \leq D'(x)$ für alle $x \in X$.

16.2. Divisor von meromorphen Funktionen und Differentialformen. Sei X eine Riemannsche Fläche und Y eine offene Teilmenge von X. Für eine meromorphe Funktion $f \in \mathcal{M}(Y)$ und $a \in Y$ definiert man

$$\operatorname{ord}_a(f) := \begin{cases} 0, & \text{falls } f \text{ in } a \text{ holomorph und ungleich } 0 \text{ ist,} \\ k, & \text{falls } f \text{ in } a \text{ eine Nullstelle } k\text{-ter Ordnung hat,} \\ -k, & \text{falls } f \text{ in } a \text{ einen Pol } k\text{-ter Ordnung hat,} \\ \infty, & \text{falls } f \text{ in einer Umgebung von } a \text{ identisch } 0 \text{ ist.} \end{cases}$$

Für eine meromorphe Funktion $f \in \mathcal{M}(X) \setminus \{0\}$ ist deshalb die Abbildung $x \mapsto \operatorname{ord}_x(f)$ ein Divisor auf X, der der Divisor von f heißt und mit (f) bezeichnet wird.
Die Funktion f heißt *Vielfaches* eines Divisors D, falls $(f) \geq D$. Genau dann ist f holomorph, wenn $(f) \geq 0$.
Für eine meromorphe Differentialform $\omega \in \mathcal{M}^{(1)}(Y)$ erklärt man die Ordnung in einem Punkt $a \in Y$ folgendermaßen:
Man wähle eine Koordinaten-Umgebung (U, z) von a. In $U \cap Y$ schreibt sich ω als $\omega = f\,dz$ mit einer meromorphen Funktion f. Man setzt $\operatorname{ord}_a(\omega) = \operatorname{ord}_a(f)$.
Wieder ist für eine Differentialform $\omega \in \mathcal{M}^{(1)}(X) \setminus \{0\}$ die Abbildung $x \mapsto \operatorname{ord}_x(\omega)$ ein Divisor auf X, der mit (ω) bezeichnet wird.
Für $f, g \in \mathcal{M}(X) \setminus \{0\}$ und $\omega \in \mathcal{M}^{(1)}(X) \setminus \{0\}$ gelten die Beziehungen

$$(fg) = (f) + (g), \quad \left(\frac{1}{f}\right) = -(f),$$
$$(f\omega) = (f) + (\omega).$$

Ein Divisor $D \in \mathrm{Div}(X)$ heißt *Hauptdivisor*, wenn es eine Funktion $f \in \mathcal{M}(X) \setminus \{0\}$ gibt, so daß $D = (f)$. Zwei Divisoren $D, D' \in \mathrm{Div}(X)$ heißen *äquivalent*, wenn ihre Differenz $D - D'$ ein Hauptdivisor ist.
Unter einem *kanonischen Divisor* versteht man den Divisor (ω) einer meromorphen Differentialform $\omega \in \mathcal{M}^{(1)}(X) \setminus \{0\}$.
Je zwei kanonische Divisoren sind äquivalent, denn zu $\omega_1, \omega_2 \in \mathcal{M}^{(1)}(X) \setminus \{0\}$ existiert eine Funktion $f \in \mathcal{M}(X) \setminus \{0\}$ mit $\omega_1 = f\omega_2$, also $(\omega_1) - (\omega_2) = (f)$.

16.3. Grad eines Divisors. Sei jetzt X eine *kompakte* Riemannsche Fläche. Für jedes $D \in \mathrm{Div}(X)$ ist dann $D(x) \neq 0$ nur für endlich viele $x \in X$. Man kann deshalb einen Grad

$$\deg : \mathrm{Div}(X) \to \mathbb{Z}$$

definieren durch

$$\deg D := \sum_{x \in X} D(x).$$

Die Abbildung deg ist ein Gruppen-Homomorphismus. Für einen Hauptdivisor (f) auf einer kompakten Riemannschen Fläche gilt $\deg(f) = 0$, da eine meromorphe Funktion ebensoviele Nullstellen wie Pole hat. Deshalb haben äquivalente Divisoren denselben Grad.

16.4. Die Garben $\mathcal{O}_D$. Sei D ein Divisor auf der Riemannschen Fläche X. Für eine offene Menge $U \subset X$ bestehe $\mathcal{O}_D(U)$ aus allen meromorphen Funktionen in U, die Vielfache des Divisors $-D$ sind, d.h.

$$\mathcal{O}_D(U) := \{ f \in \mathcal{M}(U) : \mathrm{ord}_x(f) \geq -D(x) \quad \text{für alle} \quad x \in U \}.$$

Zusammen mit den natürlichen Beschränkungsabbildungen ist $\mathcal{O}_D$ eine Garbe. Speziell für den Nulldivisor $D = 0$ gilt $\mathcal{O}_0 = \mathcal{O}$.
Sind $D, D' \in \mathrm{Div}(X)$ äquivalente Divisoren, so sind die Garben $\mathcal{O}_D$ und $\mathcal{O}_{D'}$ isomorph. Einen Isomorphismus erhält man folgendermaßen: Sei $\psi \in \mathcal{M}(X) \setminus \{0\}$ mit $D - D' = (\psi)$. Dann ist der durch Multiplikation mit ψ induzierte Garben-Homomorphismus

$$\mathcal{O}_D \to \mathcal{O}_{D'}, \quad f \mapsto \psi f,$$

ein Isomorphismus.

16.5. Satz. *Sei X eine kompakte Riemannsche Fläche und $D \in \mathrm{Div}(X)$ ein Divisor mit $\deg D < 0$. Dann gilt $H^0(X, \mathcal{O}_D) = 0$.*

Beweis. Angenommen, es gäbe ein $f \in H^0(X, \mathcal{O}_D)$, $f \neq 0$. Dann wäre $(f) \geq -D$, also

$$\deg(f) \geq -\deg D > 0.$$

Dies ist aber ein Widerspruch zu $\deg(f) = 0$.

16.6. Die Garben $\mathscr{H}^D_{D'}$. Seien D und D' zwei Divisoren auf der Riemannschen Fläche X mit $D \le D'$. Für jede offene Menge $U \subset X$ ist dann $\mathcal{O}_D(U) \subset \mathcal{O}_{D'}(U)$, man hat also einen natürlichen Garben-Monomorphismus $\mathcal{O}_D \to \mathcal{O}_{D'}$.

Sei $x \in X$ ein Punkt, (U, z) eine Koordinaten-Umgebung von x mit $z(x)=0$ sowie $k:=D(x)$ und $k':=D'(x)$. Der Halm $\mathcal{O}_{D,x}$ besteht aus allen meromorphen Funktionskeimen f in x, deren Laurent-Entwicklung folgende Gestalt hat:

$$f=\sum_{\nu=-k}^{\infty} c_\nu z^\nu .$$

Entsprechendes gilt für $\mathcal{O}_{D',x}$. Deshalb ist der Quotient $\mathcal{O}_{D',x}/\mathcal{O}_{D,x}$ ein $\mathbb{C}$-Vektorraum der Dimension $k'-k$. Jedes Element von $\mathcal{O}_{D',x}/\mathcal{O}_{D,x}$ kann (bei gegebener lokaler Koordinate z) eindeutig repräsentiert werden durch eine Summe

$$\sum_{\nu=-k'}^{-k-1} c_\nu z^\nu, \quad c_\nu \in \mathbb{C}.$$

Wir definieren die Garbe $\mathscr{H}^D_{D'}$ durch

$$\mathscr{H}^D_{D'}(U):=\prod_{x\in U} \mathcal{O}_{D',x}/\mathcal{O}_{D,x} \quad \text{für } U \text{ offen in } X$$

und den natürlichen Beschränkungsabbildungen. Die beiden Garbenaxiome sind trivialerweise erfüllt.

Für jede offene Menge $U \subset X$ mit $D|U = D'|U$ gilt $\mathscr{H}^D_{D'}=0$. Daraus folgt $\mathscr{H}^D_{D',x}=0$ für alle $x \in X$ mit $D(x)=D'(x)$. Allgemein gilt $\mathscr{H}^D_{D',x}=\mathcal{O}_{D',x}/\mathcal{O}_{D,x}$. Man hat einen kanonischen Garben-Epimorphismus $\mathcal{O}_{D'} \to \mathscr{H}^D_{D'}$, dessen Kern $\mathcal{O}_D$ ist, also eine exakte Garbensequenz

$$(*) \qquad 0 \to \mathcal{O}_D \to \mathcal{O}_{D'} \to \mathscr{H}^D_{D'} \to 0 .$$

16.7. Lemma. *Mit den obigen Bezeichnungen gilt*

$$H^1(X, \mathscr{H}^D_{D'})=0 .$$

Ist X kompakt, so gilt außerdem

$$\dim H^0(X, \mathscr{H}^D_{D'}) = \deg D' - \deg D .$$

Beweis. Sei S die Menge aller Punkte $x \in X$, für die $D(x) \neq D'(x)$. Die Menge S ist abgeschlossen und diskret.

a) Sei $\xi \in H^1(X, \mathscr{H}^D_{D'})$ eine Cohomologieklasse, die durch einen Cozyklus aus $Z^1(\mathfrak{U}, \mathscr{H}^D_{D'})$ repräsentiert wird. Die Überdeckung $\mathfrak{U}$ besitzt eine Verfeinerung $\mathfrak{B}=(V_\alpha)_{\alpha\in A}$ mit folgender Eigenschaft: Jedes V_α enthält höchstens einen Punkt von S. Für $\alpha \neq \beta$ ist dann $\mathscr{H}^D_{D'}(V_\alpha \cap V_\beta)=0$, also $Z^1(\mathfrak{B}, \mathscr{H}^D_{D'})=0$. Daraus folgt $\xi=0$.

b) Ist X kompakt, so ist S endlich und

$$\dim H^0(X, \mathscr{H}^D_{D'}) = \dim \prod_{x\in S} \mathcal{O}_{D',x}/\mathcal{O}_{D,x} = \sum_{x\in S} \big(D'(x)-D(x)\big) = \deg D' - \deg D .$$

Die exakte Cohomologiesequenz zur exakten Garbensequenz $(*)$ liefert nun:

16.8. Corollar. *Ist X eine Riemannsche Fläche und sind $D \leq D'$ zwei Divisoren auf X, so hat man eine exakte Sequenz*

$$0 \to H^0(X, \mathcal{O}_D) \to H^0(X, \mathcal{O}_{D'}) \to H^0(X, \mathcal{H}_{D'}^D) \to H^1(X, \mathcal{O}_D) \to H^1(X, \mathcal{O}_{D'}) \to 0.$$

16.9. Satz von Riemann-Roch. *Für jeden Divisor D auf einer kompakten Riemannschen Fläche X vom Geschlecht g sind $H^0(X, \mathcal{O}_D)$ und $H^1(X, \mathcal{O}_D)$ endlich-dimensionale Vektorräume und es gilt*

$$\dim H^0(X, \mathcal{O}_D) - \dim H^1(X, \mathcal{O}_D) = 1 - g + \deg D.$$

Beweis. a) Die Aussage ist richtig für den Divisor $D=0$. Denn $H^0(X,\mathcal{O}) = \mathcal{O}(X)$ besteht nur aus den konstanten Funktionen, also $\dim H^0(X,\mathcal{O}) = 1$ und nach Definition ist $\dim H^1(X,\mathcal{O}) = g$.

b) Seien $D \leq D'$ zwei Divisoren auf X. Für einen der beiden Divisoren gelte die Aussage von Riemann-Roch. Wir spalten die exakte Sequenz aus (16.8) in zwei kurze exakte Sequenzen auf. Sei

$$V_{D'}^D := \operatorname{Im}\big(H^0(X, \mathcal{O}_{D'}) \to H^0(X, \mathcal{H}_{D'}^D)\big),$$
$$W_{D'}^D := H^0(X, \mathcal{H}_{D'}^D) / V_{D'}^D.$$

Es gilt $\dim V_{D'}^D + \dim W_{D'}^D = \deg D' - \deg D$ und die Sequenzen

$$0 \to H^0(X, \mathcal{O}_D) \to H^0(X, \mathcal{O}_{D'}) \to V_{D'}^D \to 0,$$
$$0 \to W_{D'}^D \to H^1(X, \mathcal{O}_D) \to H^1(X, \mathcal{O}_{D'}) \to 0$$

sind exakt. Daraus folgt, daß alle auftretenden Vektorräume endlich-dimensional sind und die Dimensionsgleichungen

$$\dim H^0(X, \mathcal{O}_{D'}) = \dim H^0(X, \mathcal{O}_D) + \dim V_{D'}^D$$
$$\dim H^1(X, \mathcal{O}_D) = \dim H^1(X, \mathcal{O}_{D'}) + \dim W_{D'}^D$$

bestehen. Durch Addition der beiden Gleichungen erhält man

$$\dim H^0(X, \mathcal{O}_{D'}) - \dim H^1(X, \mathcal{O}_{D'}) - \deg D' =$$
$$= \dim H^0(X, \mathcal{O}_D) - \dim H^1(X, \mathcal{O}_D) - \deg D.$$

Daraus folgt: Gilt die Riemann-Rochsche Formel für einen der beiden Divisoren, so auch für den anderen. Nach a) gilt der Satz also für jeden Divisor $D' \geq 0$. Ist D ein beliebiger Divisor, so kann man einen Divisor D' finden mit $D' \geq 0$ und $D \leq D'$. Daher gilt der Satz auch für D, q.e.d.

16.10. Spezialitätsindex. Man nennt

$$i(D) := \dim H^1(X, \mathcal{O}_D)$$

den Spezialitätsindex des Divisors D. Man kann den Satz von Riemann-Roch damit in der Form

$$\dim H^0(X, \mathcal{O}_D) = 1 - g + \deg D + i(D)$$

schreiben. Wir werden in (17.16) beweisen, daß $i(D)=0$, falls $\deg D > 2g-2$. In jedem Fall ist $i(D) \geq 0$, man hat also eine Abschätzung von $\dim H^0(X, \mathcal{O}_D)$ nach unten.

Aus Satz (16.5) folgt, daß

$$i(D) = g-1-\deg D, \quad \text{falls} \quad \deg D < 0.$$

16.11. Satz. *Sei X eine kompakte Riemannsche Fläche vom Geschlecht g und a ein Punkt von X. Dann gibt es eine nicht-konstante meromorphe Funktion f auf X, die in a einen Pol der Ordnung* $\leq g+1$ *hat und sonst holomorph ist.*

Beweis. Sei $D: X \to \mathbb{Z}$ der Divisor mit $D(a)=g+1$ und $D(x)=0$ für $x \neq a$. Nach dem Satz von Riemann-Roch ist

$$\dim H^0(X, \mathcal{O}_D) \geq 1-g+\deg D = 2.$$

Es gibt also eine nicht-konstante Funktion $f \in H^0(X, \mathcal{O}_D)$. Diese Funktion erfüllt die Bedingungen des Satzes.

16.12. Corollar. *Zu jeder Riemannschen Fläche X vom Geschlecht g gibt es eine holomorphe Überlagerungsabbildung* $f: X \to \mathbb{P}_1$ *mit höchstens* $g+1$ *Blättern.*

Beweis. Die in Satz (16.11) genannte Funktion f stellt nach Satz (4.24) eine solche Überlagerungsabbildung dar, da der Wert ∞ mit einer Vielfachheit $\leq g+1$ angenommen wird.

16.13. Corollar. *Jede Riemannsche Fläche vom Geschlecht null ist isomorph zur Riemannschen Zahlenkugel.*

Dies folgt daraus, daß eine ein-blättrige Überlagerung biholomorph ist.

§ 17. Der Serresche Dualitätssatz

Der Serresche Dualitätssatz erlaubt eine einfachere Interpretation der Cohomologiegruppen $H^1(X, \mathcal{O}_D)$ mit Hilfe von Differentialformen. Es ergibt sich, daß $\dim H^1(X, \mathcal{O}_D)$ gleich der Maximalzahl linear unabhängiger meromorpher Differentialformen ist, die Vielfache des Divisors D sind. Als Folgerung aus dem Dualitätssatz beweisen wir u.a. die Riemann-Hurwitzsche Formel, mit der man das Geschlecht einer Überlagerung aus der Blätterzahl und der Verzweigungsordnung berechnen kann.

17.1. Definition einer Linearform $\mathrm{Res}: H^1(X,\Omega)\to\mathbb{C}$. Sei X eine kompakte Riemannsche Fläche. Nach (15.14) induziert die exakte Sequenz

$$0\to\Omega\to\mathscr{E}^{1,0}\xrightarrow{d}\mathscr{E}^{(2)}\to 0$$

einen Isomorphismus $H^1(X,\Omega)\cong\mathscr{E}^{(2)}(X)/d\mathscr{E}^{1,0}(X)$. Sei $\xi\in H^1(X,\Omega)$ und $\omega\in\mathscr{E}^{(2)}(X)$ ein Repräsentant von ξ vermöge dieses Isomorphismus. Wir setzen

$$\mathrm{Res}(\xi):=\frac{1}{2\pi i}\iint_X\omega.$$

Diese Definition ist wegen Satz (10.20) unabhängig von der Auswahl des Repräsentanten ω.

17.2. Mittag-Leffler-Verteilungen von Differentialformen. Sei X eine Riemannsche Fläche, $\mathscr{M}^{(1)}$ die Garbe der meromorphen Differentialformen auf X und $\mathfrak{U}=(U_i)_{i\in I}$ eine offene Überdeckung von X. Eine Cokette $\mu=(\omega_i)\in C^0(\mathfrak{U},\mathscr{M}^{(1)})$ heißt *Mittag-Leffler-Verteilung*, falls die Differenzen $\omega_j-\omega_i$ in $U_i\cap U_j$ holomorph sind, d.h. $\delta\mu\in Z^1(\mathfrak{U},\Omega)$. Wir bezeichnen mit $[\delta\mu]\in H^1(X,\Omega)$ die Cohomologieklasse von $\delta\mu$.

Sei a ein Punkt von X. Das *Residuum* der Mittag-Leffler-Verteilung $\mu=(\omega_i)$ im Punkt a wird so definiert: Man wählt ein $i\in I$ mit $a\in U_i$ und setzt

$$\mathrm{Res}_a(\mu):=\mathrm{Res}_a(\omega_i).$$

Da für $a\in U_i\cap U_j$ die Differenz $\omega_i-\omega_j$ holomorph ist, haben ω_i und ω_j in a dasselbe Residuum; die Definition ist also unabhängig von der Auswahl von $i\in I$.

Wir setzen jetzt voraus, daß die Riemannsche Fläche X *kompakt* ist. Dann gilt $\mathrm{Res}_a(\mu)\neq 0$ nur für endlich viele Punkte a. Man kann also definieren

$$\mathrm{Res}(\mu):=\sum_{a\in X}\mathrm{Res}_a(\mu).$$

Wir zeigen jetzt, wie dieses Residuum mit der in (17.1) definierten Abbildung Res zusammenhängt.

17.3. Satz. *Mit den obigen Bezeichnungen gilt* $\mathrm{Res}(\mu)=\mathrm{Res}([\delta\mu])$.

Beweis. Zur Berechnung von $\mathrm{Res}([\delta\mu])$ müssen wir die Konstruktion des Isomorphismus $H^1(X,\Omega)\cong\mathscr{E}^{(2)}(X)/d\mathscr{E}^{1,0}(X)$ explizit verfolgen (vgl. 15.13).

Wegen $\delta\mu=(\omega_j-\omega_i)\in Z^1(\mathfrak{U},\Omega)\subset Z^1(\mathfrak{U},\mathscr{E}^{1,0})$ und $H^1(X,\mathscr{E}^{1,0})=0$ gibt es eine Cokette $(\sigma_i)\in C^0(\mathfrak{U},\mathscr{E}^{1,0})$ mit

$$\omega_j-\omega_i=\sigma_j-\sigma_i \quad \text{über} \quad U_i\cap U_j.$$

Weil $d(\omega_j-\omega_i)=d''(\omega_j-\omega_i)=0$, folgt daraus $d\sigma_i=d\sigma_j$ über $U_i\cap U_j$, es gibt also eine globale Differentialform $\omega\in\mathscr{E}^{(2)}(X)$ mit $\omega|U_i=d\sigma_i$. Diese Differentialform repräsentiert die Cohomologieklasse $[\delta\mu]$, also ist

$$\mathrm{Res}([\delta\mu])=\frac{1}{2\pi i}\iint_X\omega.$$

Es seien $a_1, \ldots, a_n \in X$ die endlich vielen Polstellen von μ und $X' = X \setminus \{a_1, \ldots, a_n\}$. Über $X' \cap U_i \cap U_j$ ist $\sigma_i - \omega_i = \sigma_j - \omega_j$, also existiert eine Differentialform $\sigma \in \mathscr{E}^{1,0}(X')$ mit $\sigma = \sigma_i - \omega_i$ über $X' \cap U_i$. Es gilt $\omega = d\sigma$ in X'.
Zu jedem a_k gibt es ein $i(k) \in I$ mit $a_k \in U_{i(k)}$ und eine Koordinaten-Umgebung (V_k, z_k) mit $V_k \subset U_{i(k)}$ und $z_k(a_k) = 0$. Wir dürfen annehmen, daß die V_k paarweise disjunkt sind und daß $z_k(V_k) \subset \mathbb{C}$ der Einheitskreis ist. Wir wählen für jedes k eine Funktion $f_k \in \mathscr{E}(X)$ mit $\operatorname{Supp}(f_k) \subset V_k$, so daß es eine offene Umgebung $V_k' \subset V_k$ von a_k gibt mit $f_k | V_k' = 1$. Wir setzen

$$g := 1 - (f_1 + \cdots + f_n).$$

Da $g | V_k' = 0$, läßt sich $g\sigma$ durch Null in die Punkte a_k fortsetzen und als Element von $\mathscr{E}^{1,0}(X)$ auffassen. Nach (10.20) gilt

$$\iint_X d(g\sigma) = 0.$$

In $V_k' \setminus \{a_k\}$ gilt $d(f_k\sigma) = d\sigma = d(\sigma_{i(k)} - \omega_{i(k)}) = d\sigma_{i(k)}$, also läßt sich $d(f_k\sigma)$ differenzierbar nach a_k fortsetzen. In $X' \setminus \operatorname{Supp}(f_k)$ verschwindet $f_k\sigma$, daher läßt sich $d(f_k\sigma)$ als Element von $\mathscr{E}^{(2)}(X)$ auffassen. Wegen $\omega = d(g\sigma) + \Sigma d(f_k\sigma)$ folgt

$$\iint_X \omega = \sum_{k=1}^n \iint_X d(f_k\sigma) = \sum_{k=1}^n \iint_{V_k} d(f_k\sigma_{i(k)} - f_k\omega_{i(k)}).$$

Wieder nach (10.20) ist

$$\iint_{V_k} d(f_k\sigma_{i(k)}) = 0$$

und wie in (10.21) beweist man

$$\iint_{V_k} d(f_k\omega_{i(k)}) = -2\pi i \operatorname{Res}_{a_k}(\omega_{i(k)}).$$

Faßt man alles zusammen, erhält man

$$\frac{1}{2\pi i}\iint_X \omega = \sum_{k=1}^n \operatorname{Res}_{a_k}(\omega_{i(k)}) = \operatorname{Res}(\mu), \text{q.e.d.}$$

17.4. Die Garben Ω_D. Sei X eine kompakte Riemannsche Fläche. Für einen Divisor $D \in \operatorname{Div}(X)$ bezeichne Ω_D die Garbe der meromorphen Differentialformen, die Vielfache von $-D$ sind. Für eine offene Menge $U \subset X$ besteht also $\Omega_D(U)$ aus allen Differentialformen $\omega \in \mathscr{M}^{(1)}(U)$ mit $\operatorname{ord}_x(\omega) \geq -D(x)$ für alle $x \in U$. Insbesondere ist $\Omega_0 = \Omega$ die Garbe aller holomorphen Differentialformen.

Sei $\omega \in \mathscr{M}^{(1)}(X)$ eine nichtverschwindende meromorphe Differentialform auf X, z.B. $\omega = df$ mit einer nicht-konstanten meromorphen Funktion $f \in \mathscr{M}(X)$. Sei K der Divisor von ω. Für einen beliebigen Divisor $D \in \operatorname{Div}(X)$ induziert dann die Multiplikation mit ω einen Garbenisomorphismus

$$\mathcal{O}_{D+K} \xrightarrow{\sim} \Omega_D, \quad f \mapsto f\omega.$$

Hilfssatz. *Es gibt eine Konstante* $k_0 \in \mathbb{Z}$, *so daß*

$$\dim H^0(X, \Omega_D) \geq \deg D + k_0$$

für alle $D \in \mathrm{Div}(X)$.

Beweis. Seien ω und K wie oben. Das Geschlecht von X sei gleich g. Wir setzen $k_0 := 1 - g + \deg K$. Dann gilt nach Riemann-Roch

$$\begin{aligned}\dim H^0(X, \Omega_D) &= \dim H^0(X, \mathcal{O}_{D+K}) = \\ &= \dim H^1(X, \mathcal{O}_{D+K}) + 1 - g + \deg(D+K) \geq \deg D + k_0 .\end{aligned}$$

17.5. Definition einer dualen Paarung. Sei X eine kompakte Riemannsche Fläche und $D \in \mathrm{Div}(X)$ ein Divisor. Das Produkt

$$\Omega_{-D} \times \mathcal{O}_D \to \Omega, (\omega, f) \mapsto \omega f,$$

induziert eine Abbildung

$$H^0(X, \Omega_{-D}) \times H^1(X, \mathcal{O}_D) \to H^1(X, \Omega) .$$

Die Zusammensetzung dieser Abbildung mit $\mathrm{Res}: H^1(X, \Omega) \to \mathbb{C}$ ergibt eine bilineare Abbildung

$$\langle , \rangle : H^0(X, \Omega_{-D}) \times H^1(X, \mathcal{O}_D) \to \mathbb{C},$$

$$\langle \omega, \xi \rangle := \mathrm{Res}(\omega \xi) .$$

Diese Abbildung induziert eine lineare Abbildung

$$\iota_D : H^0(X, \Omega_{-D}) \to H^1(X, \mathcal{O}_D)^*$$

von $H^0(X, \Omega_{-D})$ in den Dualraum von $H^1(X, \mathcal{O}_D)$. Der Serresche Dualitätssatz besagt, daß $\langle , \rangle$ eine duale Paarung ist, d.h. daß ι_D ein Isomorphismus ist. Dies werden wir in (17.6) und (17.9) beweisen.

17.6. Satz. *Die Abbildung* ι_D *ist injektiv.*

Beweis. Es ist zu zeigen: Zu jedem $\omega \in H^0(X, \Omega_{-D})$ mit $\omega \neq 0$ existiert ein $\xi \in H^1(X, \mathcal{O}_D)$ mit $\langle \omega, \xi \rangle \neq 0$. Sei $a \in X$ ein Punkt mit $D(a) = 0$ und (U_0, z) eine Koordinaten-Umgebung von a mit $z(a) = 0$ und $D | U_0 = 0$. In U_0 schreibt sich ω als $\omega = f dz$ mit $f \in \mathcal{O}(U_0)$. Wir können annehmen, daß U_0 so klein ist, daß f in $U_0 \setminus \{a\}$ keine Nullstelle hat. Wir setzen $U_1 = X \setminus \{a\}$ und $\mathfrak{U} = (U_0, U_1)$. Sei $\eta = (f_0, f_1) \in C^0(\mathfrak{U}, \mathcal{M})$ definiert durch $f_0 = (zf)^{-1}$ und $f_1 = 0$. Dann ist

$$\omega \eta = \left(\frac{dz}{z}, 0 \right) \in C^0(\mathfrak{U}, \mathcal{M}^{(1)})$$

eine Mittag-Leffler-Verteilung mit $\mathrm{Res}(\omega\eta) = 1$. Es gilt $\delta\eta \in Z^1(\mathfrak{U}, \mathcal{O}_D)$. Sei $\xi = [\delta\eta] \in H^1(X, \mathcal{O}_D)$ die Cohomologieklasse von $\delta\eta$. Da $\omega\xi = \omega \cdot [\delta\eta] = [\delta(\omega\eta)]$, folgt aus Satz (17.3)

$$\langle \omega, \xi \rangle = \mathrm{Res}(\omega\xi) = \mathrm{Res}([\delta(\omega\eta)]) = \mathrm{Res}(\omega\eta) = 1, \text{q.e.d.}$$

17.7. Seien $D, D' \in \mathrm{Div}(X)$ zwei Divisoren auf der kompakten Riemannschen Fläche X mit $D' \leq D$. Dann induziert die Inklusion $0 \to \mathcal{O}_{D'} \to \mathcal{O}_D$ nach (16.8) einen Epimorphismus

$$H^1(X, \mathcal{O}_{D'}) \to H^1(X, \mathcal{O}_D) \to 0.$$

Dieser induziert wiederum einen Monomorphismus der Dualräume

$$0 \to H^1(X, \mathcal{O}_D)^* \xrightarrow{i_{D'}^D} H^1(X, \mathcal{O}_{D'})^*$$

Man überlegt sich leicht, daß das Diagramm

$$\begin{array}{ccc} 0 \to H^1(X, \mathcal{O}_D)^* & \xrightarrow{i_{D'}^D} & H^1(X, \mathcal{O}_{D'})^* \\ \uparrow \iota_D & & \uparrow \iota_{D'} \\ 0 \to H^0(X, \Omega_{-D}) & \to & H^0(X, \Omega_{-D'}) \end{array}$$

kommutiert, wobei die vertikalen Pfeile die Abbildungen aus (17.5) sind.

Hilfssatz. *Mit den obigen Bezeichnungen sei* $\lambda \in H^1(X, \mathcal{O}_D)^*$ *und* $\omega \in H^0(X, \Omega_{-D'})$ *mit*

$$i_{D'}^D(\lambda) = \iota_{D'}(\omega).$$

Dann liegt ω *bereits in* $H^0(X, \Omega_{-D})$ *und es gilt* $\lambda = \iota_D(\omega)$.

Beweis. Angenommen, ω liegt nicht in $H^0(X, \Omega_{-D})$. Dann gibt es einen Punkt $a \in X$ mit $\mathrm{ord}_a(\omega) < D(a)$. Sei (U_0, z) eine Koordinaten-Umgebung von a mit $z(a) = 0$. In U_0 läßt sich ω schreiben als $\omega = f\,dz$ mit $f \in \mathcal{M}(U_0)$. Wir können annehmen, daß U_0 so klein ist, daß gilt

i) $D \mid U_0 \setminus \{a\} = 0$, $D' \mid U_0 \setminus \{a\} = 0$.

ii) f hat in $U_0 \setminus \{a\}$ keine Null- und Polstellen.

Wir setzen $U_1 = X \setminus \{a\}$ und $\mathfrak{U} = (U_0, U_1)$. Sei $\eta = (f_0, f_1) \in C^0(\mathfrak{U}, \mathcal{M})$ definiert durch $f_0 = (zf)^{-1}$ und $f_1 = 0$. Wegen $\mathrm{ord}_a(\omega) < D(a)$ gilt sogar $\eta \in C^0(\mathfrak{U}, \mathcal{O}_D)$. Man hat

$$\delta\eta \in Z^1(\mathfrak{U}, \mathcal{O}) = Z^1(\mathfrak{U}, \mathcal{O}_D) = Z^1(\mathfrak{U}, \mathcal{O}_{D'}).$$

Die Cohomologieklasse von $\delta\eta$ in $H^1(X, \mathcal{O}_{D'})$ bezeichnen wir mit ξ', die in $H^1(X, \mathcal{O}_D)$ mit ξ. Es ist $\xi = 0$. Nach Voraussetzung ist

$$\langle \omega, \xi' \rangle = i_{D'}^D(\lambda)(\xi') = \lambda(\xi) = 0.$$

Andererseits gilt wegen $\omega\eta = \left(\frac{dz}{z}, 0\right)$

$$\langle \omega, \xi' \rangle = \mathrm{Res}(\omega\eta) = 1, \quad \text{Widerspruch!}$$

Also war die Annahme falsch und es gilt $\omega \in H^0(X, \Omega_{-D})$.
Da $i_{D'}^D(\lambda) = \iota_{D'}(\omega) = i_{D'}^D(\iota_D(\omega))$, folgt die Gleichung $\lambda = \iota_D(\omega)$ aus der Injektivität von $i_{D'}^D$.

17.8. Seien D und B zwei beliebige Divisoren auf der kompakten Riemannschen Fläche X. Für eine meromorphe Funktion $\psi \in H^0(X, \mathcal{O}_B)$ induziert der Garbenmorphismus

$$\mathcal{O}_{D-B} \xrightarrow{\psi} \mathcal{O}_D, f \mapsto \psi \cdot f,$$

eine lineare Abbildung $H^1(X, \mathcal{O}_{D-B}) \to H^1(X, \mathcal{O}_D)$, also auch eine lineare Abbildung

$$H^1(X, \mathcal{O}_D)^* \to H^1(X, \mathcal{O}_{D-B})^*,$$

die wir gleichfalls mit ψ bezeichnen. Nach Definition ist

$$(\psi\lambda)(\xi) = \lambda(\psi\xi) \quad \text{für} \quad \lambda \in H^1(X, \mathcal{O}_D)^*, \ \xi \in H^1(X, \mathcal{O}_{D-B}).$$

Das Diagramm

$$\begin{array}{ccc} H^1(X, \mathcal{O}_D)^* & \xrightarrow{\psi} & H^1(X, \mathcal{O}_{D-B})^* \\ \uparrow \iota_D & & \uparrow \iota_{D-B} \\ H^0(X, \Omega_{-D}) & \xrightarrow{\psi} & H^0(X, \Omega_{-D+B}) \end{array}$$

ist kommutativ, wobei der Pfeil in der zweiten Zeile ebenfalls die Multiplikation mit ψ bedeutet. Dies folgt daraus, daß $\langle \psi\omega, \xi \rangle = \langle \omega, \psi\xi \rangle$.

Hilfssatz. *Ist $\psi \in H^0(X, \mathcal{O}_B)$ nicht das Nullelement, so ist die Abbildung*

$$\psi : H^1(X, \mathcal{O}_D)^* \to H^1(X, \mathcal{O}_{D-B})^*$$

injektiv.

Beweis. Sei $A := (\psi) \geq -B$ der Divisor von ψ. Die Abbildung $\mathcal{O}_{D-B} \xrightarrow{\psi\cdot} \mathcal{O}_D$, faktorisiert über

$$\mathcal{O}_{D-B} \to \mathcal{O}_{D+A} \xrightarrow{\psi\cdot} \mathcal{O}_D,$$

wobei $\mathcal{O}_{D+A} \xrightarrow{\psi\cdot} \mathcal{O}_D$ ein Isomorphismus ist. Da die von der Inklusion $\mathcal{O}_{D-B} \to \mathcal{O}_{D+A}$ induzierte Abbildung $H^1(X, \mathcal{O}_{D-B}) \to H^1(X, \mathcal{O}_{D+A})$ ein Epimorphismus ist (16.8), ist auch

$$H^1(X, \mathcal{O}_{D-B}) \xrightarrow{\psi\cdot} H^1(X, \mathcal{O}_D)$$

ein Epimorphismus. Daraus folgt die Behauptung.

17.9. Dualitätssatz von Serre. *Für jeden Divisor D auf einer kompakten Riemannschen Fläche X ist die in (17.6) definierte Abbildung*

$$\iota_D : H^0(X, \Omega_{-D}) \to H^1(X, \mathcal{O}_D)^*$$

ein Isomorphismus.

Beweis. Wegen (17.6) ist nur noch die Surjektivität von ι_D zu beweisen. Sei $\lambda \in H^1(X, \mathcal{O}_D)^*$, $\lambda \neq 0$. Wir wollen zeigen, daß λ im Bild von ι_D liegt.

Sei P ein Divisor mit $\deg P = 1$. Für eine natürliche Zahl n setzen wir

$$D_n := D - nP.$$

Wir bezeichnen mit $\Lambda \subset H^1(X, \mathcal{O}_{D_n})^*$ den Untervektorraum aller Linearformen der Gestalt $\psi\lambda$, $\psi \in H^0(X, \mathcal{O}_{nP})$. Nach Hilfssatz (17.8) ist Λ isomorph zu $H^0(X, \mathcal{O}_{nP})$, also folgt aus dem Satz von Riemann-Roch

$$\dim \Lambda \geq 1-g+n, \quad (g = \text{Geschlecht von } X).$$

Nach Hilfssatz (17.4) gilt für den Untervektorraum $\operatorname{Im}(\iota_{D_n}) \subset H^1(X, \mathcal{O}_{D_n})^*$

$$\dim \operatorname{Im}(\iota_{D_n}) = \dim H^0(X, \Omega_{-D_n}) \geq n + k_0 - \deg D.$$

Für $n > \deg D$ ist $\deg D_n < 0$, also $H^0(X, \mathcal{O}_{D_n}) = 0$, und aus dem Satz von Riemann-Roch folgt

$$\dim H^1(X, \mathcal{O}_{D_n})^* = g - 1 - \deg D_n = n + (g - 1 - \deg D).$$

Hat man n genügend groß gewählt, ist deshalb

$$\dim \Lambda + \dim \operatorname{Im}(\iota_{D_n}) > \dim H^1(X, \mathcal{O}_{D_n})^*.$$

Daraus folgt $\Lambda \cap \operatorname{Im}(\iota_{D_n}) \neq 0$. Es gibt also ein $\psi \in H^0(X, \mathcal{O}_{nP})$, $\psi \neq 0$, und ein $\omega \in H^0(X, \Omega_{-D_n})$ mit $\psi\lambda = \iota_{D_n}(\omega)$. Sei $A := (\psi)$ der Divisor von ψ, d.h. $\frac{1}{\psi} \in H^0(X, \mathcal{O}_A)$, und $D' := D_n - A$. Damit gilt

$$i_{D'}^{D}(\lambda) = \frac{1}{\psi}(\psi\lambda) = \frac{1}{\psi}\iota_{D_n}(\omega) = \iota_{D'}\left(\frac{1}{\psi}\omega\right).$$

Aus Hilfssatz (17.7) folgt $\omega_0 := \frac{1}{\psi}\omega \in H^0(X, \Omega_{-D})$ und $\lambda = \iota_D(\omega_0)$, q.e.d.

17.10. Bemerkung. Häufig verwendet man vom Serreschen Dualitätssatz nur die Dimensionsgleichung

$$\dim H^1(X, \mathcal{O}_D) = \dim H^0(X, \Omega_{-D}).$$

Insbesondere für $D = 0$ erhält man

$$g = \dim H^1(X, \mathcal{O}) = \dim H^0(X, \Omega),$$

das Geschlecht einer kompakten Riemannschen Fläche X ist also gleich der Maximalzahl linear unabhängiger holomorpher Differentialformen auf X.

Den Riemann-Rochschen Satz kann man jetzt folgendermaßen formulieren:

$$\dim H^0(X, \mathcal{O}_{-D}) - \dim H^0(X, \Omega_D) = 1 - g - \deg D,$$

in Worten: Auf einer kompakten Riemannschen Fläche vom Geschlecht g ist die Maximalzahl linear unabhängiger meromorpher Funktionen, die Vielfache eines Divisors D sind, minus der Maximalzahl linear unabhängiger meromorpher Differentialformen, die Vielfache von $-D$ sind, gleich $1 - g - \deg D$.

17.11. Satz. *Sei D ein Divisor auf einer kompakten Riemannschen Fläche X. Dann gilt*

$$H^0(X, \mathcal{O}_{-D}) \cong H^1(X, \Omega_D)^*.$$

Beweis. Sei $\omega_0 \neq 0$ eine meromorphe Differentialform auf X und K ihr Divisor. Nach (17.4) gilt $\Omega_D \cong \mathcal{O}_{D+K}$ und $\mathcal{O}_{-D} \cong \Omega_{-D-K}$. Die Behauptung folgt deshalb aus dem Serreschen Dualitätssatz.

Folgerung. Insbesondere für $D=0$ erhält man $\dim H^1(X,\Omega) = \dim H^0(X,\mathcal{O}) = 1$. Daraus folgt, daß die Abbildung

$$\mathrm{Res} : H^1(X,\Omega) \to \mathbb{C},$$

da sie nicht identisch verschwindet, ein Isomorphismus ist.

17.12. Satz. *Für den Divisor einer nichtverschwindenden meromorphen Differentialform ω auf einer kompakten Riemannschen Fläche vom Geschlecht g gilt*

$$\deg(\omega) = 2g - 2.$$

Beweis. Sei $K = (\omega)$. Nach Riemann-Roch gilt

$$\dim H^0(X, \mathcal{O}_K) - \dim H^1(X, \mathcal{O}_K) = 1 - g + \deg K.$$

Nach (17.4) ist $\Omega \cong \mathcal{O}_K$, also

$$1 - g + \deg K = \dim H^0(X,\Omega) - \dim H^1(X,\Omega) = g - 1,$$

d.h. $\deg K = 2(g-1)$.

17.13. Corollar. *Für jedes Gitter $\Gamma \subset \mathbb{C}$ hat der Torus $\mathbb{C}/\Gamma$ das Geschlecht eins.*

Beweis. Die Differentialform dz auf $\mathbb{C}$ induziert eine Differentialform ω auf $\mathbb{C}/\Gamma$, die keine Nullstellen und Pole hat (vgl. 10.14). Daher ist $\deg(\omega) = 2g - 2 = 0$, also $g = 1$.

17.14. Die Riemann-Hurwitzsche Formel. Seien X, Y kompakte Riemannsche Flächen und $f: X \to Y$ eine nicht-konstante holomorphe Abbildung. Für $x \in X$ sei $v(f,x)$ die Vielfachheit, mit der f im Punkt x den Wert $f(x)$ annimmt, vgl. (2.2) und (4.23). Wir bezeichnen die Zahl

$$b(f,x) := v(f,x) - 1$$

als die *Verzweigungsordnung* von f im Punkt x. Es gilt also $b(f,x) = 0$ genau dann, wenn f in x unverzweigt ist. Da X kompakt ist, gibt es nur endlich viele Punkte $x \in X$ mit $b(f,x) \neq 0$, also ist

$$b(f) := \sum_{x \in X} b(f,x),$$

die *Gesamtverzweigungsordnung* von f, wohldefiniert.

Satz. *Sei $f: X \to Y$ eine n-blättrige holomorphe Überlagerungsabbildung zwischen den kompakten Riemannschen Flächen X, Y mit der Gesamtverzweigungsordnung $b = b(f)$. Sei g das Geschlecht von X und g' das Geschlecht von Y. Dann gilt die „Riemann-Hurwitzsche Formel"*

$$g = \frac{b}{2} + n(g' - 1) + 1.$$

Beweis. Sei ω eine nichtverschwindende meromorphe Differentialform auf Y. Dann gilt $\deg(\omega) = 2g' - 2$ und $\deg(f^*\omega) = 2g - 2$.
Sei $x \in X$ und $f(x) = y$. Nach Satz (2.1) gibt es Koordinaten-Umgebungen (U, z) von x und (U', w) von y mit $z(x) = 0$ bzw. $w(y) = 0$, so daß sich f bzgl. dieser Koordinaten als $w = z^k$ mit $k = v(f, x)$ schreibt. In U' sei $\omega = \psi(w)dw$. Dann gilt in U

$$f^*\omega = \psi(z^k)\,dz^k = kz^{k-1}\psi(z^k)\,dz.$$

Daraus folgt

$$\mathrm{ord}_x(f^*\omega) = b(f, x) + v(f, x)\,\mathrm{ord}_y(\omega).$$

Da $\Sigma\{v(f, x) : x \in f^{-1}(y)\} = n$, gilt für jedes $y \in Y$

$$\sum_{x \in f^{-1}(y)} \mathrm{ord}_x(f^*\omega) = \sum_{x \in f^{-1}(y)} b(f, x) + n\,\mathrm{ord}_y(\omega),$$

also

$$\deg(f^*\omega) = \sum_{x \in X} \mathrm{ord}_x(f^*\omega) = \sum_{y \in Y} \sum_{x \in f^{-1}(y)} \mathrm{ord}_x(f^*\omega)$$

$$= \sum_{x \in X} b(f, x) + n \sum_{y \in Y} \mathrm{ord}_y(\omega) = b(f) + n\deg(\omega).$$

Daraus folgt $2g - 2 = b + n(2g' - 2)$, also die Behauptung.

17.15. Überlagerungen der Zahlenkugel. Für den Spezialfall $\pi : X \to \mathbb{P}_1$ einer n-blättrigen Überlagerung der Riemannschen Zahlenkugel mit Gesamtverzweigungsordnung b erhält man das Geschlecht g von X nach (17.14) durch die Formel

$$g = \frac{b}{2} - n + 1.$$

Für zweiblättrige Überlagerungen von $\mathbb{P}_1$ ist b gleich der Anzahl der Verzweigungspunkte und $g = b/2 - 1$. Man nennt kompakte Riemannsche Flächen, die sich als zweiblättrige Überlagerungen von $\mathbb{P}_1$ darstellen lassen und deren Geschlecht > 1 ist, *hyperelliptisch.*
Sei z.B. $\pi : X \to \mathbb{P}_1$ die Riemannsche Fläche von $\sqrt{P(z)}$, wobei

$$P(z) = (z - a_1) \cdot \dots \cdot (z - a_k)$$

ein Polynom k-ten Grades mit paarweise verschiedenen Nullstellen a_j ist (vgl. 8.10). Da b gerade sein muß, erhalten wir wieder die schon früher bewiesene Tatsache, daß X genau dann über ∞ verzweigt ist, wenn k ungerade ist.

Das Geschlecht von X ist $g=[(k-1)/2]$. (Dabei bezeichnet $[x]$ die größte ganze Zahl $\leq x$.) Auf X kann man eine Basis $\omega_1,\ldots,\omega_g$ des Vektorraums der holomorphen Differentialformen explizit angeben:

$$\omega_j := \frac{z^{j-1}dz}{\sqrt{P(z)}}, 1\leq j\leq g=\left[\frac{k-1}{2}\right].$$

(Hierbei ist z nur eine andere Bezeichnung für die meromorphe Funktion $\pi: X\to \mathbb{P}_1$.) Man rechnet unter Benutzung lokaler Koordinaten in den kritischen Punkten leicht nach, daß ω_j überall auf X holomorph ist. Daß $\omega_1,\ldots,\omega_g$ linear unabhängig sind, ist klar.

17.16. Satz. *Sei X eine kompakte Riemannsche Fläche vom Geschlecht g und D ein Divisor auf X. Dann gilt*

$$H^1(X,\mathcal{O}_D)=0, \quad \textit{falls} \quad \deg D>2g-2.$$

Beweis. Sei ω eine nichtverschwindende meromorphe Differentialform auf X und K ihr Divisor. Dann gilt nach (17.4) die Isomorphie $\Omega_{-D}\cong\mathcal{O}_{K-D}$, also $H^1(X,\mathcal{O}_D)^*\cong H^0(X,\Omega_{-D})\cong H^0(X,\mathcal{O}_{K-D})$. Falls $\deg D>2g-2$, ist $\deg(K-D)<0$, also $H^0(X,\mathcal{O}_{K-D})=0$ nach Satz (16.5), q.e.d.

17.17. Corollar. *Für die Garbe $\mathcal{M}$ der meromorphen Funktionen auf einer kompakten Riemannschen Fläche X gilt*

$$H^1(X,\mathcal{M})=0.$$

Beweis. Sei $\xi\in H^1(X,\mathcal{M})$ eine Cohomologieklasse, die durch einen Cozyklus $(f_{ij})\in Z^1(\mathfrak{U},\mathcal{M})$ repräsentiert wird. Indem man nötigenfalls zu einer geeigneten Verfeinerung von $\mathfrak{U}$ übergeht, kann man o.B.d.A. annehmen, daß die f_{ij} insgesamt nur endlich viele Polstellen aufweisen. Es gibt deshalb einen Divisor D mit $\deg D>2g-2$, so daß $(f_{ij})\in Z^1(\mathfrak{U},\mathcal{O}_D)$. Nach (17.16) zerfällt der Cozyklus (f_{ij}) bzgl. der Garbe $\mathcal{O}_D$, also erst recht bzgl. $\mathcal{M}$.

Bemerkung. Die Garbe $\mathcal{M}^{(1)}$ der meromorphen Differentialformen auf X ist isomorph zu $\mathcal{M}$; eine Isomorphie $\mathcal{M}\xrightarrow{\sim}\mathcal{M}^{(1)}$ wird gegeben durch die Zuordnung $f\mapsto f\omega$, wobei $\omega\neq 0$ ein festes Element von $\mathcal{M}^{(1)}(X)$ ist. Also gilt auch $H^1(X,\mathcal{M}^{(1)})=0$.

Dies kann man dazu benützen, um eine integralfreie Definition des Residuums $\mathrm{Res}: H^1(X,\Omega)\to\mathbb{C}$ aus (17.1) zu geben: Sei $\xi\in H^1(X,\Omega)$ repräsentiert durch den Cozyklus $(\omega_{ij})\in Z^1(\mathfrak{U},\Omega)$. Da $H^1(X,\mathcal{M}^{(1)})=0$, zerfällt dieser Cozyklus bzgl. der Garbe $\mathcal{M}^{(1)}$, es gibt also eine Mittag-Leffler-Verteilung $\mu\in C^0(\mathfrak{U},\mathcal{M}^{(1)})$ mit $[\delta\mu]=\xi$. Nach Satz (17.3) ist dann

$$\mathrm{Res}(\xi)=\mathrm{Res}(\mu).$$

§ 18. Funktionen und Differentialformen zu vorgegebenen Hauptteilen

Der klassische Satz von Mittag-Leffler sagt bekanntlich, daß es in der komplexen Ebene zu sinnvoll vorgegebenen Hauptteilen stets eine meromorphe Funktion mit diesen Hauptteilen gibt. Wir wenden uns jetzt dem analogen Problem auf kompakten Riemannschen Flächen zu. Hier ist das Problem nicht immer lösbar, man kann aber aus dem Serreschen Dualitätssatz notwendige und hinreichende Bedingungen für die Lösbarkeit herleiten.

18.1. Mittag-Leffler-Verteilungen meromorpher Funktionen. Sei X eine Riemannsche Fläche und $\mathfrak{U}=(U_i)_{i\in I}$ eine offene Überdeckung von X. Eine Cokette $\mu=(f_i)\in C^0(\mathfrak{U},\mathcal{M})$ heißt *Mittag-Leffler-Verteilung*, falls die Differenzen f_j-f_i in $U_i\cap U_j$ holomorph sind, d.h. $\delta\mu\in Z^1(\mathfrak{U},\mathcal{O})$. Die Funktionen f_i und f_j haben also auf dem gemeinsamen Definitionsbereich dieselben Hauptteile. Unter einer *Lösung* von μ versteht man eine globale meromorphe Funktion $f\in\mathcal{M}(X)$, die dieselben Hauptteile wie μ besitzt, d.h. $f|U_i-f_i\in\mathcal{O}(U_i)$ für alle $i\in I$. Wir bezeichnen mit $[\delta\mu]\in H^1(X,\mathcal{O})$ die durch den Cozyklus $\delta\mu$ repräsentierte Cohomologieklasse.

Satz. *Die Mittag-Leffler-Verteilung μ ist genau dann lösbar, wenn* $[\delta\mu]=0$.

Beweis. a) Sei $f\in\mathcal{M}(X)$ eine Lösung von $\mu=(f_i)$. Wir setzen $g_i:=f_i-f\in\mathcal{O}(U_i)$. Dann gilt auf $U_i\cap U_j$

$$f_j-f_i=g_j-g_i.$$

Dies bedeutet, daß der Cozyklus $\delta\mu=(f_j-f_i)$ in $B^1(\mathfrak{U},\mathcal{O})$ liegt, d.h. $[\delta\mu]=0$.

b) Sei $[\delta\mu]=0$, also $\delta\mu\in B^1(\mathfrak{U},\mathcal{O})$. Dann existiert eine Cokette $(g_i)\in C^0(\mathfrak{U},\mathcal{O})$ mit

$$f_j-f_i=g_j-g_i \quad \text{auf} \quad U_i\cap U_j.$$

Daraus folgt $f_i-g_i=f_j-g_j$ auf $U_i\cap U_j$, also setzen sich die f_i-g_i zu einer globalen meromorphen Funktion $f\in\mathcal{M}(X)$ zusammen. Da $f|U_i-f_i=-g_i\in\mathcal{O}(U_i)$, ist f Lösung von μ.

Bemerkung. Nach (17.17) gilt auf jeder kompakten Riemannschen Fläche $H^1(X,\mathcal{M})=0$. Daraus folgt, daß es zu jeder Cohomologieklasse $\xi\in H^1(X,\mathcal{O})$ eine Mittag-Leffler-Verteilung $\mu\in C^0(\mathfrak{U},\mathcal{M})$ gibt mit $\xi=[\delta\mu]$ (für eine geeignete Überdeckung $\mathfrak{U}$). Daher gibt es auf jeder kompakten Riemannschen Fläche vom Geschlecht ≥ 1 Mittag-Leffler-Probleme, die nicht lösbar sind. Dagegen ist auf der Riemannschen Zahlenkugel wegen $H^1(\mathbb{P}_1,\mathcal{O})=0$ jede Mittag-Leffler-Verteilung lösbar, was man auch leicht direkt sehen kann.

18.2. Sei jetzt X eine kompakte Riemannsche Fläche und $\mu\in C^0(\mathfrak{U},\mathcal{M})$ eine Mittag-Leffler-Verteilung meromorpher Funktionen auf X. Dann ist für jede holomorphe

Differentialform $\omega \in \Omega(X)$ das Produkt $\omega\mu \in C^0(\mathfrak{U}, \mathcal{M}^{(1)})$ eine Mittag-Leffler-Verteilung von Differentialformen, also nach (17.2) das Residuum $\operatorname{Res}(\omega\mu)$ definiert. Wir können jetzt das angekündigte Kriterium für die Lösbarkeit von μ formulieren.

Satz. *Eine Mittag-Leffler-Verteilung meromorpher Funktionen $\mu \in C^0(\mathfrak{U}, \mathcal{M})$ auf einer kompakten Riemannschen Fläche X ist genau dann lösbar, wenn*

$$\operatorname{Res}(\omega\mu) = 0 \quad \textit{für alle} \quad \omega \in \Omega(X).$$

Beweis. Genau dann verschwindet $[\delta\mu] \in H^1(X, \mathcal{O})$, wenn $\lambda([\delta\mu]) = 0$ für alle $\lambda \in H^1(X, \mathcal{O})^*$. Dies ist nach dem Serreschen Dualitätssatz genau dann der Fall, wenn

$$\langle \omega, [\delta\mu] \rangle = 0 \quad \text{für alle} \quad \omega \in \Omega(X).$$

Nach Satz (17.3) gilt $\langle \omega, [\delta\mu] \rangle = \operatorname{Res}(\omega[\delta\mu]) = \operatorname{Res}(\omega\mu)$. Die Behauptung folgt deshalb aus Satz (18.1).

Bemerkungen. a) Ist $\omega_1, \ldots, \omega_g$ eine Basis von $\Omega(X)$, so gilt genau dann $\operatorname{Res}(\omega\mu) = 0$ für alle $\omega \in \Omega(X)$, wenn

$$\operatorname{Res}(\omega_k\mu) = 0 \quad \text{für} \quad k = 1, \ldots, g.$$

Die Lösbarkeit von μ ist also äquivalent mit der Gültigkeit von g linearen Gleichungen, wobei g das Geschlecht von X ist.

b) Ist μ lösbar und sind $f_1, f_2 \in \mathcal{M}(X)$ zwei Lösungen, so ist $f_1 - f_2$ holomorph auf X, also konstant. Daher ist die Lösung bis auf eine additive Konstante eindeutig bestimmt.

18.3. Anwendung auf doppeltperiodische Funktionen. Seien $\gamma_1, \gamma_2 \in \mathbb{C}$ über $\mathbb{R}$ linear unabhängig und

$$P := \{t_1\gamma_1 + t_2\gamma_2 : 0 \le t_1 < 1, 0 \le t_2 < 1\}.$$

In den Punkten $a_1, \ldots, a_n \in P$ seien Hauptteile

$$\sum_{\nu=-r_j}^{-1} c_\nu^{(j)} (z - a_j)^\nu, \quad j = 1, \ldots, n,$$

vorgegeben. Es gibt dann und nur dann eine bzgl. $\Gamma = \mathbb{Z}\gamma_1 + \mathbb{Z}\gamma_2$ doppeltperiodische meromorphe Funktion $f \in \mathcal{M}(\mathbb{C})$, die in P genau die Polstellen $a_1, \ldots, a_n$ und die dort vorgegebenen Hauptteile hat, wenn

$$\sum_{j=1}^{n} c_{-1}^{(j)} = 0.$$

Beweis. Eine doppeltperiodische Funktion bzgl. Γ kann aufgefaßt werden als Funktion auf dem Torus $X = \mathbb{C}/\Gamma$. Die vorgegebenen Hauptteile geben zu einer

Mittag-Leffler-Verteilung μ auf X Anlaß. Die Differentialform ω auf X, die durch die Differentialform dz auf $\mathbb{C}$ induziert wird (vgl. 10.14), bildet eine Basis von $\Omega(X)$, da $\dim \Omega(X) = 1$. Es gilt

$$\operatorname{Res}(\omega\mu) = \sum_{j=1}^{n} c_{-1}^{(j)}.$$

Daraus folgt die Behauptung.

Insbesondere folgt daraus, daß es keine bzgl. Γ doppeltperiodische meromorphe Funktion gibt, die im Periodenparallelogramm P genau einen Pol 1. Ordnung hat, denn das Residuum wäre nicht null (vgl. 5.7.c).

Wir wollen uns jetzt dem Problem zuwenden, ob es auf einer Riemannschen Fläche vom Geschlecht $g > 1$ meromorphe Funktionen gibt, die in einem Punkt einen Pol der Ordnung $\leq g$ haben und sonst überall holomorph sind. Dazu brauchen wir einige Vorbereitungen.

18.4. Wronski-Determinante. Seien $f_1, \dots, f_g$ holomorphe Funktionen in einem Gebiet $U \subset \mathbb{C}$. Unter der Wronski-Determinante von $f_1, \dots, f_g$ versteht man die Determinante der Matrix der Ableitungen $f_k^{(m)}, m = 0, 1, \dots, g-1;\ k = 1, \dots, g$,

$$W(f_1, \dots, f_g) := \det \begin{pmatrix} f_1 & f_2 & \dots & f_g \\ f_1' & f_2' & \dots & f_g' \\ \cdot & & & \cdot \\ \cdot & & & \cdot \\ \cdot & & & \cdot \\ f_1^{(g-1)} & f_2^{(g-1)} & \dots & f_g^{(g-1)} \end{pmatrix}$$

Sind die Funktionen $f_1, \dots, f_g$ linear unabhängig über $\mathbb{C}$, so ist die Wronski-Determinante nicht identisch null. Dies sieht man so ein: Man betrachte die folgende Differentialgleichung für die unbekannte Funktion w

$$\det \begin{pmatrix} f_1 & f_2 & \dots & f_g & w \\ f_1' & f_2' & \dots & f_g' & w' \\ \cdot & & & & \cdot \\ \cdot & & & & \cdot \\ \cdot & & & & \cdot \\ f_1^{(g)} & f_2^{(g)} & \dots & f_g^{(g)} & w^{(g)} \end{pmatrix} = 0.$$

Die Funktionen $f_1, \dots, f_g$ sind Lösungen dieser Differentialgleichung. Entwickelt man die Determinante nach der letzten Spalte, ergibt sich

$$a_0 w^{(g)} + a_1 w^{(g-1)} + \dots + a_g w = 0,$$

wobei $a_0 = W(f_1, \dots, f_g)$. Verschwindet daher die Wronski-Determinante identisch, so genügen die Funktionen $f_1, \dots, f_g$ einer linearen Differentialgleichung der Ordnung $\leq g-1$, sind also linear abhängig.

Sei jetzt X eine kompakte Riemannsche Fläche vom Geschlecht ≥ 1 und $\omega_1, \dots, \omega_g$ eine Basis von $\Omega(X)$. Für eine Koordinaten-Umgebung (U, z) definieren wir eine holomorphe Funktion $W_z(\omega_1, \ldots, \omega_g)$ auf U folgendermaßen: Die Differentialformen ω_k lassen sich in U schreiben als $\omega_k = f_k dz$. Man setzt

$$W_z(\omega_1, \ldots, \omega_g) := W(f_1, \ldots, f_g),$$

wobei auf der rechten Seite die Ableitungen der Funktionen f_k in bezug auf z zu nehmen sind. Wie sich die Wronski-Determinante von $\omega_1, \ldots, \omega_g$ bei Koordinatenwechsel verhält, sagt der nächste Satz.

18.5. Satz. *Seien (U, z) und $(\tilde{U}, \tilde{z})$ zwei Koordinaten-Umgebungen auf X. Dann gilt in $U \cap \tilde{U}$*

$$W_z(\omega_1, \ldots, \omega_g) = \left(\frac{d\tilde{z}}{dz}\right)^N W_{\tilde{z}}(\omega_1, \ldots, \omega_g), \quad \text{wobei} \quad N = \frac{g(g+1)}{2}.$$

Beweis. Wir setzen $\psi := \frac{d\tilde{z}}{dz} \in \mathcal{O}^*(U \cap \tilde{U})$. Die Funktionen f_k und $\tilde{f}_k$ in $U \cap \tilde{U}$ seien definiert durch

$$\omega_k = f_k dz = \tilde{f}_k d\tilde{z}.$$

Dann gilt $f_k = \psi \tilde{f}_k$. Man beweist jetzt durch Induktion nach m

$$\frac{d^m f_k}{dz^m} = \psi^{m+1} \frac{d^m \tilde{f}_k}{d\tilde{z}^m} + \sum_{\mu=0}^{m-1} \varphi_{m\mu} \frac{d^\mu \tilde{f}_k}{d\tilde{z}^\mu}$$

wobei die $\varphi_{m\mu}$ von k unabhängige holomorphe Funktionen in $U \cap \tilde{U}$ sind. Daraus ergibt sich

$$\det\left(\frac{d^m f_k}{dz^m}\right)_{\substack{m=0,\ldots,g-1 \\ k=1,\ldots,g}} = \det\left(\psi^{m+1} \frac{d^m \tilde{f}_k}{d\tilde{z}^m}\right)_{\substack{m=0,\ldots,g-1 \\ k=1,\ldots,g}}.$$

Da $1 + 2 + \cdots + g = \frac{g(g+1)}{2}$, folgt die Behauptung.

Ist $\tilde{\omega}_1, \ldots, \tilde{\omega}_g$ eine andere Basis von $\Omega(X)$, so gibt es Konstanten $c_{jk} \in \mathbb{C}$ mit $\det(c_{jk}) =: c \neq 0$, so daß $\omega_j = \sum_k c_{jk} \tilde{\omega}_k$. Es gilt dann

$$W_z(\omega_1, \ldots, \omega_g) = c\, W_z(\tilde{\omega}_1, \ldots, \tilde{\omega}_g).$$

Deshalb ist die folgende Definition sinnvoll (d.h. unabhängig von der Auswahl der Basis von $\Omega(X)$ und der lokalen Koordinate).

18.6. Definition. Sei X eine kompakte Riemannsche Fläche vom Geschlecht $g \geq 1$. Ein Punkt $p \in X$ heißt *Weierstraß-Punkt*, wenn für eine Basis $\omega_1, \ldots, \omega_g$ von $\Omega(X)$ und eine Koordinaten-Umgebung (U, z) von p die Wronski-Determinante $W_z(\omega_1, \ldots, \omega_g)$ in p eine Nullstelle hat. Die Ordnung dieser Nullstelle heißt Vielfachheit des Weierstraß-Punktes. Eine Riemannsche Fläche vom Geschlecht 0, d.h. $\mathbb{P}_1$, hat nach Definition keinen Weierstraß-Punkt.

18.7. Satz. *Sei X eine kompakte Riemannsche Fläche vom Geschlecht g und p ein Punkt von X. Genau dann gibt es eine nicht-konstante meromorphe Funktion $f \in \mathcal{M}(X)$, die in p einen Pol der Ordnung $\leq g$ hat und in $X \setminus \{p\}$ holomorph ist, wenn p ein Weierstraß-Punkt ist.*

Beweis. Wir verwenden das Kriterium von Satz (18.2). Sei $\omega_1, \ldots, \omega_g$ eine Basis von $\Omega(X)$ und (U, z) eine Koordinaten-Umgebung von p mit $z(p) = 0$. Die ω_k lassen sich um p in eine Reihe

$$\omega_k = \sum_{\nu=0}^{\infty} a_{k\nu} z^\nu dz, \quad k = 1, \ldots, g,$$

entwickeln. Die gesuchte Funktion f hat in p einen Hauptteil der Form

$$h = \sum_{\nu=0}^{g-1} \frac{c_\nu}{z^{1+\nu}}, \quad (c_0, \ldots, c_{g-1}) \neq (0, \ldots, 0),$$

ist also Lösung der Mittag-Leffler-Verteilung

$$\mu = (h, 0) \in C^0(\mathfrak{U}, \mathcal{M}), \mathfrak{U} = (U, X \setminus \{p\}).$$

Nun ist

$$\operatorname{Res}(\omega_k \mu) = \operatorname{Res}_p(\omega_k h) = \sum_{\nu=0}^{g-1} a_{k\nu} c_\nu.$$

Genau dann gibt es für die Gleichungen $\operatorname{Res}_p(\omega_k h) = 0$ eine nicht-triviale Lösung $(c_0, \ldots, c_{g-1})$, wenn $\det(a_{k\nu}) = 0$. Dies ist aber gleichbedeutend mit

$$W_z(\omega_1, \ldots, \omega_g)(p) = 0, \text{ q.e.d.}$$

18.8. Satz. *Auf einer kompakten Riemannschen Fläche X vom Geschlecht g gibt es mit Vielfachheit gerechnet insgesamt $(g-1)g(g+1)$ Weierstraß-Punkte.*

Beweis. Sei $(U_i, z_i), i \in I$, eine Überdeckung von X durch Koordinaten-Umgebungen. In $U_i \cap U_j$ ist $\psi_{ij} := \dfrac{dz_j}{dz_i}$ eine holomorphe Funktion ohne Nullstellen. Bzgl. einer fest gewählten Basis $\omega_1, \ldots, \omega_g$ von $\Omega(X)$ sei

$$W_i := W_{z_i}(\omega_1, \ldots, \omega_g) \in \mathcal{O}(U_i).$$

Nach Satz (18.5) gilt

$$\text{(1)} \qquad W_i = \psi_{ij}^N W_j \quad \text{in} \quad U_i \cap U_j, \quad \text{wobei} \quad N = \frac{g(g+1)}{2}.$$

Durch $D(x) := \operatorname{ord}_x(W_i)$ für $x \in U_i$ wird ein Divisor D auf X definiert, der die Weierstraß-Punkte von X mit ihren Vielfachheiten angibt. Also ist $\deg D$ die Gesamtzahl der Weierstraß-Punkte.

Sei D_1 der Divisor von ω_1. Nach Satz (17.12) gilt $\deg D_1 = 2g - 2$. Setzen wir $\omega_1 = f_{1i} dz_i$ in U_i, so gilt $D_1(x) = \operatorname{ord}_x(f_{1i})$ für alle $x \in U_i$. Außerdem gilt

$$\text{(2)} \qquad f_{1i} = \psi_{ij} f_{1j} \quad \text{in} \quad U_i \cap U_j.$$

Aus (1) und (2) folgt

$$W_i f_{1i}^{-N} = W_j f_{1j}^{-N} \quad \text{in} \quad U_i \cap U_j .$$

Es gibt also eine globale meromorphe Funktion $f \in \mathcal{M}(X)$ mit $f | U_i = W_i f_{1i}^{-N}$. Für den Divisor von f gilt

$$(f) = D - ND_1 .$$

Da $\deg(f) = 0$, folgt

$$\deg D = N \deg D_1 = \frac{g(g+1)}{2}(2g-2) = (g-1)g(g+1),$$

was zu beweisen war.

18.9. Corollar. *Zu jeder kompakten Riemannschen Fläche X vom Geschlecht $g \geq 2$ gibt es eine holomorphe Überlagerungsabbildung $f: X \to \mathbb{P}_1$ mit einer Blätterzahl $\leq g$. Insbesondere ist jede kompakte Riemannsche Fläche vom Geschlecht 2 hyperelliptisch.*

Bemerkung. Man kann sogar beweisen, daß sich eine kompakte Riemannsche Fläche vom Geschlecht $g \geq 2$ als Überlagerung von $\mathbb{P}_1$ mit $[(g+3)/2]$ oder weniger Blättern darstellen läßt, vgl. [57].

18.10. Differentialformen zu vorgegebenen Hauptteilen. Sei X eine Riemannsche Fläche, $\mathfrak{U} = (U_i)_{i \in I}$ eine offene Überdeckung von X und $\mu = (\omega_i) \in C^0(\mathfrak{U}, \mathcal{M}^{(1)})$ eine Mittag-Leffler-Verteilung meromorpher Differentialformen auf X, vgl. (17.2). Unter einer *Lösung* von μ versteht man eine globale meromorphe Differentialform $\omega \in \mathcal{M}^{(1)}(X)$, die dieselben Hauptteile wie μ besitzt, d.h. $\omega | U_i - \omega_i \in \Omega(U_i)$ für alle $i \in I$. Wie in (18.1) beweist man, daß μ genau dann lösbar ist, wenn die Cohomologieklasse $[\delta\mu] \in H^1(X, \Omega)$ verschwindet.

18.11. Satz. *Auf einer kompakten Riemannschen Fläche X ist eine Mittag-Leffler-Verteilung $\mu \in C^0(\mathfrak{U}, \mathcal{M}^{(1)})$ meromorpher Differentialformen genau dann lösbar, wenn* $\mathrm{Res}(\mu) = 0$.

Beweis. Nach Satz (17.3) ist $\mathrm{Res}(\mu) = \mathrm{Res}([\delta\mu])$. Da nach Folgerung (17.11) die Abbildung $\mathrm{Res}: H^1(X, \Omega) \to \mathbb{C}$ ein Isomorphismus ist, ist $[\delta\mu] = 0$ gleichbedeutend mit $\mathrm{Res}(\mu) = 0$. Daraus folgt die Behauptung.

18.12. Corollar. *Sei X eine kompakte Riemannsche Fläche.*

a) Zu jedem Punkt $p \in X$ und jeder natürlichen Zahl $n \geq 2$ gibt es eine meromorphe Differentialform auf X, die in p einen Pol n-ter Ordnung hat und sonst holomorph ist („Elementardifferential 2. Gattung“).

b) Zu je zwei Punkten $p_1, p_2 \in X$, $p_1 \neq p_2$, gibt es eine meromorphe Differentialform auf X, die in p_1 und p_2 Pole 1. Ordnung mit den Residuen $+1$ *bzw.* -1 *hat und sonst holomorph ist („Elementardifferential 3. Gattung“).*

§ 19. Harmonische Differentialformen

Mit Hilfe der bisher erhaltenen Resultate ist es jetzt einfach, die wichtigsten Sätze über harmonische Differentialformen auf kompakten Riemannschen Flächen X zu beweisen. Insbesondere ergibt sich, daß jede geschlossene Differentialform auf X sich eindeutig als Summe einer harmonischen und einer totalen Differentialform schreiben läßt. Daraus folgt, daß die 1. de Rhamsche Gruppe von X isomorph zum Vektorraum der harmonischen Differentialformen auf X ist. Weiter ergibt sich, daß das Geschlecht eine topologische Invariante ist.

19.1. Komplexe Konjugation. Für eine Differentialform $\omega \in \mathscr{E}^{(1)}(X)$ auf einer Riemannschen Fläche X ist eine konjugiert komplexe Differentialform $\overline{\omega} \in \mathscr{E}^{(1)}(X)$ erklärt, die durch die komplexe Konjugation von Funktionen induziert wird. Gilt lokal $\omega = \Sigma f_j dg_j$ mit differenzierbaren Funktionen f_j, g_j, so ist $\overline{\omega} = \Sigma \overline{f}_j d\overline{g}_j$. Eine Differentialform $\omega \in \mathscr{E}^{(1)}(X)$ heißt reell, wenn $\omega = \overline{\omega}$. Allgemein wird der Realteil einer Differentialform ω definiert durch

$$\mathrm{Re}(\omega) = \frac{1}{2}(\omega + \overline{\omega}).$$

Offenbar ist ω genau dann reell, wenn $\omega = \mathrm{Re}(\omega)$. Ist c eine Kurve auf X, so gilt

$$\overline{\int_c \omega} = \int_c \overline{\omega}, \quad \text{also} \quad \mathrm{Re}\Big(\int_c \omega\Big) = \int_c \mathrm{Re}(\omega).$$

(Ist ω nicht geschlossen, setzen wir c als stückweise stetig differenzierbar voraus.)

Ist $\omega \in \Omega(X)$ eine holomorphe Differentialform, so heißt $\overline{\omega}$ *antiholomorph.* Den Vektorraum aller antiholomorphen Differentialformen auf X bezeichnen wir mit $\overline{\Omega}(X)$.

19.2. Der $*$-Operator. Eine Differentialform $\omega \in \mathscr{E}^{(1)}(X)$ läßt sich eindeutig zerlegen als

$$\omega = \omega_1 + \omega_2 \quad \text{mit} \quad \omega_1 \in \mathscr{E}^{1,0}(X), \omega_2 \in \mathscr{E}^{0,1}(X).$$

Wir setzen

$$*\omega := i(\overline{\omega}_1 - \overline{\omega}_2).$$

Die Abbildung $*: \mathcal{E}^{(1)}(X) \to \mathcal{E}^{(1)}(X)$ ist ein $\mathbb{R}$-linearer Isomorphismus, sie bildet $\mathcal{E}^{1,0}(X)$ auf $\mathcal{E}^{0,1}(X)$ und umgekehrt ab.
Für $\omega \in \mathcal{E}^{(1)}(X)$, $\omega_1 \in \mathcal{E}^{1,0}(X)$, $\omega_2 \in \mathcal{E}^{0,1}(X)$, $f \in \mathcal{E}(X)$ gelten die Rechenregeln

a) $**\omega = -\omega, \quad \overline{*\omega} = *\overline{\omega}$,
b) $d*(\omega_1 + \omega_2) = id'\overline{\omega}_1 - id''\overline{\omega}_2$,
c) $*d'f = id''\overline{f}, \quad *d''f = -id'\overline{f}$,
d) $d*df = 2id'd''\overline{f}$.

19.3. Harmonische Differentialformen. Eine Differentialform $\omega \in \mathcal{E}^{(1)}(X)$ auf einer Riemannschen Fläche X heißt *harmonisch*, wenn

$$d\omega = d*\omega = 0.$$

Satz. *Für $\omega \in \mathcal{E}^{(1)}(X)$ sind folgende Bedingungen äquivalent:*

i) *ω ist harmonisch*
ii) $d'\omega = d''\omega = 0$.
iii) $\omega = \omega_1 + \omega_2 \quad$ *mit* $\quad \omega_1 \in \Omega(X), \omega_2 \in \overline{\Omega}(X)$.
iv) *Zu jedem Punkt $a \in X$ gibt es eine offene Umgebung U und eine in U harmonische Funktion f mit $\omega = df$.*

Beweis. Die Äquivalenz von i), ii) und iii) folgt unmittelbar aus den Rechenregeln in (19.2).

i) ⇒ iv). Da eine harmonische Differentialform insbesondere geschlossen ist, gilt lokal $\omega = df$ mit einer differenzierbaren Funktion f. Da $0 = d*\omega = d*df = 2id'd''\overline{f}$, ist f harmonisch.

iv) ⇒ i). Ist $\omega = df$ und f harmonisch, so gilt $d\omega = ddf = 0$ und $d*\omega = d*df = 0$.

Bezeichnung. Den Vektorraum aller harmonischen Differentialformen auf der Riemannschen Fläche X bezeichnen wir mit $\mathrm{Harm}^1(X)$. Es gilt also

$$\mathrm{Harm}^1(X) = \Omega(X) \oplus \overline{\Omega}(X).$$

Daraus folgt für eine kompakte Riemannsche Fläche vom Geschlecht g

$$\dim \mathrm{Harm}^1(X) = 2g.$$

19.4. Satz. *Jede reelle harmonische Differentialform $\sigma \in \mathrm{Harm}^1(X)$ ist Realteil genau einer holomorphen Differentialform $\omega \in \Omega(X)$.*
Beweis. Es gilt $\sigma = \omega_1 + \overline{\omega}_2$ mit $\omega_1, \omega_2 \in \Omega(X)$. Wegen $\sigma = \omega_1 + \overline{\omega}_2 = \overline{\sigma} = \overline{\omega}_1 + \omega_2$ folgt $\omega_1 = \omega_2$ und $\sigma = \mathrm{Re}(2\omega_1)$.
Zur Eindeutigkeit: Sei $\omega \in \Omega(X)$ und $\mathrm{Re}(\omega) = 0$. Da lokal $\omega = df$ mit einer holomorphen Funktion f, folgt, daß f konstanten Realteil hat. Dann ist f überhaupt konstant, also $\omega = 0$.

19.5. Skalarprodukt in $\mathscr{E}^{(1)}(X)$. Wir setzen jetzt voraus, daß X eine *kompakte* Riemannsche Fläche ist. Für $\omega_1, \omega_2 \in \mathscr{E}^{(1)}(X)$ sei

$$\langle \omega_1, \omega_2 \rangle := \iint\limits_X \omega_1 \wedge * \omega_2 .$$

Offenbar ist die Abbildung $(\omega_1, \omega_2) \mapsto \langle \omega_1, \omega_2 \rangle$ linear im ersten und semi-linear im zweiten Argument und es gilt

$$\langle \omega_2, \omega_1 \rangle = \overline{\langle \omega_1, \omega_2 \rangle} .$$

Wir zeigen jetzt, daß $\langle , \rangle$ positiv definit ist. Sei $\omega \in \mathscr{E}^{(1)}(X)$. Bzgl. einer lokalen Karte $(U, z), z = x + iy$, sei

$$\omega = f\,dz + g\,d\bar{z} .$$

Dann ist

$$*\omega = i(\bar{f}\,d\bar{z} - \bar{g}\,dz)$$

und

$$\omega \wedge * \omega = i(|f|^2 + |g|^2)\,dz \wedge d\bar{z} = 2(|f|^2 + |g|^2)\,dx \wedge dy .$$

Daran sieht man, daß stets $\langle \omega, \omega \rangle \geq 0$ und $\langle \omega, \omega \rangle = 0$ nur für $\omega = 0$.

Mit diesem Skalarprodukt wird deshalb $\mathscr{E}^{(1)}(X)$ zu einem unitären Vektorraum, der aber kein Hilbertraum ist, da er nicht vollständig ist.

19.6. Lemma. *Sei X eine kompakte Riemannsche Fläche.*
a) *$d'\mathscr{E}(X)$, $d''\mathscr{E}(X)$, $\Omega(X)$, $\overline{\Omega}(X)$ sind paarweise orthogonale Untervektorräume von $\mathscr{E}^{(1)}(X)$.*
b) *$d\mathscr{E}(X)$ und $*d\mathscr{E}(X)$ sind zueinander orthogonale Untervektorräume von $\mathscr{E}^{(1)}(X)$ und es gilt*

$$d\mathscr{E}(X) \oplus *d\mathscr{E}(X) = d'\mathscr{E}(X) \oplus d''\mathscr{E}(X) .$$

Beweis. a) Da $\mathscr{E}^{1,0}(X)$ und $\mathscr{E}^{0,1}(X)$ trivialerweise zueinander orthogonal sind, genügt es zu zeigen, daß $d'\mathscr{E}(X) \perp \Omega(X)$ und $d''\mathscr{E}(X) \perp \overline{\Omega}(X)$.
Sei $f \in \mathscr{E}(X)$ und $\omega \in \Omega(X)$. Dann gilt

$$\omega \wedge * d'f = i\omega \wedge d''\bar{f} = i\omega \wedge d\bar{f} = -i\,d(\bar{f}\omega) ,$$

also

$$\langle \omega, d'f \rangle = -i \iint\limits_X d(\bar{f}\omega) = 0$$

nach Satz (10.20). Ebenso zeigt man $\langle \bar{\omega}, d''f \rangle = 0$.
b) Seien $f, g \in \mathscr{E}(X)$. Dann ist

$$df \wedge *(*dg) = -df \wedge dg = -d(f\,dg) ,$$

also

$$\langle df, *dg \rangle = -\iint\limits_X d(f\,dg) = 0 .$$

Die Gleichung $d\mathscr{E}(X) \oplus *d\mathscr{E}(X) = d'\mathscr{E}(X) \oplus d''\mathscr{E}(X)$ folgt aus der Rechenregel (19.2.c).

19.7. Corollar. *Auf einer kompakten Riemannschen Fläche X verschwindet jede totale Differentialform $\sigma \in \mathrm{Harm}^1(X)$ und jede harmonische Funktion $f \in \mathscr{E}(X)$ ist konstant.*

Dies folgt daraus, daß $d\mathscr{E}(X)$ orthogonal zu $\mathrm{Harm}^1(X) = \Omega(X) \oplus \overline{\Omega}(X)$ ist.

19.8. Corollar. *Sei X eine kompakte Riemannsche Fläche und $\sigma \in \mathrm{Harm}^1(X)$, $\omega \in \Omega(X)$. Für jede geschlossene Kurve γ auf X gelte*

$$\int_\gamma \sigma = 0 \quad \text{bzw.} \quad \mathrm{Re}\left(\int_\gamma \omega\right) = 0 .$$

Dann ist $\sigma = 0$ bzw. $\omega = 0$.

Beweis. Nach Satz (10.15) ist σ bzw. $\mathrm{Re}(\omega)$ total. Die Behauptung folgt deshalb aus (19.7) und (19.4).

19.9. Satz. *Auf jeder kompakten Riemannschen Fläche X hat man eine orthogonale Zerlegung*

$$\mathscr{E}^{0,1}(X) = d''\mathscr{E}(X) \oplus \overline{\Omega}(X) .$$

Beweis. Sei g das Geschlecht von X. Da $H^1(X, \mathcal{O}) \cong \mathscr{E}^{0,1}(X)/d''\mathscr{E}(X)$ nach dem Satz von Dolbeault (15.14), gilt

$$\dim \mathscr{E}^{0,1}(X)/d''\mathscr{E}(X) = g .$$

Andererseits ist nach (17.10) ebenfalls $\dim \overline{\Omega}(X) = g$. Mit Lemma (19.6.a) folgt die Behauptung.

19.10. Corollar. *Sei X eine kompakte Riemannsche Fläche und $\sigma \in \mathscr{E}^{0,1}(X)$. Die Gleichung $d''f = \sigma$ besitzt genau dann eine Lösung $f \in \mathscr{E}(X)$, wenn*

$$\iint_X \sigma \wedge \omega = 0 \quad \textit{für alle} \quad \omega \in \Omega(X) .$$

Die angegebene Bedingung ist nämlich äquivalent zu $\sigma \perp \overline{\Omega}(X)$.

19.11. Satz. *Auf jeder kompakten Riemannschen Fläche X hat man die orthogonale Zerlegung*

$$\mathscr{E}^{(1)}(X) = *d\mathscr{E}(X) \oplus d\mathscr{E}(X) \oplus \mathrm{Harm}^1(X) .$$

Beweis. Aus (19.9) folgt durch den Übergang zum Konjugiert-Komplexen $\mathscr{E}^{1,0}(X) = d'\mathscr{E}(X) \oplus \Omega(X)$, also

$$\mathscr{E}^{(1)}(X) = d'\mathscr{E}(X) \oplus d''\mathscr{E}(X) \oplus \Omega(X) \oplus \overline{\Omega}(X) .$$

Die Behauptung folgt deshalb aus (19.6).

19.12. Satz. *Auf jeder kompakten Riemannschen Fläche X gilt*

$$\operatorname{Ker}(\mathscr{E}^{(1)}(X) \xrightarrow{d} \mathscr{E}^{(2)}(X)) = d\mathscr{E}(X) \oplus \operatorname{Harm}^1(X).$$

Beweis. Da $\mathscr{Z}(X) := \operatorname{Ker}(\mathscr{E}^{(1)}(X) \xrightarrow{d} \mathscr{E}^{(2)}(X)) \supset d\mathscr{E}(X) \oplus \operatorname{Harm}^1(X)$, genügt es nach Satz (19.11) zu zeigen, daß

$$\mathscr{Z}(X) \perp * d\mathscr{E}(X).$$

Sei $\omega \in \mathscr{Z}(X)$ und $f \in \mathscr{E}(X)$. Dann ist

$$\omega \wedge *(*df) = -\omega \wedge df = d(f\omega),$$

also

$$\langle \omega, *df \rangle = \iint_X d(f\omega) = 0, \quad \text{q.e.d.}$$

19.13. Corollar. *Sei X eine kompakte Riemannsche Fläche. Eine Differentialform $\sigma \in \mathscr{E}^{(1)}(X)$ ist genau dann total, wenn für jede geschlossene Differentialform $\omega \in \mathscr{E}^{(1)}(X)$ gilt*

$$\iint_X \sigma \wedge \omega = 0.$$

Beweis. Die angegebene Bedingung ist äquivalent zu $\langle \omega, *\sigma \rangle = 0$ für alle geschlossenen Differentialformen ω. Dies wiederum bedeutet nach (19.11), daß $*\sigma \in * d\mathscr{E}(X)$, d.h. $\sigma \in d\mathscr{E}(X)$.

19.14. Satz (de Rahm-Hodge). *Für jede kompakte Riemannsche Fläche X gilt*

$$H^1(X, \mathbb{C}) \cong \operatorname{Rh}^1(X) \cong \operatorname{Harm}^1(X).$$

Dies folgt wegen (19.12) unmittelbar aus dem Satz von de Rham (15.15).

Bemerkung. Da die Garbe $\mathbb{C}$ der lokalkonstanten komplexwertigen Funktionen auf X nur von der topologischen Struktur von X abhängt, ist

$$b_1(X) := \dim H^1(X, \mathbb{C}),$$

1. Betti-Zahl von X, eine topologische Invariante. Aus (19.14) folgt

$$b_1(X) = 2g,$$

wobei g das Geschlecht von X ist. Also ist auch das Geschlecht eine topologische Invariante.

Es gibt eine topologische Klassifikation der zusammenhängenden orientierbaren kompakten zweidimensionalen Mannigfaltigkeiten (Riemannsche Flächen sind orientierbar), die nur von der 1. Betti-Zahl abhängt. Jede solche Fläche X mit $b_1(X) = 2g$ ist homöomorph zu einer Kugel mit g Henkeln (vgl. Seifert-Threlfall [45]).

Es sei noch bemerkt, daß es für jedes Geschlecht ≥ 1 Riemannsche Flächen gibt, die zwar homöomorph, aber nicht biholomorph äquivalent sind. Die biholomorphen Äquivalenzklassen Riemannscher Flächen vom Geschlecht g hängen im Fall $g=1$ von einem und im Fall $g\geq 2$ von $3g-3$ komplexen Parametern ab. Auf diese sog. Teichmüller-Theorie können wir jedoch hier nicht eingehen; siehe dazu [50].

§ 20. Das Abelsche Theorem

In diesem Paragraphen untersuchen wir, wann es auf einer kompakten Riemannschen Fläche X meromorphe Funktionen mit vorgegebenen Null- und Polstellenordnungen gibt. Offenbar ist dazu notwendig die Gesamtordnung der Nullstellen gleich der Gesamtordnung der Polstellen. Auf Riemannschen Flächen vom Geschlecht ≥ 1 ist diese Bedingung jedoch nicht hinreichend. Das Abelsche Theorem gibt eine notwendige und hinreichende Bedingung für die Existenz.

20.1. Funktionen zu vorgegebenen Divisoren. Sei X eine Riemannsche Fläche und D ein Divisor auf X. Unter einer *Lösung* von D versteht man eine meromorphe Funktion $f\in\mathcal{M}(X)$ mit $(f)=D$. Die Funktion f hat dann also genau die durch den Divisor D vorgeschriebenen Null- und Polstellenordnungen. Ist X kompakt, so kann D höchstens dann eine Lösung besitzen, falls $\deg D=0$.

Wir benötigen noch den Begriff der schwachen Lösung von D. Sei

$$X_D:=\{x\in X: D(x)\geq 0\}.$$

Unter einer *schwachen Lösung* von D verstehen wir eine Funktion $f\in\mathcal{E}(X_D)$ mit folgender Eigenschaft: Zu jedem Punkt $a\in X$ gibt es eine Koordinaten-Umgebung (U,z) mit $z(a)=0$ und eine Funktion $\psi\in\mathcal{E}(U)$ mit $\psi(a)\neq 0$, so daß

$$(*)\qquad f=\psi z^k \text{ in } U\cap X_D, \quad \text{wobei} \quad k=D(a).$$

Offenbar ist eine schwache Lösung f genau dann eine eigentliche, d.h. meromorphe Lösung, wenn f in X_D holomorph ist. Zwei schwache Lösungen f,g von D unterscheiden sich um einen Faktor $\varphi\in\mathcal{E}(X)$, der nirgends verschwindet.

Sind f_1 und f_2 schwache Lösungen von D_1 bzw. D_2, so ist $f:=f_1f_2$ schwache Lösung des Divisors $D:=D_1+D_2$. Dabei hat man das Produkt f_1f_2 in die Punkte $a\in X$ mit

$$D(a)\geq 0, \quad \text{aber} \quad D_1(a)<0 \quad \text{oder} \quad D_2(a)<0,$$

in denen es noch nicht definiert ist, stetig fortzusetzen. Ebenso ist f_1/f_2 schwache Lösung des Divisors $D_1 - D_2$.

20.2. Logarithmische Ableitung. Sei f schwache Lösung des Divisors D. Dann ist die logarithmische Ableitung df/f eine im Komplement von

$$\operatorname{Supp}(D) = \{x \in X : D(x) \neq 0\}$$

differenzierbare Differentialform. Ist $a \in \operatorname{Supp}(D)$ und $k = D(a)$, so hat man mit (∗) die Darstellung

$$\frac{df}{f} = k\frac{dz}{z} + \frac{d\psi}{\psi}$$

und $d\psi/\psi$ ist in einer Umgebung von a differenzierbar, also ohne Singularitäten. Daraus folgt wie in (13.1), daß für jede Differentialform $\sigma \in \mathscr{E}^{(1)}(X)$ mit kompaktem Träger das Integral

$$\iint_X \frac{df}{f} \wedge \sigma$$

existiert. Für spätere Anwendung merken wir noch an: Die Differentialform $\dfrac{d''f}{f}$ ist auf ganz X differenzierbar, denn aus der lokalen Darstellung $f = \psi z^k$ folgt $\dfrac{d''f}{f} = \dfrac{d''\psi}{\psi}$.

20.3. Lemma. *Seien $a_1, \ldots, a_n$ paarweise verschiedene Punkte einer Riemannschen Fläche X und $k_1, \ldots, k_n \in \mathbb{Z}$. Sei $D \in \operatorname{Div}(X)$ der Divisor mit $D(a_j) = k_j$ für $j = 1, \ldots, n$ und $D(x) = 0$ sonst.*

Sei f eine schwache Lösung von D. Dann gilt für jede Funktion $g \in \mathscr{E}(X)$ mit kompaktem Träger

$$\frac{1}{2\pi i}\iint_X \frac{df}{f} \wedge dg = \sum_{j=1}^{n} k_j g(a_j).$$

Beweis. Wir wählen punktfremde Koordinaten-Umgebungen (U_j, z_j) von a_j mit $z_j(a_j) = 0$, so daß sich f in U_j als

$$f = \psi_j z_j^{k_j} \text{ mit } \psi_j \in \mathscr{E}(U_j), \quad \psi_j(x) \neq 0 \text{ für alle } x \in U_j,$$

schreiben läßt. Wir können annehmen, daß $z_j(U_j) \subset \mathbb{C}$ der Einheitskreis ist $(j = 1, \ldots, n)$.

Sei $0 < r_1 < r_2 < 1$. Es gibt Funktionen $\varphi_1 \in \mathscr{E}(X)$ mit

$$\operatorname{Supp}(\varphi_j) \subset \{|z_j| < r_2\} \quad \text{und} \quad \varphi_j | \{|z_j| \leq r_1\} = 1.$$

Sei $g_j := \varphi_j g$ für $j=1,\ldots,n$ und $g_0 := g-(g_1+\cdots+g_n)$. Da $\mathrm{Supp}(g_0)$ kompakt in $X' := X\backslash\{a_1,\ldots,a_n\}$ liegt, gilt nach (10.20)

$$\iint_X \frac{df}{f}\wedge dg_0 = -\iint_{X'} d\left(g_0\frac{df}{f}\right)=0,$$

also

$$\iint_X \frac{df}{f}\wedge dg = \sum_{j=1}^{n} \iint_{U_j} \frac{df}{f}\wedge dg_j = \sum_{j=1}^{n} k_j \iint_{U_j} \frac{dz_j}{z_j}\wedge dg_j$$

Nun folgt mit dem Satz von Stokes

$$\iint_{U_j} \frac{dz_j}{z_j}\wedge dg_j = -\lim_{\varepsilon\to 0} \iint_{\varepsilon\le|z_j|\le r_2} d\left(g_j\frac{dz_j}{z_j}\right)$$

$$=\lim_{\varepsilon\to 0}\int_{|z_j|=\varepsilon} g_j\frac{dz_j}{z_j}=2\pi i g_j(a_j)=2\pi i g(a_j), \quad \text{q.e.d.}$$

20.4. Ketten, Zyklen, Homologie. Unter einer *1-Kette* auf einer Riemannschen Fläche X verstehen wir eine formale endliche ganzzahlige Linearkombination

$$c=\sum_{j=1}^{k} n_j c_j, \quad n_j\in\mathbb{Z},$$

von Kurven $c_j:[0,1]\to X$. Für eine geschlossene Differentialform $\omega\in\mathscr{E}^{(1)}(X)$ erklärt man das Integral über c durch

$$\int_c \omega := \sum_{j=1}^{k} n_j \int_{c_j}\omega.$$

Die Menge aller 1-Ketten auf X, die in natürlicher Weise eine Abelsche Gruppe bildet, bezeichnen wir mit $C_1(X)$. Ein Randoperator

$$\partial: C_1(X)\to \mathrm{Div}(X)$$

wird nun wie folgt definiert: Sei $c:[0,1]\to X$ eine Kurve. Man setzt $\partial c=0$, falls $c(0)=c(1)$. Andernfalls sei ∂c der Divisor, der in $c(1)$ den Wert $+1$, in $c(0)$ den Wert -1 und sonst den Wert 0 annimmt. Für eine allgemeine 1-Kette $c=\Sigma n_j c_j$ sei $\partial c := \Sigma n_j \partial c_j$. Offenbar gilt

$$\deg(\partial c)=0 \quad \text{für alle} \quad c\in C_1(X).$$

Auf einer kompakten Riemannschen Fläche gibt es umgekehrt zu jedem Divisor mit $D=0$ eine 1-Kette c mit $\partial c=D$. Denn ein Divisor D vom Grad null läßt sich als Summe $D=D_1+\cdots+D_k$ schreiben, wobei jedes D_j nur in einem Punkt b_j den Wert $+1$ und in einem Punkt a_j den Wert -1 annimmt und sonst null ist. Sei c_j eine Kurve von a_j nach b_j und $c := c_1+\cdots+c_k$. Dann ist $\partial c=D$.

Der Kern der Abbildung ∂,

$$Z_1(X) := \mathrm{Ker}\left(C_1(X)\xrightarrow{\partial}\mathrm{Div}(X)\right),$$

heißt die Gruppe der *1-Zyklen* auf X. Insbesondere ist jede geschlossene Kurve ein 1-Zyklus.

Zwei Zyklen $c, c' \in Z_1(X)$ heißen *homolog*, wenn für jede geschlossene Differentialform $\omega \in \mathscr{E}^{(1)}(X)$ gilt

$$\int_c \omega = \int_{c'} \omega .$$

Die Menge aller Homologieklassen von 1-Zyklen bildet eine additive Gruppe $H_1(X)$, die *1. Homologiegruppe* von X. Für $\gamma \in H_1(X)$ und eine geschlossene Differentialform $\omega \in \mathscr{E}^{(1)}(X)$ ist das Integral $\int_\gamma \omega$ wohldefiniert.

Zwei geschlossene Kurven, die homotop sind, sind insbesondere homolog. Deshalb hat man einen Gruppenhomomorphismus $\pi_1(X) \to H_1(X)$. Man überlegt sich leicht, daß diese Abbildung surjektiv ist. Sie ist jedoch im allgemeinen nicht injektiv, da die Fundamentalgruppe $\pi_1(X)$ nicht immer abelsch ist.

20.5. Lemma. *Sei X eine Riemannsche Fläche, $c: [0,1] \to X$ eine Kurve und U eine relativ-kompakte offene Umgebung von $c([0,1])$. Dann existiert eine schwache Lösung f des Divisors ∂c mit $f | X \setminus U = 1$, so daß für jede geschlossene Differentialform $\omega \in \mathscr{E}^{(1)}(X)$ gilt*

$$\int_c \omega = \frac{1}{2\pi i} \iint_X \frac{df}{f} \wedge \omega .$$

Bemerkung. Da $\dfrac{df}{f} = 0$ in $X \setminus U$, existiert das Integral über X.

Beweis. a) Wir betrachten zunächst den Fall, daß (U, z) eine Koordinaten-Umgebung auf X ist, so daß $z(U) \subset \mathbb{C}$ der Einheitskreis ist und die Kurve c ganz in U verläuft. Wir identifizieren U mit dem Einheitskreis.

Sei $a := c(0)$ und $b := c(1)$. Es gibt ein $r < 1$, so daß $c([0,1]) \subset \{|z| < r\}$. Die Funktion $\log \dfrac{z-b}{z-a}$ besitzt einen eindeutigen Zweig in $\{r < |z| < 1\}$. Wir wählen eine Funktion $\psi \in \mathscr{E}(U)$ mit $\psi | \{|z| \le r\} = 1$ und $\psi | \{|z| \ge r'\} = 0$, wobei $r < r' < 1$, und definieren $f_0 \in \mathscr{E}(U \setminus a)$ durch

$$f_0 = \begin{cases} \exp\left(\psi \log \dfrac{z-b}{z-a}\right) & \text{für} \quad r < |z| < 1, \\[2ex] \dfrac{z-b}{z-a} & \text{für} \quad |z| \le r. \end{cases}$$

Da $f_0 | \{r' < |z| < 1\} = 1$, kann f_0 durch 1 auf $X \setminus U$ zu einer Funktion $f \in \mathscr{E}(X \setminus a)$ fortgesetzt werden, die nach Konstruktion eine schwache Lösung des Divisors ∂c ist. Sei nun $\omega \in \mathscr{E}^{(1)}(X)$ eine geschlossene Differentialform. Da ω in U eine

Stammfunktion besitzt, gibt es eine Funktion $g \in \mathscr{E}(X)$ mit kompaktem Träger, so daß $\omega = dg$ in $\{|z| \leq r'\}$. Damit folgt aus Lemma (20.3)

$$\frac{1}{2\pi i}\iint_X \frac{df}{f} \wedge \omega = \frac{1}{2\pi i}\iint_X \frac{df}{f} \wedge dg = g(b) - g(a) = \int_c \omega.$$

b) Im allgemeinen Fall gibt es eine Unterteilung

$$0 = t_0 < t_1 < \cdots < t_n = 1$$

des Intervalls [0,1] und Koordinaten-Umgebung (U_j, z_j), $j = 1, \ldots, n$, auf X mit folgenden Eigenschaften:

i) $c([t_{j-1}, t_j]) \subset U_j \subset U$,

ii) $z_j(U_j) \subset \mathbb{C}$ ist der Einheitskreis.

Bezeichnet c_j die Kurve $c|[t_{j-1}, t_j]$, so kann man deshalb nach a) eine schwache Lösung f_j des Divisors ∂c_j mit $f_j | X \backslash U_j = 1$ und

$$\int_{c_j} \omega = \frac{1}{2\pi i}\iint_X \frac{df_j}{f_j} \wedge \omega$$

für alle geschlossenen Differentialformen $\omega \in \mathscr{E}^{(1)}(X)$ konstruieren. Das Produkt $f: = f_1 \cdot \cdots \cdot f_n$ erfüllt dann die Bedingungen des Lemmas.

20.6. Corollar. *Sei X eine kompakte Riemannsche Fläche. Dann gibt es zu jeder geschlossenen Kurve α auf X genau eine harmonische Differentialform* $\sigma_\alpha \in \mathrm{Harm}^1(X)$, *so daß*

$$\int_\alpha \omega = \iint_X \sigma_\alpha \wedge \omega$$

für alle geschlossenen Differentialformen $\omega \in \mathscr{E}^{(1)}(X)$.

Beweis. Sei f eine schwache Lösung des Divisors $\partial\alpha = 0$, die den Bedingungen von Lemma (20.5) genügt. Da f nirgends verschwindet, ist df/f auf ganz X differenzierbar und geschlossen. Nach Satz (19.12) gibt es eine Differentialform $\sigma_\alpha \in \mathrm{Harm}^1(X)$ und eine Funktion $g \in \mathscr{E}(X)$ mit

$$\frac{1}{2\pi i}\frac{df}{f} = \sigma_\alpha + dg.$$

Ist $\omega \in \mathscr{E}^{(1)}(X)$ geschlossen, so ist $dg \wedge \omega = d(g\omega)$, also nach Satz (10.20)

$$\int_\alpha \omega = \frac{1}{2\pi i}\iint_X \frac{df}{f} \wedge \omega = \iint_X \sigma_\alpha \wedge \omega.$$

Zur Eindeutigkeit: Ist $\sigma' \in \mathrm{Harm}^1(X)$ eine zweite Lösung des Problems, so gilt für die Differenz $\tau := \sigma_\alpha - \sigma'$

$$\iint_X \tau \wedge \omega = 0 \quad \text{für alle geschlossenen} \quad \omega \in \mathscr{E}^{(1)}(X).$$

Insbesondere kann man $\omega = *\tau$ wählen, woraus folgt, daß $\langle \tau, \tau \rangle = 0$, d.h. $\tau = \sigma_\alpha - \sigma' = 0$, q.e.d.

20.7. Abelsches Theorem. *Sei D ein Divisor auf einer kompakten Riemannschen Fläche X mit* $\deg D=0$. *Genau dann ist D lösbar, wenn es eine 1-Kette $c\in C_1(X)$ mit $\partial c=D$ gibt, so daß*

$$(*)\qquad \int_c \omega=0 \quad \textit{für alle} \quad \omega\in\Omega(X).$$

Bemerkung. Die Bedingung $\int_c \omega=0$ braucht natürlich nur für eine Basis von $\Omega(X)$ nachgeprüft zu werden. Ist $\gamma\in C_1(X)$ eine beliebige 1-Kette mit $\partial\gamma=D$, so läßt sich die Bedingung auch so aussprechen: Es gibt einen Zyklus $\alpha\in Z_1(X)$, (nämlich $\alpha=\gamma-c$), so daß

$$\int_\gamma \omega_j=\int_\alpha \omega_j, \quad j=1,\ldots,g,$$

für eine Basis $\omega_1,\ldots,\omega_g$ von $\Omega(X)$.

Beweis. a) Wir zeigen zunächst, daß die Bedingung hinreicht. Sei $c\in C_1(X)$ eine 1-Kette mit $\partial c=D$ und $(*)$. Nach Lemma (20.5) gibt es eine schwache Lösung f des Divisors D mit

$$\int_c \omega=\frac{1}{2\pi i}\iint_X \frac{df}{f}\wedge\omega \quad \text{für alle} \quad \omega\in\mathscr{E}^{(1)}(X) \quad \text{mit} \quad d\omega=0.$$

Für alle $\omega\in\Omega(X)$ gilt nach $(*)$

$$0=\int_c \omega=\frac{1}{2\pi i}\iint_X \frac{df}{f}\wedge\omega=\frac{1}{2\pi i}\iint_X \frac{d''f}{f}\wedge\omega.$$

Nach einer Bemerkung in (20.2) ist $\sigma:=\frac{d''f}{f}\in\mathscr{E}^{0,1}(X)$. Nach (19.10) gibt es eine Funktion $g\in\mathscr{E}(X)$ mit $d''g=\frac{d''f}{f}$. Wir setzen

$$F:=e^{-g}f.$$

Die Funktion F ist wie f schwache Lösung von D. Es gilt

$$d''F=(d''e^{-g})f+e^{-g}d''f=-e^{-g}fd''g+e^{-g}d''f=0.$$

Also ist F sogar eine meromorphe Lösung von D.

b) Wir beweisen jetzt die Notwendigkeit der Bedingung. Wir dürfen annehmen, daß $D\neq 0$. Sei f eine meromorphe Funktion auf X mit $(f)=D$. Die Funktion f definiert eine n-blättrige Überlagerung $f: X\to\mathbb{P}_1$ mit einem gewissen $n\geq 1$. Seien $a_1,\ldots,a_r\in X$ die Verzweigungspunkte von f und $Y:=\mathbb{P}_1\setminus\{f(a_1),\ldots,f(a_r)\}$. Zu jeder Differentialform $\omega\in\Omega(X)$ konstruieren wir eine holomorphe Differentialform $\sigma=\operatorname{Spur}(\omega)$ auf $\mathbb{P}_1$ folgendermaßen: Jeder Punkt $y\in Y$ besitzt eine offene Umgebung V, so daß $f^{-1}(V)$ disjunkte Vereinigung offener Mengen $U_1,\ldots,U_n\subset X$ ist und alle Abbildungen $f|U_\nu\to V$ biholomorph sind. Sei $\varphi_\nu: V\to U_\nu$ die Umkehrung von $f|U_\nu\to V$. Nun sei

$$\operatorname{Spur}(\omega)|V:=\varphi_1^*\omega+\cdots+\varphi_n^*\omega.$$

Führt man dieselbe Konstruktion über einer offenen Umgebung V' eines anderen Punktes von Y durch, erhält man über dem Durchschnitt dieselbe Differentialform. Wie in (8.2) sieht man, daß sich $\mathrm{Spur}(\omega)$ holomorph auf ganz $\mathbb{P}_1$ fortsetzen läßt. Da $\Omega(\mathbb{P}_1)=0$, ist $\mathrm{Spur}(\omega)=0$.
Sei jetzt γ eine Kurve auf $\mathbb{P}_1$ von ∞ nach 0, die (außer evtl. in den Endpunkten) ganz in Y verläuft. Das Urbild von γ vermöge f zerfällt in n Kurven $c_1, \ldots, c_n$, die die Pole von f mit den Nullstellen von f verbinden. Für $c := c_1 + \cdots + c_n$ gilt dann $\partial c = D$ und für alle $\omega \in \Omega(X)$ ist

$$\int_c \omega = \int_\gamma \mathrm{Spur}(\omega) = 0, \quad \text{q.e.d.}$$

20.8. Anwendung auf doppeltperiodische Funktionen. Seien $\gamma_1, \gamma_2 \in \mathbb{C}$ über $\mathbb{R}$ linear unabhängig und

$$P := \{t_1\gamma_1 + t_2\gamma_2 : 0 \le t_1 < 1, 0 \le t_2 < 1\}.$$

Es seien Nullstellen $a_1, \ldots, a_n \in P$ und Polstellen $b_1, \ldots, b_n \in P$ vorgegeben (jeder Punkt sei so oft aufgezählt, wie seine Vielfachheit beträgt). Genau dann gibt es eine bzgl. $\Gamma = \mathbb{Z}\gamma_1 + \mathbb{Z}\gamma_2$ doppeltperiodische meromorphe Funktion, die in P genau die Nullstellen $a_1, \ldots, a_n$ und Polstellen $b_1, \ldots, b_n$ hat, wenn

$$\sum_{k=1}^{n} (a_k - b_k) \in \Gamma.$$

Beweis. Sei D der durch die vorgegebenen Null- und Polstellen bestimmte Divisor auf $\mathbb{C}/\Gamma$. In $\mathbb{C}$ wähle man (z.B. geradlinige) Kurven c_k von b_k nach a_k. Sei $\pi : \mathbb{C} \to \mathbb{C}/\Gamma$ die kanonische Projektion und

$$c := \pi \circ c_1 + \cdots + \pi \circ c_n \in C_1(\mathbb{C}/\Gamma).$$

Es ist $\partial c = D$. Sei $\omega \in \Omega(\mathbb{C}/\Gamma)$ die durch die Differentialform dz auf $\mathbb{C}$ induzierte Differentialform auf dem Torus. Dann gilt

$$\int_c \omega = \sum_{k=1}^{n} \int_{c_k} dz = \sum_{k=1}^{n} (a_k - b_k).$$

Die Behauptung ergibt sich deshalb aus der Bemerkung zum Abelschen Theorem.

§ 21. Das Jacobische Umkehrproblem

Das Abelsche Theorem sagt, wann ein Divisor vom Grad null auf einer kompakten Riemannschen Fläche durch eine meromorphe Funktion lösbar, d.h. ein Hauptdivisor ist. In diesem Paragraphen beschäftigen wir uns nun genauer mit der Struktur der Restklassengruppe der Divisoren vom Grad null modulo den Hauptdivisoren. Es stellt sich heraus, daß diese Gruppe isomorph zu einem komplex g-dimensionalen Torus ist, wobei g das Geschlecht der Riemannschen Fläche bezeichnet.

21.1. Gitter. Sei V ein N-dimensionaler Vektorraum über $\mathbb{R}$. Eine Untergruppe $\Gamma\subset V$ (bzgl. der Addition) heißt *Gitter*, wenn es N über $\mathbb{R}$ linear unabhängige Vektoren $\gamma_1, \ldots, \gamma_N \in V$ gibt, so daß

$$\Gamma = \mathbb{Z}\gamma_1 + \cdots + \mathbb{Z}\gamma_N.$$

Satz. *Eine Untergruppe $\Gamma\subset V$ ist genau dann ein Gitter, wenn gilt:*
i) *Γ ist diskret, d.h. es gibt eine Umgebung U der Null in V, so daß $\Gamma\cap U=\{0\}$.*
ii) *Γ ist in keinem echten Untervektorraum von V enthalten.*

Bemerkung. Ein N-dimensionaler reeller Vektorraum V besitzt eine eindeutig bestimmte Topologie, so daß jeder Isomorphismus $V \xrightarrow{\sim} \mathbb{R}^N$ ein Homöomorphismus wird.

Beweis. Es ist klar, daß ein Gitter $\Gamma\subset V$ die Eigenschaften i) und ii) hat. Sei nun umgekehrt vorausgesetzt, daß $\Gamma\subset V$ eine Untergruppe mit den Eigenschaften i) und ii) ist. Wir zeigen durch Induktion über $N=\dim_{\mathbb{R}} V$, daß es linear unabhängige Vektoren $\gamma_1, \ldots, \gamma_N \in V$ gibt, so daß

$$\Gamma = \mathbb{Z}\gamma_1 + \cdots + \mathbb{Z}\gamma_N.$$

Der Induktionsanfang $N=0$ ist trivial.
Induktionsschritt $N-1\to N$. Da Γ in keinem echten Untervektorraum von V enthalten ist, gibt es N linear unabhängige Vektoren $x_1, \ldots, x_N \in \Gamma$. Es sei V_1 der von $x_1, \ldots, x_{N-1}$ aufgespannte Untervektorraum von V und $\Gamma_1 := \Gamma\cap V_1$. Auf Γ_1 läßt sich die Induktionsvoraussetzung anwenden, es gibt also linear unabhängige Vektoren $\gamma_1, \ldots, \gamma_{N-1} \in \Gamma_1 \subset \Gamma$ mit

$$\Gamma_1 = \mathbb{Z}\gamma_1 + \cdots + \mathbb{Z}\gamma_{N-1}.$$

Jeder Vektor $x\in\Gamma$ läßt sich eindeutig schreiben als

$$x = c_1(x)\gamma_1 + \cdots + c_{N-1}(x)\gamma_{N-1} + c(x)x_N$$

mit reellen Zahlen $c_j(x)$, $c(x)$. Da das Parallelotop

$$P := \{\lambda_1\gamma_1 + \cdots + \lambda_{N-1}\gamma_{N-1} + \lambda x_N : \lambda_j, \lambda \in [0,1]\}$$

kompakt ist, ist $\Gamma\cap P$ endlich. Es gibt deshalb einen Vektor $\gamma_N \in (\Gamma\cap P)\setminus V_1$, so daß

$$c(\gamma_N) = \min\{c(x) : x \in (\Gamma\cap P)\setminus V_1\} \in]0,1].$$

Wir behaupten nun, daß $\Gamma = \Gamma_1 + \mathbb{Z}\gamma_N$. Denn sei $x \in \Gamma$ ein beliebiger Gittervektor. Dann gibt es $n_j \in \mathbb{Z}$, so daß

$$x' := x - \sum_{j=1}^{N} n_j \gamma_j = \sum_{j=1}^{N-1} \lambda_j \gamma_j + \lambda x_N$$

mit

$$0 \leq \lambda_j < 1 \quad \text{für} \quad j = 1, \ldots, N-1$$

und

$$0 \leq \lambda < c(\gamma_N).$$

Da $x' \in \Gamma \cap P$, folgt aus der Definition von γ_N, daß $\lambda = 0$, also $x' \in \Gamma \cap V_1 = \Gamma_1$. Deshalb müssen alle λ_j ganzzahlig, also 0 sein. Daraus folgt $x' = 0$, d.h.

$$x = \sum_{j=1}^{N} n_j \gamma_j \in \mathbb{Z}\gamma_1 + \cdots + \mathbb{Z}\gamma_N, \quad \text{q.e.d.}$$

21.2. Periodengitter. Sei jetzt X eine kompakte Riemannsche Fläche vom Geschlecht $g \geq 1$ und $\omega_1, \ldots, \omega_g$ eine Basis des Vektorraums $\Omega(X)$ der holomorphen Differentialformen auf X. Wir definieren eine Untergruppe

$$\mathrm{Per}(\omega_1, \ldots, \omega_g) \subset \mathbb{C}^g$$

wie folgt: $\mathrm{Per}(\omega_1, \ldots, \omega_g)$ besteht aus allen Vektoren

$$\left(\int_\alpha \omega_1, \int_\alpha \omega_2, \ldots, \int_\alpha \omega_g\right) \in \mathbb{C}^g,$$

wobei α die Fundamentalgruppe $\pi_1(X)$ durchläuft (vgl. 10.11).

Bemerkung. Es gilt auch (vgl. 20.4)

$$\mathrm{Per}(\omega_1, \ldots, \omega_g) = \left\{\left(\int_\alpha \omega_1, \ldots, \int_\alpha \omega_g\right) : \alpha \in H_1(X)\right\}.$$

Wir werden zeigen, daß $\mathrm{Per}(\omega_1, \ldots, \omega_g)$ ein Gitter in $\mathbb{C}^g$ ist. (Dabei ist $\mathbb{C}^g$ als $2g$-dimensionaler reeller Vektorraum aufzufassen.) Dies Gitter heißt das Periodengitter von X bzgl. der Basis $(\omega_1, \ldots, \omega_g)$.
Zum Beweis benötigen wir einen Hilfssatz.

21.3. Hilfssatz. *Sei X eine kompakte Riemannsche Fläche vom Geschlecht g. Dann gibt es g paarweise voneinander verschiedene Punkte $a_1, \ldots, a_g \in X$ mit folgender Eigenschaft: Jede holomorphe Differentialform $\omega \in \Omega(X)$, die in allen Punkten $a_1, \ldots, a_g$ verschwindet, ist identisch null.*

Beweis. Für $a \in X$ sei

$$H_a := \{\omega \in \Omega(X) : \omega(a) = 0\}.$$

Jedes H_a ist entweder gleich $\Omega(X)$ oder hat Codimension eins in $\Omega(X)$. Da der Durchschnitt aller H_a null ist und $\Omega(X)$ die Dimension g hat, gibt es g Punkte $a_1, \ldots, a_g \in X$ mit

$$H_{a_1} \cap \cdots \cap H_{a_g} = 0.$$

Diese Punkte erfüllen die Bedingungen des Hilfssatzes.

21.4. Satz. *Sei X eine kompakte Riemannsche Fläche vom Geschlecht $g \geq 1$ und $\omega_1, \ldots, \omega_g$ eine Basis von $\Omega(X)$. Dann ist $\Gamma := \mathrm{Per}(\omega_1, \ldots, \omega_g)$ ein Gitter in $\mathbb{C}^g$.*

Beweis. a) Wir wählen Punkte $a_1, \ldots, a_g$ wie im Hilfssatz und einfach zusammenhängende disjunkte Koordinatenumgebungen (U_j, z_j) von a_j mit $z_j(a_j) = 0$ für $j = 1, \ldots, g$. Bzgl. dieser Koordinaten sei

$$\omega_i = \varphi_{ij} dz_j \quad \text{in} \quad U_j.$$

Aus dem Hilfssatz (21.3) folgt dann, daß die Matrix

$$A := (\varphi_{ij}(a_j))_{1 \leq i,j \leq g}$$

den Rang g hat. Wir definieren eine Abbildung

$$F: U_1 \times \cdots \times U_g \to \mathbb{C}^g$$

wie folgt: Für $x = (x_1, \ldots, x_g) \in U_1 \times \cdots \times U_g$ sei

$$F(x_1, \ldots, x_g) = (F_1(x), \ldots, F_g(x))$$

mit

$$F_i(x) := \sum_{j=1}^{g} \int_{a_j}^{x_j} \omega_i, \quad (i = 1, \ldots, g).$$

Dabei ist das Integral $\int_{a_j}^{x_j} \omega_i$ längs irgend einer in U_j von a_j nach x_j verlaufenden Kurve zu bilden; da U_j einfach zusammenhängt, ist das Integral unabhängig von der gewählten Kurve.

Die Abbildung F ist bzgl. der Koordinaten $z_1, \ldots, z_g$ komplex differenzierbar und für ihre Jacobi-Matrix gilt

$$J_F(x) = \left(\frac{\partial F_i}{\partial z_j}(x)\right) = (\varphi_{ij}(x_j)).$$

Im Punkt $a = (a_1, \ldots, a_g)$ ist $J_F(a) = A$ also invertierbar. Deshalb ist

$$W := F(U_1 \times \cdots \times U_g) \subset \mathbb{C}^g$$

eine Umgebung von $F(a) = 0$.

b) Wir zeigen jetzt, daß $\Gamma \cap W = 0$. Angenommen, es gäbe im Gegenteil einen Punkt $t \in \Gamma \cap (W \setminus 0)$. Dann existiert ein

$$x = (x_1, \ldots, x_g) \in U_1 \times \cdots \times U_g, \; x \neq a,$$

mit $F(x) \in \Gamma$. Nach evtl. Umnumerierung dürfen wir annehmen, daß

$$x_j \neq a_j \quad \text{für} \quad 1 \le j \le k \quad \text{und} \quad x_j = a_j \quad \text{für} \quad j > k$$

($1 \le k \le g$). Nach dem Abelschen Theorem existiert dann eine meromorphe Funktion f auf X, die an den Stellen a_j, $1 \le j \le k$, Pole 1. Ordnung, an den Stellen x_j, $1 \le j \le k$, Nullstellen 1. Ordnung hat und sonst überall holomorph ist. Sei $c_j z_j^{-1}$ der Hauptteil von f in a_j. (Es ist $c_j \neq 0$ für $1 \le j \le k$.) Nach dem Residuensatz (10.21) gilt

$$0 = \operatorname{Res}(f\omega_i) = \sum_{j=1}^{k} c_j \varphi_{ij}(a_j) \quad \text{für} \quad i = 1, \ldots, g.$$

Dies ist aber unmöglich, da die Matrix $(\varphi_{ij}(a_j))$ den Rang g hat. Deshalb ist die Annahme falsch und gleichzeitig bewiesen, daß Γ eine diskrete Untergruppe von $\mathbb{C}^g$ ist.

c) Wir beweisen jetzt, daß Γ in keinem echten $\mathbb{R}$-Untervektorraum von $\mathbb{C}^g$ enthalten ist. Anderenfalls gäbe es eine nichttriviale reelle Linearform auf $\mathbb{C}^g$, die auf Γ identisch verschwindet. Da jede reelle Linearform Realteil einer komplexen Linearform ist, erhielte man also einen Vektor $(c_1, \ldots, c_g) \in \mathbb{C}^g \setminus 0$, so daß

$$\operatorname{Re}\Big(\sum_{j=1}^{g} c_j \int_\alpha \omega_j\Big) = 0 \quad \text{für alle} \quad \alpha \in \pi_1(X).$$

Mit Corollar (19.8) folgt daraus, daß

$$\omega := c_1\omega_1 + \cdots + c_g\omega_g = 0, \quad \text{Widerspruch!}$$

Damit ist bewiesen, daß Γ ein Gitter in $\mathbb{C}^g$ ist.

21.5. Bemerkung. Der Satz (21.4) besagt, daß es $2g$ geschlossene Kurven $\alpha_1, \ldots, \alpha_{2g}$ auf X gibt, so daß die Vektoren

$$\gamma_\nu := \Big(\int_{\alpha_\nu} \omega_1, \ldots, \int_{\alpha_\nu} \omega_g\Big) \in \mathbb{C}^g, \ \nu = 1, \ldots, 2g,$$

reel linear unabhängig sind und

$$\operatorname{Per}(\omega_1, \ldots, \omega_g) = \mathbb{Z}\gamma_1 + \cdots + \mathbb{Z}\gamma_{2g}.$$

Man überlegt sich leicht, daß daraus folgt, daß die Homologieklassen von $\alpha_1, \ldots, \alpha_{2g}$ in $H_1(X)$ über $\mathbb{Z}$ linear unabhängig sind und $H_1(X)$ erzeugen. Es gilt also $H_1(X) \cong \mathbb{Z}^{2g}$.

21.6. Jacobi-Mannigfaltigkeit und Picard-Gruppe. Sei X eine kompakte Riemannsche Fläche vom Geschlecht g und $\omega_1, \ldots, \omega_g$ eine Basis von $\Omega(X)$. Dann heißt

$$\operatorname{Jac}(X) := \mathbb{C}^g / \operatorname{Per}(\omega_1, \ldots, \omega_g)$$

die *Jacobi-Mannigfaltigkeit* von X. Wir betrachten hier $\operatorname{Jac}(X)$ nur als abelsche Gruppe und lassen die Struktur einer kompakten komplexen Mannigfaltigkeit (komplex g-dimensionaler Torus), die man auf $\mathrm{Jac}(X)$ ähnlich wie in (1.5.d) einführen kann, außer acht. Zwar hängt die Definition von der Wahl der Basis $\omega_1, \ldots, \omega_g$ ab, jedoch erhält man bei anderer Wahl ein isomorphes $\mathrm{Jac}(X)$.

Mit $\mathrm{Div}_0(X) \subset \mathrm{Div}(X)$ werde die Untergruppe der Divisoren vom Grad 0 bezeichnet und mit $\mathrm{Div}_H(X) \subset \mathrm{Div}_0(X)$ die Untergruppe der Hauptdivisoren. Der Quotient

$$\mathrm{Pic}(X) := \mathrm{Div}_0(X)/\mathrm{Div}_H(X)$$

heißt die *Picard-Gruppe* von X. Wir definieren eine Abbildung

$$\Phi : \mathrm{Div}_0(X) \to \mathrm{Jac}(X)$$

wie folgt: Sei $D \in \mathrm{Div}_0(X)$ und $c \in C_1(X)$ eine Kette mit $\partial c = D$. Der Vektor

$$\Big(\int_c \omega_1, \ldots, \int_c \omega_g\Big) \in \mathbb{C}^g$$

ist durch D modulo $\mathrm{Per}(\omega_1, \ldots, \omega_g)$ eindeutig bestimmt; seine Restklasse ist nach Definition gleich $\Phi(D)$. Offenbar ist Φ ein Gruppenhomomorphismus. Das Abelsche Theorem (20.7) sagt nun gerade, daß der Kern der Abbildung Φ gleich $\mathrm{Div}_H(X)$ ist. Wir erhalten deshalb durch Übergang zum Quotienten eine injektive Abbildung

$$j : \mathrm{Pic}(X) \to \mathrm{Jac}(X).$$

Das Jacobische Umkehrproblem fragt, ob diese Abbildung auch surjektiv ist. Dies ist tatsächlich der Fall.

21.7. Satz. *Für jede kompakte Riemannsche Fläche X ist die Abbildung*

$$j : \mathrm{Pic}(X) \to \mathrm{Jac}(X)$$

ein Isomorphismus.

Beweis. Sei $p \in \mathrm{Jac}(X)$ irgendein Punkt, der durch den Vektor $\xi \in \mathbb{C}^g$ repräsentiert werde. Ist N eine genügend große natürliche Zahl, so liegt der Vektor $\frac{1}{N}\xi$ im Bild der im Teil a) des Beweises von Satz (21.4) betrachteten Abbildung F, d.h. es gibt Punkte $a_j, x_j \in X$ und Kurven γ_j von a_j nach $x_j, (j=1, \ldots, g)$, so daß für $c := \gamma_1 + \cdots + \gamma_g$ gilt

$$\Big(\int_c \omega_1, \ldots, \int_c \omega_g\Big) = \frac{1}{N}\xi.$$

Für den Divisor $D := \partial c$ gilt also

$$\Phi(D) = \frac{1}{N}\xi \bmod \mathrm{Per}(\omega_1, \ldots, \omega_g).$$

Ist nun θ der durch den Divisor ND repräsentierte Punkt von $\mathrm{Pic}(X)$, so folgt $j(\theta) = p$. Damit ist bewiesen, daß j surjektiv, also ein Isomorphismus ist.

21.8. Sei X eine kompakte Riemannsche Fläche vom Geschlecht g und seien $a_1, \ldots, a_g \in X$ beliebig vorgegebene Punkte. Wir definieren eine Abbildung

$$\psi : X^g \to \mathrm{Pic}(X)$$

folgendermaßen: Für $(x_1, \ldots, x_g) \in X^g$ sei

$$\psi(x_1, \ldots, x_g) := \sum_{j=1}^{g} (D_{x_j} - D_{a_j}) \bmod \mathrm{Div}_H(X);$$

dabei bezeichnet D_x für $x \in X$ den Divisor, der in x den Wert 1 annimmt und sonst null ist. Es sei

$$J : X^g \to \mathrm{Jac}(X)$$

die Zusammensetzung der Abbildungen $\psi : X^g \to \mathrm{Pic}(X)$ und $j : \mathrm{Pic}(X) \to \mathrm{Jac}(X)$. Geht man auf die Definitionen zurück, so sieht man, daß

$$J(x_1, \ldots, x_g) = \left(\sum_{j=1}^{g} \int_{a_j}^{x_j} \omega_i \right)_{1 \le i \le g} \bmod \mathrm{Per}(\omega_1, \ldots, \omega_g).$$

Eine Verschärfung von (21.7) ist

21.9. Satz. *Mit den obigen Bezeichnungen ist die Abbildung*

$$J : X^g \to \mathrm{Jac}(X)$$

surjektiv.

Beweis. Es genügt zu zeigen, daß $\psi : X^g \to \mathrm{Pic}(X)$ surjektiv ist. Dies ist gleichbedeutend damit, daß jeder Divisor $D \in \mathrm{Div}_0(X)$ modulo $\mathrm{Div}_H(X)$ zu einem Divisor der Gestalt

$$\sum_{j=1}^{g} (D_{x_j} - D_{a_j}), \quad (x_1, \ldots, x_g) \in X^g,$$

äquivalent ist. Dies sieht man so: Sei

$$D' := D + D_{a_1} + \cdots + D_{a_g}.$$

Es gilt $\deg D' = g$ und nach dem Satz von Riemann-Roch (16.9) ist $\dim H^0(X, \mathcal{O}_{D'}) \ge$ ≥ 1. Es gibt also eine meromorphe Funktion $f \ne 0$ auf X mit $(f) \ge -D'$, d.h.

$$D'' := (f) + D' \ge 0.$$

Da $\deg D'' = g$, gibt es Punkte $x_1, \ldots, x_g \in X$ mit

$$D'' = D_{x_1} + \cdots + D_{x_g}.$$

Es folgt

$$\sum_{j=1}^{g} (D_{x_j} - D_{a_j}) = D + (f), \quad \text{q.e.d.}$$

Bemerkung. Aus der Definition der Abbildung $J : X^g \to \mathrm{Jac}(X)$ folgt unmittelbar, daß $J(x_1, \ldots, x_g)$ invariant gegen Vertauschung der $x_1, \ldots, x_g$ ist. J induziert deshalb eine Abbildung $S^g X \to \mathrm{Jac}(X)$ des g-fachen symmetrischen Produkts von X in die Jacobi-Mannigfaltigkeit. Auf $S^g X$ kann man, wie auf $\mathrm{Jac}(X)$, die Struktur einer kompakten g-dimensionalen, komplexen Mannigfaltigkeit einführen, und die Abbildung $S^g X \to \mathrm{Jac}(X)$ wird dann holomorph. Sie ist zwar nicht bijektiv, aber man kann zeigen, daß sie bimeromorph ist, d.h. einen Isomorphismus der Körper der meromorphen Funktionen von $\mathrm{Jac}(X)$ bzw. $S^g X$ induziert. Siehe dazu [15].

21.10. Satz. *Für jede kompakte Riemannsche Fläche X vom Geschlecht 1 ist die Abbildung $J: X \to \mathrm{Jac}(X)$ ein Isomorphismus.*

Bemerkung. Dies ist die Umkehrung von Corollar (17.13).

Beweis. Die Abbildung J läßt sich so beschreiben: Sei $\omega \in \Omega(X) \setminus 0$, $\Gamma := \mathrm{Per}(\omega)$, $a \in X$. Für $x \in X$ ist dann

$$J(x) = \int_a^x \omega \mod \Gamma \in \mathbb{C}/\Gamma = \mathrm{Jac}(X).$$

Man sieht, daß J eine holomorphe Abbildung ist. Nach (21.9) ist J surjektiv. (Dies folgt übrigens auch direkt aus Satz 2.7.) Die Abbildung J ist auch injektiv, denn andernfalls gäbe es nach dem Abelschen Theorem auf X eine meromorphe Funktion f, die einen einzigen Pol der Ordnung eins hat, was unmöglich ist (da sonst X isomorph zu $\mathbb{P}_1$ wäre).

Bemerkung. Sei $P(z)$ ein Polynom 3. oder 4. Grades ohne mehrfache Nullstellen und X die Riemannsche Fläche der algebraischen Funktion $\sqrt{P(z)}$. Dann hat X das Geschlecht eins (vgl. 17.15) und

$$\omega = \frac{dz}{\sqrt{P(z)}}$$

ist eine Basis von $\Omega(X)$. Sei $\Gamma \subset \mathbb{C}$ das Periodengitter von ω. Die Abbildung $J: X \to \mathrm{Jac}(X) = \mathbb{C}/\Gamma$ wird dann gegeben durch das „elliptische Integral erster Gattung"

$$J(x) = \int_a^x \frac{dz}{\sqrt{P(z)}} \mod \Gamma \in \mathbb{C}/\Gamma.$$

Sei $F: \mathbb{C}/\Gamma \to X$ die Umkehrabbildung von J und seien $\pi: \mathbb{C} \to \mathbb{C}/\Gamma$ und $p: X \to \mathbb{P}_1$ die kanonischen Projektionen. Dann ist

$$f := p \circ F \circ \pi : \mathbb{C} \to \mathbb{P}_1$$

eine doppeltperiodische meromorphe Funktion. Es war die große Entdeckung von Abel und Jacobi, daß man das Studium der elliptischen Integrale so auf das Studium der doppeltperiodischen Funktionen zurückführen kann. Die Verallgemeinerung der Fragestellung auf hyperelliptische Integrale führte dann auf das Jacobische Umkehrproblem. Zur Geschichte des Problems siehe [63].

Kapitel III. Nicht-kompakte Riemannsche Flächen

Die Funktionentheorie auf nicht-kompakten Riemannschen Flächen gleicht in vieler Beziehung der Funktionentheorie in Gebieten der komplexen Ebene. So gelten für nicht-kompakte Riemannsche Flächen die Analoga der Sätze von Mittag-Leffler und Weierstraß sowie des Riemannschen Abbildungssatzes.
Wir behandeln in diesem Kapitel zunächst das Dirichletsche Randwertproblem für harmonische Funktionen auf Riemannschen Flächen. Dies dient einmal dazu, um die Abzählbarkeit der Topologie von Riemannschen Flächen zu beweisen, und wird außerdem später zum Beweis des Riemannschen Abbildungssatzes benützt. Den Rungeschen Approximationssatz auf nicht-kompakten Riemannschen Flächen beweisen wir mithilfe des Weylschen Lemmas. Aus dem Rungeschen Approximationssatz sind dann einfach die Sätze von Mittag-Leffler und Weierstraß abzuleiten. Außerdem behandeln wir in diesem Kapitel in Ergänzung zu den §§ 10 und 11 die Existenz von holomorphen Funktionen zu vorgegebenen Automorphiesummanden und das Riemann-Hilbertsche Problem.

§ 22. Das Dirichletsche Randwertproblem

Die bisher bewiesenen Existenzsätze für holo- und meromorphe Funktionen auf Riemannschen Flächen beruhten letzten Endes auf dem Dolbeaultschen Lemma (13.2) und auf dem Endlichkeitssatz (14.9). Wir werden jetzt ganz unabhängig davon einen weiteren Existenzsatz auf Riemannschen Flächen beweisen, nämlich über die Lösung des Dirichletschen Randwertproblems für harmonische Funktionen nach der Methode von Perron.

22.1. Eine in einer offenen Menge Y einer Riemannschen Fläche X differenzierbare Funktion $u \in \mathscr{E}(Y)$ heißt harmonisch, wenn $d'd''u=0$, vgl. (9.14). Bzgl. einer lokalen Koordinate $z=x+iy$ bedeutet das

$$\Delta u = \left(\frac{\partial^2}{\partial x^2} + \frac{\partial^2}{\partial y^2}\right) u = 0.$$

Jede reellwertige harmonische Funktion u in einem einfach zusammenhängenden Gebiet $G \subset X$ ist Realteil einer holomorphen Funktion $f \in \mathcal{O}(G)$, denn aus Satz (19.4) folgt, daß sich die harmonische Differentialform du schreiben läßt als $du = \mathrm{Re}(dg)$ mit $g \in \mathcal{O}(G)$. Daraus ergibt sich $u = \mathrm{Re}(g) + \mathrm{const}$.
Damit läßt sich leicht das Maximumprinzip für harmonische Funktionen ableiten: Nimmt eine in einem Gebiet Y harmonische Funktion $u: Y \to \mathbb{R}$ ihr Maximum in einem Punkt $x_0 \in Y$ an, so ist u konstant. Denn sei $u = \mathrm{Re}(f)$ mit einer holomorphen Funktion f in einer Umgebung von x_0. Da $|e^f| = e^u$, nimmt die holomorphe Funktion e^f in x_0 das Maximum ihres Betrages an. Aus dem Maximumprinzip für holomorphe Funktionen folgt nun, daß u in einer Umgebung von x_0, also auch auf ganz Y, konstant ist.

22.2. Unter dem Dirichletschen Randwertproblem auf einer Riemannschen Fläche X versteht man das folgende:
Sei Y eine offene Menge in X und $f: \partial Y \to \mathbb{R}$ eine stetige Funktion. Gesucht ist eine stetige Funktion $u: \overline{Y} \to \mathbb{R}$, die in Y harmonisch ist mit $u|\partial Y = f$. Ist $\overline{Y}$ kompakt und $\partial Y \neq \emptyset$, (d.h. $Y \neq X$), so ist die Lösung, falls sie existiert, eindeutig bestimmt. Denn die Differenz $u_1 - u_2$ zweier Lösungen u_i nimmt die Randwerte 0 an. Wegen des Maximumprinzips für harmonische Funktionen gilt dann $0 \leq u_1 - u_2 \leq 0$ in Y, also $u_1 = u_2$.
Für die Kreisscheibe

$$E(R) := \{z \in \mathbb{C} : |z| < R\}, \quad (R > 0),$$

kann das Dirichletsche Randwertproblem einfach durch das *Poisson-Integral* gelöst werden:

22.3. Satz. *Ist $f: \partial E(R) \to \mathbb{R}$ stetig und setzt man*

$$(*) \qquad u(z) := \frac{1}{2\pi} \int_0^{2\pi} \frac{R^2 - |z|^2}{|Re^{i\theta} - z|^2} f(Re^{i\theta})\, d\theta \quad \text{für} \quad |z| < R$$

sowie $u(z) := f(z)$ für $|z| = R$, so ist u in $\overline{E(R)}$ stetig und in $E(R)$ harmonisch.

Beweis. Für $z \neq \zeta$ sei

$$P(z,\zeta) := \frac{|\zeta|^2 - |z|^2}{|\zeta - z|^2}, \quad F(z,\zeta) := \frac{\zeta + z}{\zeta - z}.$$

Es gilt $P(z,\zeta)=\operatorname{Re}F(z,\zeta)$. Damit läßt sich (*) schreiben als

$$u(z)=\frac{1}{2\pi}\int_0^{2\pi} P(z,Re^{i\theta})f(Re^{i\theta})d\theta=$$

$$=\operatorname{Re}\left(\frac{1}{2\pi}\int_0^{2\pi} F(z,Re^{i\theta})f(Re^{i\theta})\,d\theta\right)=$$

$$=\operatorname{Re}\left(\frac{1}{2\pi i}\int_{|\zeta|=R} F(z,\zeta)f(\zeta)\frac{d\zeta}{\zeta}\right).$$

Da $F(z,\zeta)$ als Funktion von z holomorph ist, folgt daraus, daß u in $E(R)$ Realteil einer holomorphen Funktion, also harmonisch ist.
Es ist nur noch die stetige Annahme der Randwerte zu zeigen. Mit dem Residuensatz berechnet man

$$\frac{1}{2\pi}\int_0^{2\pi} P(z,Re^{i\theta})d\theta=\operatorname{Re}\left(\frac{1}{2\pi i}\int_{|\zeta|=R}\frac{\zeta+z}{\zeta-z}\cdot\frac{d\zeta}{\zeta}\right)=1.$$

Für $\zeta_0\in\partial E(R)$ und $z\in E(R)$ gilt daher mit $\zeta=Re^{i\theta}$

$$u(z)-f(\zeta_0)=\frac{1}{2\pi}\int_0^{2\pi} P(z,\zeta)(f(\zeta)-f(\zeta_0))\,d\theta.$$

Sei $\varepsilon>0$ vorgegeben. Da f stetig ist, gibt es ein $\delta_0>0$, so daß $|f(\zeta)-f(\zeta_0)|\le\varepsilon/2$ für $|\zeta-\zeta_0|\le\delta_0$, sowie eine Konstante $M>0$, so daß $|f(\zeta)|\le M$ für alle $\zeta\in\partial E(R)$. Wir zerlegen nun den Integrationsbereich in zwei Teile: α bestehe aus allen $\theta\in[0,2\pi]$ mit $|Re^{i\theta}-\zeta_0|\le\delta_0$ und β sei der Rest. Dann gilt

$$|u(z)-f(\zeta_0)|\le\frac{1}{2\pi}\int_\alpha P(z,\zeta)\frac{\varepsilon}{2}d\theta+\frac{1}{2\pi}\int_\beta P(z,\zeta)\cdot 2M\,d\theta\le\frac{\varepsilon}{2}+\frac{M}{\pi}\int_\beta P(z,Re^{i\theta})\,d\theta.$$

Ist $|z-\zeta_0|=:\delta\le\delta_0/2$, so gilt für $\theta\in\beta$

$$|Re^{i\theta}-z|\ge|Re^{i\theta}-\zeta_0|-|z-\zeta_0|\ge\delta_0/2$$

und

$$P(z,Re^{i\theta})=\frac{(R+|z|)(R-|z|)}{|Re^{i\theta}-z|^2}\le\frac{2R\delta}{(\delta_0/2)^2}=\frac{8R}{\delta_0^2}\delta,$$

also

$$|u(z)-f(\zeta_0)|\le\frac{\varepsilon}{2}+\frac{16RM}{\delta_0^2}\delta\le\varepsilon,$$

falls nur $|z-\zeta_0|$ genügend klein ist, q.e.d.

22.4. Corollar. *Sei $u\colon E(R)\to\mathbb{R}$ eine harmonische Funktion. Dann gilt für alle $r<R$ und $|z|<r$*

$$u(z)=\frac{1}{2\pi}\int_0^{2\pi}\frac{r^2-|z|^2}{|re^{i\theta}-z|^2}u(re^{i\theta})\,d\theta.$$

Insbesondere hat u die „Mittelwerteigenschaft“

$$u(0)=\frac{1}{2\pi}\int_0^{2\pi} u(re^{i\theta})\,d\theta.$$

Dies folgt aus (22.3) wegen der Eindeutigkeit der Lösung des Dirichletschen Randwertproblems.

22.5. Corollar. *Sei* $u_n : E(R)\to\mathbb{R}$, $n\in\mathbb{N}$, *eine Folge harmonischer Funktionen, die kompakt gegen die Funktion* $u : E(R)\to\mathbb{R}$ *konvergiere. Dann ist auch u harmonisch.*

Beweis. Für jedes $r<R$ und alle $|z|<r$ gilt nach (22.4)

$$u_n(z)=\frac{1}{2\pi}\int_0^{2\pi} P(z,re^{i\theta})u_n(re^{i\theta})\,d\theta,$$

wobei $P(z,\zeta)$ wie in (22.3) definiert sei. Da die Funktionenfolge u_n auf $\partial E(r)$ gleichmäßig gegen u konvergiert, gilt diese Integralformel auch für die Funktion u. Aus Satz (22.3) folgt nun, daß u in $E(r)$ harmonisch ist.

22.6. Satz von Harnack. *Sei* $M\in\mathbb{R}$ *und*

$$u_0\leq u_1\leq u_2\leq\cdots\leq M$$

eine monoton wachsende, beschränkte Folge von harmonischen Funktionen $u_n : E(R)\to\mathbb{R}$. *Dann konvergiert die Folge auf jedem kompakten Teil von* $E(R)$ *gleichmäßig gegen eine harmonische Funktion* $u : E(R)\to\mathbb{R}$.

Beweis. Sei $K\subset E(R)$ kompakt. Dann gibt es Konstanten $\varrho<r<R$, so daß

$$K\subset\{z\in\mathbb{C} : |z|\leq\varrho\}.$$

Sei $\varepsilon>0$ vorgegeben und $\varepsilon' := \frac{r-\varrho}{r+\varrho}\varepsilon$. Da die Folge $(u_n(0))$ monoton wachsend und beschränkt ist, gibt es ein N, so daß

$$u_n(0)-u_m(0)\leq\varepsilon' \quad \text{für alle} \quad n\geq m\geq N.$$

Wir wenden nun die Poissonsche Integralformel auf die positive harmonische Funktion u_n-u_m an. Da für $|z|\leq\varrho$ gilt

$$0\leq P(z,re^{i\theta})\leq\frac{r+|z|}{r-|z|}\leq\frac{r+\varrho}{r-\varrho},$$

haben wir für alle $z\in K$

$$u_n(z)-u_m(z)=\frac{1}{2\pi}\int_0^{2\pi} P(z,re^{i\theta})\,\big(u_n(re^{i\theta})-u_m(re^{i\theta})\big)d\theta$$

$$\leq\frac{r+\varrho}{r-\varrho}\cdot\frac{1}{2\pi}\int_0^{2\pi}\big(u_n(re^{i\theta})-u_m(re^{i\theta})\big)d\theta$$

$$=\frac{r+\varrho}{r-\varrho}\big(u_n(0)-u_m(0)\big)\leq\varepsilon.$$

Die Folge (u_n) konvergiert also auf K gleichmäßig. Nach (22.5) ist die Grenzfunktion wieder harmonisch.

22.7. Wir kehren jetzt wieder zum Dirichletschen Randwertproblem auf einer beliebigen Riemannschen Fläche X zurück. Da die Eigenschaft einer Funktion, harmonisch zu sein, invariant gegenüber biholomorphen Abbildungen ist, ist das Dirichletsche Randwertproblem auch für alle Gebiete $D \subset X$ lösbar, die relativkompakt in einer Karte (U, z) enthalten sind, so daß $z(D) \subset \mathbb{C}$ eine Kreisscheibe ist.

Wir führen nun einige für die weiteren Überlegungen nützliche Bezeichnungen ein: Für eine offene Menge $Y \subset X$ bezeichne $\mathrm{Reg}(Y)$ die Menge aller Gebiete $D \subset\subset Y$, so daß das Dirichletsche Randwertproblem in D für beliebige stetige Randwerte $f: \partial D \to \mathbb{R}$ lösbar ist. Für eine stetige Funktion $u: Y \to \mathbb{R}$ und $D \in \mathrm{Reg}(Y)$ bezeichnen wir mit $P_D u$ diejenige stetige Funktion auf Y, die in $Y \setminus D$ mit u und in $\bar{D}$ mit der Lösung des Dirichletschen Randwertproblems mit den Randwerten $u|\partial D$ übereinstimmt.

Mit $\mathscr{C}_{\mathbb{R}}(Y)$ bezeichnen wir den Vektorraum aller reellwertigen stetigen Funktionen auf Y.

Offenbar gilt für alle $u, v \in \mathscr{C}_{\mathbb{R}}(Y)$, $\lambda \in \mathbb{R}$:

i) $P_D(u+v) = P_D u + P_D v$,

ii) $P_D(\lambda u) = \lambda P_D u$,

iii) $u \le v \Rightarrow P_D u \le P_D v$.

Eine Funktion $u \in \mathscr{C}_{\mathbb{R}}(Y)$ ist genau dann harmonisch, wenn $P_D u = u$ für alle $D \in \mathrm{Reg}(Y)$.

22.8. Definition. Eine stetige Funktion $u: Y \to \mathbb{R}$ heißt *subharmonisch*, falls

$$P_D u \ge u \quad \text{für alle} \quad D \in \mathrm{Reg}(Y).$$

Unmittelbar aus der Definition folgt: Sind $u, v: Y \to \mathbb{R}$ subharmonische Funktionen und ist λ eine reelle Zahl ≥ 0, so sind auch die Funktionen $u+v$, λu, $\sup(u, v)$ in Y subharmonisch.

Eine Funktion $u: Y \to \mathbb{R}$ heißt *lokal subharmonisch*, falls u in einer Umgebung jedes Punktes von Y subharmonisch ist.

22.9. Satz (Maximumprinzip für lokal subharmonische Funktionen). *Sei Y ein Gebiet einer Riemannschen Fläche X und $u: Y \to \mathbb{R}$ eine lokal subharmonische Funktion. u nehme sein Maximum in einem Punkt $x_0 \in Y$ an. Dann ist u konstant.*

Beweis. Sei $u(x_0) =: c$ und

$$S := \{x \in Y : u(x) = c\}.$$

Falls $S \neq Y$, gibt es einen Punkt $a \in \partial S \cap Y$. Weil u stetig ist, gilt dann $u(a) = c$. In jeder Umgebung von a liegt ein Punkt x mit $u(x) < c$. Wir können deshalb eine offene Umgebung $D \in \mathrm{Reg}(Y)$ von a finden, so daß $u \mid \partial D$ nicht konstant gleich c ist. Außerdem dürfen wir annehmen, daß u in einer Umgebung von $\bar{D}$ subharmonisch ist, also

$$u \le P_D u =: v.$$

Die Funktion v ist in D harmonisch. Weil

$$v \mid \partial D = u \mid \partial D \le c,$$

folgt aus dem Maximumprinzip für harmonische Funktionen $v \le c$ in $\bar{D}$. Da $u(a) = c \le v(a)$, nimmt v in a sein Maximum an, ist also in $\bar{D}$ konstant gleich c. Dies ist aber ein Widerspruch zur Wahl von D. Also muß $S = Y$ sein.

22.10. Corollar. *Ist $u: Y \to \mathbb{R}$ lokal subharmonisch, so ist u subharmonisch.*

Beweis. Sei $D \in \mathrm{Reg}(Y)$ beliebig. Da $P_D u$ in D harmonisch ist, ist

$$v := u - P_D u$$

in D lokal subharmonisch. Da $v \mid \partial D = 0$, ist nach dem Maximum-Prinzip $v \le 0$ in D, d.h. $P_D u \ge u$, q.e.d.

22.11. Hilfssatz. *Ist $u: Y \to \mathbb{R}$ subharmonisch und $B \in \mathrm{Reg}(Y)$, so ist auch $P_B u$ subharmonisch.*

Beweis. Wir setzen $v := P_B u$. Sei $D \in \mathrm{Reg}(Y)$ beliebig. Es ist zu zeigen, daß $P_D v \ge v$. In $Y \setminus D$ ist $P_D v = v$ und in $Y \setminus B$ gilt wegen $v \ge u$

$$P_D v \ge P_D u \ge u = v.$$

Also ist $v - P_D v \le 0$ in $Y \setminus (B \cap D)$. Da $v - P_D v$ in $B \cap D$ harmonisch ist, folgt daraus

$$v - P_D v \le 0 \quad \text{in} \quad B \cap D.$$

Daher gilt $P_D v \ge v$ auf ganz Y, q.e.d.

22.12. Lemma (Perron). *Sei $\mathfrak{M} \subset \mathscr{C}_{\mathbb{R}}(Y)$ eine nichtleere Menge in Y subharmonischer Funktionen mit folgenden Eigenschaften:*

i) $u, v \in \mathfrak{M} \Rightarrow \sup(u, v) \in \mathfrak{M}$

ii) $u \in \mathfrak{M},\ D \in \mathrm{Reg}(Y) \Rightarrow P_D u \in \mathfrak{M}$

iii) *Es existiert eine Konstante $K \in \mathbb{R}$, so daß*

$$u \le K \quad \text{für alle} \quad u \in \mathfrak{M}.$$

Dann ist die Funktion $u^*: Y \to \mathbb{R}$ mit

$$u^*(x) := \sup\{u(x) : u \in \mathfrak{M}\}$$

harmonisch in Y.

Beweis. Sei $a \in Y$ und $D \in \operatorname{Reg}(Y)$ eine Umgebung von a. Wir wählen eine Folge $u_n \in \mathfrak{M}$, $n \in \mathbb{N}$, mit

$$\lim u_n(a) = u^*(a).$$

Wegen i) können wir annehmen, daß

$$u_0 \leq u_1 \leq u_2 \leq \cdots .$$

Sei $v_n := P_D u_n$. Dann gilt auch

$$v_0 \leq v_1 \leq v_2 \leq \cdots .$$

Nach dem Satz von Harnack konvergiert die Folge (v_n) in D kompakt gegen eine harmonische Funktion $v : D \to \mathbb{R}$. Es gilt

$$v(a) = u^*(a) \quad \text{und} \quad v \leq u^* \quad \text{in} \quad D.$$

Wir zeigen jetzt, daß $v(x) = u^*(x)$ für jedes $x \in D$. Sei dazu $w_n \in \mathfrak{M}$, $n \in \mathbb{N}$, eine Folge mit

$$\lim_{n \to \infty} w_n(x) = u^*(x).$$

Wegen i) und ii) können wir annehmen, daß

$$v_n \leq w_n = P_D w_n \quad \text{und} \quad w_n \leq w_{n+1}$$

für alle $n \in \mathbb{N}$. Daher konvergiert die Folge (w_n) in D kompakt gegen eine harmonische Funktion $w : D \to \mathbb{R}$ mit

$$v \leq w \leq u^*.$$

Da $v(a) = w(a) = u^*(a)$, folgt aus dem Maximumprinzip für die in D harmonische Funktion $v - w$, daß $v(y) = w(y)$ für alle $y \in D$, insbesondere

$$v(x) = w(x) = u^*(x).$$

Also ist $u^* = w$ in D harmonisch, q.e.d.

22.13. Zur Lösung des Dirichletschen Randwertproblems gehen wir jetzt nach Perron wie folgt vor: Sei

$$f : \partial Y \to \mathbb{R}$$

eine stetige beschränkte Funktion (wir setzen nicht voraus, daß $\overline{Y}$ kompakt ist) und

$$K := \sup\{f(x) : x \in \partial Y\}.$$

Wir bezeichnen mit $\mathfrak{P}_f$ die Menge aller Funktionen $u \in \mathscr{C}(\overline{Y})$ mit

i) $u | Y$ subharmonisch,
ii) $u | \partial Y \leq f$, $u \leq K$.

Nach dem Lemma ist

$$u^* := \sup\{u : u \in \mathfrak{P}_f\}$$

in Y harmonisch. Um damit eine Lösung des Randwertproblems zu erhalten, muß für jeden Punkt $x \in \partial Y$ gelten

$$\lim_{\substack{y \to x \\ y \in Y}} u^*(y) = f(x).$$

Dies ist unter bestimmten Bedingungen, jedoch nicht immer, der Fall.

22.14. Definition. Der Punkt $x \in \partial Y$ heißt *regulär*, wenn es eine offene Umgebung U von x und eine Funktion $\beta \in \mathscr{C}_{\mathbb{R}}(\overline{Y} \cap U)$ mit folgenden Eigenschaften gibt:

i) $\beta | Y \cap U$ ist subharmonisch,

ii) $\beta(x) = 0$ und $\beta(y) < 0$ für alle $y \in \overline{Y} \cap U \backslash \{x\}$.

Die Funktion β heißt *Barriere* für x.

Bemerkung. Sei $x \in \partial Y$ ein regulärer Randpunkt von Y. Ist dann Y_1 eine offene Teilmenge von Y mit $x \in \partial Y_1$, so ist x auch regulärer Randpunkt von Y_1. Dies folgt unmittelbar aus der Definition. Daraus ergibt sich: Hat Y regulären Rand (d.h. sind alle Randpunkte regulär), so hat auch jede Zusammenhangskomponente von Y regulären Rand.

22.15. Hilfssatz. *Sei $x \in \partial Y$ ein regulärer Randpunkt, V eine Umgebung von x und seien $m \leq c$ reelle Konstanten. Dann gibt es eine Funktion $v \in \mathscr{C}_{\mathbb{R}}(\overline{Y})$ mit folgenden Eigenschaften:*

i) $v | Y$ ist subharmonisch,

ii) $v(x) = c, v | \overline{Y} \cap V \leq c$,

iii) $v | \overline{Y} \backslash V = m$.

Beweis. Ohne Beschränkung der Allgemeinheit ist $c = 0$. Sei U eine offene Umgebung von x und $\beta \in \mathscr{C}_{\mathbb{R}}(\overline{Y} \cap U)$ eine Barriere für x. Wir können (nach evtl. Verkleinerung) annehmen, daß $V \subset\subset U$. Es gilt

$$\sup\{\beta(y) : y \in \partial V \cap \overline{Y}\} < 0,$$

also gibt es eine Konstante $k > 0$, so daß

$$k\beta | \partial V \cap \overline{Y} < m.$$

Wir definieren

$$v := \begin{cases} \sup(m, k\beta) & \text{auf} \quad \overline{Y} \cap V, \\ m & \text{auf} \quad \overline{Y} \backslash V. \end{cases}$$

Die Funktion v ist in $\overline{Y}$ stetig, in Y lokal subharmonisch, also subharmonisch und genügt auch den Bedingungen ii) und iii).

22.16. Lemma. *Sei Y eine offene Teilmenge einer Riemannschen Fläche, $f : \partial Y \to \mathbb{R}$ eine stetige beschränkte Funktion und*

$$u^* = \sup\{u : u \in \mathfrak{P}_f\},$$

wobei $\mathfrak{P}_f$ *die in* (22.13) *definierte Funktionenklasse ist. Dann gilt für jeden regulären Randpunkt* $x \in \partial Y$

$$\lim_{\substack{y \to x \\ y \in Y}} u^*(y) = f(x).$$

Beweis. Sei $\varepsilon > 0$ vorgegeben. Dann existiert eine relativ-kompakte offene Umgebung V von x mit

$$f(x) - \varepsilon \leq f(y) \leq f(x) + \varepsilon \quad \text{für alle} \quad y \in \partial Y \cap V.$$

Seien $k < K$ reelle Konstanten mit

$$k \leq f(y) \leq K \quad \text{für alle} \quad y \in \partial Y.$$

a) Wir wählen gemäß Hilfssatz (22.15) eine in Y subharmonische Funktion $v \in \mathscr{C}_{\mathbb{R}}(\overline{Y})$ mit

$$v(x) = f(x) - \varepsilon,$$
$$v \mid \overline{Y} \cap V \leq f(x) - \varepsilon,$$
$$v \mid \overline{Y} \setminus V = k - \varepsilon.$$

Dann gilt $v \mid \partial Y \leq f$, also $v \in \mathfrak{P}_f$, woraus folgt $v \leq u^*$. Daher ist

$$\liminf_{y \to x} u^*(y) \geq v(x) = f(x) - \varepsilon.$$

b) Ebenfalls nach Hilfssatz (22.15) existiert eine in Y subharmonische Funktion $w \in \mathscr{C}_{\mathbb{R}}(\overline{Y})$ mit

$$w(x) = -f(x),$$
$$w \mid \overline{Y} \cap V \leq -f(x),$$
$$w \mid \overline{Y} \setminus V = -K.$$

Für jedes $u \in \mathfrak{P}_f$ und $y \in \partial Y \cap V$ ist $u(y) \leq f(x) + \varepsilon$, also

$$u(y) + w(y) \leq \varepsilon \quad \text{für} \quad y \in \partial Y \cap V.$$

Außerdem gilt

$$u(z) + w(z) \leq K - K = 0 \quad \text{für alle} \quad z \in \overline{Y} \cap \partial V.$$

Nach dem Maximumprinzip für die in $Y \cap V$ subharmonische Funktion $u + w$ gilt

$$u + w \leq \varepsilon \quad \text{in} \quad \overline{Y} \cap V,$$

also

$$u \mid \overline{Y} \cap V \leq \varepsilon - w \mid \overline{Y} \cap V \quad \text{für alle} \quad u \in \mathfrak{P}_f.$$

Daraus folgt

$$\limsup_{\substack{y \to x \\ y \in Y}} u^*(y) \leq \varepsilon - w(x) = f(x) + \varepsilon.$$

Aus a) und b) zusammen folgt die Behauptung.

22.17. Satz. *Sei Y eine offene Teilmenge einer Riemannschen Fläche X. Alle Randpunkte von Y seien regulär. Dann ist das Dirichletsche Randwertproblem in Y für jede stetige beschränkte Randfunktion $f: \partial Y \to \mathbb{R}$ lösbar.*
Dies folgt unmittelbar aus Lemma (22.16).

Wir geben nun noch ein einfaches hinreichendes geometrisches Kriterium für die Regularität eines Randpunktes an. Da die Regularität eine lokale Eigenschaft und invariant gegenüber biholomorphen Abbildungen ist, genügt es, das Kriterium für den Fall $Y \subset \mathbb{C}$ zu formulieren.

22.18. Satz. *Sei Y eine offene Teilmenge von $\mathbb{C}$ und $a \in \partial Y$. Es gebe einen Kreis*

$$D = \{z \in \mathbb{C} : |z-m| < r\}, \quad (m \in \mathbb{C}, r > 0)$$

mit $a \in \partial D$ und $\bar{D} \cap Y = \emptyset$. Dann ist a regulärer Randpunkt von Y.

Beweis. Wir setzen $c := \frac{a+m}{2}$, vgl. Fig. 6. Dann wird durch

$$\beta(z) := \log\frac{r}{2} - \log|z-c|$$

eine Barriere für a definiert. Also ist a regulärer Randpunkt.

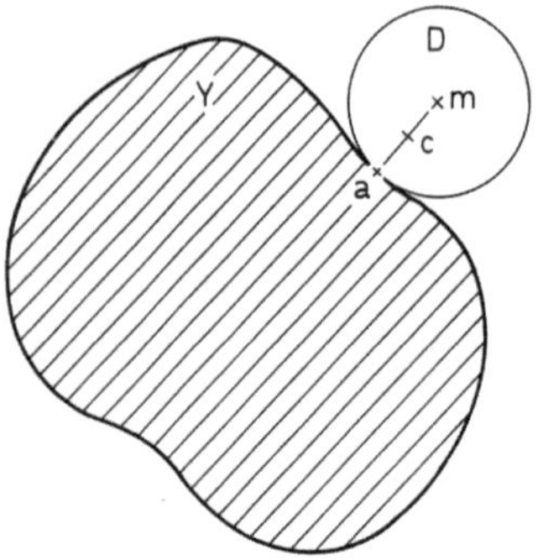

Figur 6

§ 23. Abzählbarkeit der Topologie

Wir beweisen in diesem Paragraphen den Satz von Radó, daß jede Riemannsche Fläche abzählbare Topologie besitzt. (Für kompakte Riemannsche Flächen ist das natürlich trivial.) Außerdem konstruieren wir für spätere Anwendungen spezielle Ausschöpfungen nicht-kompakter Riemannscher Flächen.

23.1. Lemma. *Seien X und Y topologische Räume und $f: X \to Y$ eine stetige, offene und surjektive Abbildung. Hat X abzählbare Topologie, so auch Y.*

Beweis. Sei $\mathfrak{U}$ eine abzählbare Basis der Topologie von X und

$$\mathfrak{B} = \{f(U) : U \in \mathfrak{U}\}.$$

$\mathfrak{B}$ ist ein abzählbares System offener Teilmengen von Y. Wir beweisen, daß $\mathfrak{B}$ eine Basis der Topologie von Y ist.
Sei D eine offene Teilmenge von Y und $y \in D$. Es ist zu zeigen, daß es ein $V \in \mathfrak{B}$ mit $y \in V \subset D$ gibt. Da f surjektiv ist, gibt es ein $x \in X$ mit $f(x) = y$. Die Menge $f^{-1}(D)$ ist eine offene Umgebung von x. Deshalb exisitiert ein $U \in \mathfrak{U}$ mit $x \in U \subset f^{-1}(D)$. Für $V := f(U)$ gilt dann $y \in V \subset D$, was zu beweisen war.

23.2. Lemma (Poincaré-Volterra). *Sei X eine zusammenhängende Mannigfaltigkeit, Y ein Hausdorffraum mit abzählbarer Topologie und $f: X \to Y$ eine stetige, diskrete Abbildung. Dann hat auch X abzählbare Topologie.*

Beweis. Sei $\mathfrak{U}$ eine abzählbare Basis der Topologie von Y. Wir bezeichnen mit $\mathfrak{B}$ die Gesamtheit aller offenen Teilmengen V von X mit folgenden Eigenschaften:
i) V hat abzählbare Topologie,
ii) V ist Zusammenhangs-Komponente einer Menge $f^{-1}(U)$ mit $U \in \mathfrak{U}$.

a) Behauptung: $\mathfrak{B}$ ist eine Basis der Topologie von X. Sei dazu D eine offene Teilmenge von X von $x \in D$. Es ist zu zeigen, daß es ein $V \in \mathfrak{B}$ gibt mit $x \in V \subset D$. Da f diskret ist, gibt es eine relativ-kompakte offene Umgebung $W \subset D$ von x, so daß ∂W die Faser $f^{-1}(f(x))$ nicht trifft. $f(\partial W)$ ist kompakt, also abgeschlossen und enthält nicht den Punkt $f(x)$. Deshalb gibt es ein $U \in \mathfrak{U}$ mit $f(x) \in U$ und $U \cap f(\partial W) = \emptyset$. Sei V diejenige Zusammenhangskomponente von $f^{-1}(U)$, die den Punkt x enthält. Da $V \cap \partial W = \emptyset$, gilt $V \subset W$ und V hat deshalb abzählbare Topologie, d.h. $V \in \mathfrak{B}$. Damit ist Behauptung a) bewiesen.

b) Als nächstes überlegen wir uns, daß es zu jedem $V_0 \in \mathfrak{B}$ höchstens abzählbar viele $V \in \mathfrak{B}$ mit $V_0 \cap V \neq \emptyset$ gibt. Für jedes $U \in \mathfrak{U}$ sind die Zusammenhangskomponenten von $f^{-1}(U)$ disjunkt, und da V_0 abzählbare Topologie hat, kann es nur von abzählbar vielen dieser Zusammenhangs-Komponenten getroffen werden. Da auch $\mathfrak{U}$ abzählbar ist, folgt die Behauptung.

c) Wir beweisen jetzt, daß $\mathfrak{B}$ abzählbar ist. Wir wählen ein festes $V^* \in \mathfrak{B}$ und definieren für $n \in \mathbb{N}$ die Menge $\mathfrak{B}_n \subset \mathfrak{B}$ wie folgt: $\mathfrak{B}_n$ besteht aus allen $V \in \mathfrak{B}$ derart, daß es Elemente $V_0, V_1, \ldots, V_n \in \mathfrak{B}$ gibt mit

$$V_0 = V^*, V_n = V \quad \text{und} \quad V_{k-1} \cap V_k \neq \emptyset \quad \text{für} \quad k = 1, \ldots, n.$$

Da X zusammenhängt, gilt $\bigcup_{n \in \mathbb{N}} \mathfrak{B}_n = \mathfrak{B}$. Es genügt also zu zeigen, daß jedes $\mathfrak{B}_n$ abzählbar ist. Dies beweist man durch Induktion. $\mathfrak{B}_0 = \{V^*\}$ ist trivialerweise

abzählbar. Sei schon bekannt, daß $\mathfrak{B}_n$ abzählbar ist. Dann folgt unmittelbar aus b), daß auch $\mathfrak{B}_{n+1}$ abzählbar ist.
Damit ist bewiesen, daß X abzählbare Topologie hat.

23.3. Satz (Radó). *Jede Riemannsche Fläche X hat abzählbare Topologie.*

Beweis. Sei U eine Koordinatenumgebung auf X. Wir wählen zwei disjunkte, kompakte Kreisscheiben $K_0, K_1 \subset U$ und setzen $Y := X \backslash (K_0 \cup K_1)$. Da der Rand $\partial Y = \partial K_0 \cup \partial K_1$ die Regularitätsbedingung von Satz (22.18) erfüllt, gibt es eine stetige Funktion $u: \bar{Y} \to \mathbb{R}$, die in Y harmonisch ist und den Randbedingungen

$$u | \partial K_0 = 0, \quad u | \partial K_1 = 1$$

genügt. Deshalb ist $\omega := d'u$ eine in Y nicht identisch verschwindende holomorphe Differentialform. Auf der universellen Überlagerung $p: \tilde{Y} \to Y$ besitzt $p^*\omega$ eine holomorphe Stammfunktion f. Da f nicht konstant ist, erfüllt die Abbildung $f: \tilde{Y} \to \mathbb{C}$ die Voraussetzungen von Lemma (23.2), also hat $\tilde{Y}$ abzählbare Topologie. Nach Lemma (23.1) hat dann Y abzählbare Topologie. Da $X = Y \cup U$, hat auch X abzählbare Topologie, q.e.d.
Wir wollen im Hinblick auf spätere Anwendung beim Rungeschen Approximationssatz noch die Existenz von speziellen Ausschöpfungen beweisen. Dazu definieren wir zunächst einen gewissen Hüllenoperator.

23.4. Definition. Sei X eine Riemannsche Fläche. Für eine Teilmenge $Y \subset X$ bezeichne $\mathscr{h}(Y)$ die Vereinigung von Y mit allen relativ-kompakten Zusammenhangskomponenten von $X \backslash Y$. Eine offene Teilmenge $Y \subset X$ heißt *Rungesch*, wenn $Y = \mathscr{h}(Y)$, d.h. wenn $X \backslash Y$ keine kompakten Zusammenhangskomponenten hat.
Folgende Eigenschaften sind leicht nachzuprüfen:
i) $\mathscr{h}(\mathscr{h}(Y)) = \mathscr{h}(Y)$ für alle $Y \subset X$.
ii) $Y_1 \subset Y_2 \Rightarrow \mathscr{h}(Y_1) \subset \mathscr{h}(Y_2)$.

Bemerkung. Soll die Abhängigkeit von X bezeichnet werden, schreiben wir genauer $\mathscr{h}_X(Y)$ statt $\mathscr{h}(Y)$. Wir betrachten dazu folgendes Beispiel: Sei

$$Y := \{z \in \mathbb{C} : 1 < |z| < 2\}.$$

Wir fassen Y einmal als Teilmenge von $\mathbb{C}$ und das anderemal als Teilmenge von $\mathbb{C}^*$ auf. Es gilt

$$\mathscr{h}_{\mathbb{C}}(Y) = \{z \in \mathbb{C} : |z| < 2\},$$
$$\mathscr{h}_{\mathbb{C}^*}(Y) = Y.$$

23.5. Satz. *Sei Y Teilmenge einer Riemannschen Fläche X. Dann gilt*
i) *Y abgeschlossen $\Rightarrow \mathscr{h}(Y)$ abgeschlossen*
ii) *Y kompakt $\Rightarrow \mathscr{h}(Y)$ kompakt.*

Beweis. i) Seien $C_j, j \in J$, die Zusammenhangskomponenten von $X \setminus Y$. Da $X \setminus Y$ offen und X eine Mannigfaltigkeit ist, sind alle C_j offen. Seien $C_j, j \in J_0$, die relativ-kompakten unter den C_j. Dann gilt

$$X \setminus \mathscr{h}(Y) = \bigcup \{C_j : j \in J \setminus J_0\}$$

und dies ist eine offene Menge. Daher ist $\mathscr{h}(Y)$ abgeschlossen.

ii) Wir dürfen annehmen, daß $Y \neq \emptyset$. Sei U eine offene, relativ-kompakte Umgebung von Y. Die C_j seien wie oben erklärt.

Behauptung a). Jedes C_j trifft $\overline{U}$.
Andernfalls wäre C_j in $X \setminus \overline{U}$ enthalten, also

$$\overline{C}_j \subset X \setminus U \subset X \setminus Y.$$

Da C_j Zusammenhangskomponente von $X \setminus Y$ ist, würde daraus folgen $C_j = \overline{C}_j$, also wäre C_j zugleich offen und abgeschlossen, was im Widerspruch zum Zusammenhang von X steht.

Behauptung b). Nur endlich viele C_j treffen ∂U. Dies folgt daraus, daß ∂U kompakt ist und die C_j disjunkte offene Mengen sind, deren Vereinigung ∂U überdeckt.

Nun ist die Aussage ii) schnell zu beweisen. Seien $C_j, j \in J_0$, die relativ-kompakten Zusammenhangskomponenten von $X \setminus Y$ und $C_{j_1}, \ldots, C_{j_m}$ diejenigen davon, die ∂U treffen.
Die übrigen sind wegen a) ganz in U enthalten. Also gilt

$$\mathscr{h}(Y) \subset U \cup C_{j_1} \cup \cdots \cup C_{j_m},$$

d.h. $\mathscr{h}(Y)$ ist relativ-kompakt und wegen i) sogar kompakt.

23.6. Corollar. *Sei X eine nicht-kompakte Riemannsche Fläche. Dann gibt es eine Folge $K_j, j \in \mathbb{N}$, von kompakten Teilmengen von X mit folgenden Eigenschaften:*

i) $K_j = \mathscr{h}(K_j)$ *für alle* j,

ii) $K_{j-1} \subset \mathring{K}_j$ *für alle* $j \geq 1$,

iii) $\bigcup_{j=0}^{\infty} K_j = X$.

Beweis. Da X abzählbare Topologie hat, gibt es eine Folge kompakter Teilmengen $K_0' \subset K_1' \subset K_2' \subset \cdots$ von X mit $\bigcup K_j' = X$. Wir konstruieren die Folge K_j durch Induktion.

Induktionsanfang. Wir setzen $K_0 := \mathscr{h}(K_0')$.

Induktionsschritt. Seien $K_1, \ldots, K_m$ mit den Eigenschaften i) und ii) schon konstruiert. Es gibt eine kompakte Menge M mit $K_m' \cup K_m \subset \mathring{M}$. Wir setzen $K_{m+1} := \mathscr{h}(M)$.

Für die so konstruierte Folge $K_j, j \in \mathbb{N}$, gilt dann i), ii) und iii).

23.7. Lemma. *Seien K_1 und K_2 kompakte Teilmengen einer Riemannschen Fläche X mit $K_1 \subset \mathring{K}_2$ und $\mathscr{h}(K_2)=K_2$. Dann gibt es eine Rungesche offene Teilmenge Y von X mit $K_1 \subset Y \subset K_2$. Man kann außerdem Y so wählen, daß sein Rand regulär bzgl. des Dirichletschen Randwertproblems ist.*

Beweis. Zu jedem Randpunkt $x \in \partial K_2$ gibt es eine Koordinaten-Umgebung U, die K_1 nicht trifft. In U wählen wir eine kompakte Kreisscheibe D, die x in ihrem Innern enthält. Endlich viele solcher Kreisscheiben, etwa $D_1, \ldots, D_k$, überdecken ∂K_2. Wir setzen

$$Y := K_2 \setminus (D_1 \cup \cdots \cup D_k).$$

Y ist offen und es gilt $K_1 \subset Y \subset K_2$. Seien C_j, $j \in J$, die Zusammenhangskomponenten von $X \setminus K_2$. Sie sind nach Voraussetzung alle nicht relativ-kompakt. Jedes D_i ist zusammenhängend und trifft mindestens ein C_j. Deshalb sind auch alle Zusammenhangskomponenten von $X \setminus Y$ nicht relativ-kompakt, d.h. es gilt $Y = \mathscr{h}(Y)$. Nach Satz (22.18) sind alle Randpunkte von Y regulär.

23.8. Satz. *Sei Y eine offene Rungesche Teilmenge einer Riemannschen Fläche X. Dann ist auch jede Zusammenhangskomponente von Y Rungesch.*

Beweis. a) Seien Y_i, $i \in I$, die Zusammenhangskomponenten von Y. Da Y offen und X eine Mannigfaltigkeit ist, sind alle Y_i offen. Sei $A := X \setminus Y$ das Komplement von Y. Die Zusammenhangskomponenten A_k, $k \in K$, von A sind nach Voraussetzung abgeschlossen, aber nicht kompakt.

b) Behauptung. Für jedes $i \in I$ gilt $\overline{Y}_i \cap A \neq \emptyset$.
Andernfalls wäre $\overline{Y}_i \subset Y$. Da

$$\overline{Y}_i \cap \bigcup_{j \neq i} Y_j = \emptyset,$$

würde folgen $\overline{Y}_i = Y_i$, was dem Zusammenhang von X widerspricht.

c) Behauptung. Für jede Zusammenhangskomponente C von $X \setminus Y_i$ gilt $C \cap A \neq \emptyset$. Andernfalls gäbe es ein $j \neq i$ mit $C \cap Y_j \neq \emptyset$. Da C abgeschlossen und Y_j zusammenhängend ist, würde daraus folgen $\overline{Y}_j \subset C$ und nach b) ergäbe sich doch $C \cap A \neq \emptyset$.

d) Sei C eine Zusammenhangskomponente von $X \setminus Y_i$. Nach c) trifft C wenigstens ein A_k, also gilt sogar $C \supset A_k$. Da A_k nicht kompakt ist, ist auch C nicht kompakt. Daraus folgt, daß Y_i Rungesch ist.

23.9. Satz. *Sei X eine nicht-kompakte Riemannsche Fläche. Dann gibt es eine Folge $Y_0 \subset\subset Y_1 \subset\subset Y_2 \subset\subset \cdots$ von relativ-kompakten Rungeschen Gebieten mit $\bigcup Y_\nu = X$, wobei jedes Y_ν regulären Rand bzgl. des Dirichletschen Randwertproblems hat.*

Beweis. Es genügt zu zeigen: Zu jedem Kompaktum $K \subset X$ gibt es ein Rungesches Gebiet $Y \subset\subset X$ mit $K \subset Y$, dessen Rand regulär ist.
Zu K können wir eine zusammenhängende kompakte Menge $K_1 \supset K$ finden sowie eine kompakte Menge K_2 mit $K_1 \subset \mathring{K}_2$. Nach Lemma (23.7) gibt es eine Rungesche offene Menge Y_1 mit $K_1 \subset Y_1 \subset \mathscr{h}(K_2)$ und regulärem Rand. Sei Y die Zusammenhangskomponente von Y_1, in der K_1 liegt. Nach (23.8) ist Y ebenfalls Rungesch und hat nach Bemerkung (22.14) regulären Rand, q.e.d.

§ 24. Das Weylsche Lemma

In diesem Paragraphen führen wir den Begriff der Distributionen ein. Distributionen sind verallgemeinerte Funktionen. Innerhalb der Klasse der Distributionen ist Differentiation uneingeschränkt möglich. Man kann deshalb Lösungen von Differentialgleichungen auch im Distributionssinn betrachten. Das Weylsche Lemma sagt nun, daß für die Potentialgleichung $\Delta u = 0$ beide Lösungsbegriffe übereinstimmen, d.h. jede harmonische Distribution ist eine beliebig oft differenzierbare Funktion im klassischen Sinne, die der Potentialgleichung genügt.

24.1. Sei X eine offene Teilmenge der komplexen Ebene $\mathbb{C}$. Wir bezeichnen wie wie bisher mit $\mathscr{E}(X)$ den Vektorraum aller (nach den reellen Koordinaten) beliebig oft differenzierbaren Funktionen $f: X \to \mathbb{C}$. Unter dem Träger $\mathrm{Supp}(f)$ einer solchen Funktion versteht man die (bzgl. X) abgeschlossene Hülle der Menge $\{x \in X : f(x) \neq 0\}$. Wir setzen

$$\mathscr{D}(X) := \{f \in \mathscr{E}(X) : \mathrm{Supp}(f) \text{ kompakt in } X\}.$$

Wir führen im Vektorraum $\mathscr{D}(X)$ folgenden Konvergenzbegriff ein: Wir sagen, eine Folge $(f_\nu)_{\nu \in \mathbb{N}}$ von Funktionen aus $\mathscr{D}(X)$ konvergiere gegen $f \in \mathscr{D}(X)$, in Zeichen $f_\nu \underset{\mathscr{D}}{\rightarrow} f$, wenn gilt:

i) Es gibt eine kompakte Teilmenge $K \subset X$, so daß $\mathrm{Supp}(f_\nu) \subset K$ für alle $\nu \in \mathbb{N}$ und $\mathrm{Supp}(f) \subset K$.
ii) Für jedes $\alpha = (\alpha_1, \alpha_2) \in \mathbb{N}^2$ konvergiert die Folge $D^\alpha f_\nu$ gleichmäßig auf K gegen $D^\alpha f$.

Dabei ist D^α der Differentialoperator $D^\alpha = \dfrac{\partial^{\alpha_1 + \alpha_2}}{\partial x^{\alpha_1} \partial y^{\alpha_2}}$.

Die Konvergenz in $\mathscr{D}(X)$ ist also eine viel stärkere Bedingung als die punktweise oder gleichmäßige Konvergenz von Funktionenfolgen.

24.2. Definition. Sei X offen in $\mathbb{C}$. Eine *Distribution* auf X ist eine stetige lineare Abbildung

$$T:\mathscr{D}(X)\to\mathbb{C}, f\mapsto T[f].$$

Dabei bedeutet die Stetigkeit von T, daß aus $f_\nu \underset{\mathscr{D}}{\to} f$ folgt $T[f_\nu]\to T[f]$ (als Konvergenz von Zahlenfolgen in $\mathbb{C}$).
Die Menge aller Distributionen auf X bildet einen Vektorraum, der mit $\mathscr{D}'(X)$ bezeichnet werde.

24.3. Beispiele

a) Jeder stetigen Funktion $h\in\mathscr{C}(X)$ kann wie folgt eine Distribution $T_h\in\mathscr{D}'(X)$ zugeordnet werden. Für $f\in\mathscr{D}(X)$ sei

$$T_h[f]:=\iint_X h(z)f(z)\,dx\,dy, \quad (z=x+iy).$$

Es ist klar, daß die Abbildung $f\mapsto T_h[f]$ linear und stetig ist.
Sind h_1, $h_2\in\mathscr{C}(X)$ und gilt $T_{h_1}[f]=T_{h_2}[f]$ für alle $f\in\mathscr{D}(X)$, so folgt $h_1=h_2$. Deshalb ist die (lineare) Abbildung

$$\mathscr{C}(X)\to\mathscr{D}'(X), \quad h\mapsto T_h$$

injektiv. Man kann daher die stetigen Funktionen auf X mit den ihnen zugeordneten Distributionen identifizieren.

b) Sei $a\in X$. Für $f\in\mathscr{D}(X)$ setzt man

$$\delta_a[f]:=f(a).$$

Dadurch wird eine Distribution $\delta_a\in\mathscr{D}'(X)$ definiert, die *Diracsche Deltadistribution* zum Punkt a. Diese Distribution kann nicht durch eine Funktion wie in Beispiel a) dargestellt werden.

24.4. Differentiation von Distributionen. Sei $h\in\mathscr{E}(X)$ und $f\in\mathscr{D}(X)$. Dann gilt für jedes $\alpha=(\alpha_1,\alpha_2)\in\mathbb{N}^2$

$$\iint_X h(z)\,D^\alpha f(z)\,dx\,dy=(-1)^{\alpha_1+\alpha_2}\iint_X f(z)\,D^\alpha h(z)\,dx\,dy.$$

Dies beweist man durch $(\alpha_1+\alpha_2)$-malige partielle Integration. Da f kompakten Träger hat, fallen alle Randterme weg.
Mit der Bezeichnung von Beispiel (24.3.a) gilt daher

$$T_{D^\alpha h}[f]=(-1)^{|\alpha|}\,T_h[D^\alpha f], \quad |\alpha|:=\alpha_1+\alpha_2.$$

Dies gibt Anlaß zu folgender allgemeinen Definition: Für $T\in\mathscr{D}'(X)$ setzt man

$$(D^\alpha T)[f]:=(-1)^{|\alpha|}\,T[D^\alpha f] \quad \text{für alle} \quad f\in\mathscr{D}(X).$$

Da aus $f_\nu \underset{\mathscr{D}}{\to} f$ folgt $D^\alpha f_\nu \underset{\mathscr{D}}{\to} D^\alpha f$, ist die Abbildung $D^\alpha T:\mathscr{D}(X)\to\mathbb{C}$ stetig, d.h.

$D^\alpha T \in \mathscr{D}'(X)$. Aus der obigen Überlegung folgt, daß für differenzierbare Funktionen die Ableitung im üblichen Sinn und im Distributionssinn auf dasselbe hinauslaufen.

24.5. Hilfssatz. *Gegeben sei eine offene Teilmenge $X \subset \mathbb{C}$, eine kompakte Teilmenge $K \subset X$ und ein offenes Intervall $I \subset \mathbb{R}$. Sei $g: X \times I \to \mathbb{C}$ eine beliebig oft (reell) differenzierbare Funktion mit $\mathrm{Supp}(g) \subset K \times I$ und T eine Distribution auf X. Dann ist die Funktion $t \mapsto T_z[g(z,t)]$ auf I beliebig oft differenzierbar und es gilt*

$$(*) \qquad \frac{d}{dt} T_z[g(z,t)] = T_z\left[\frac{\partial g(z,t)}{\partial t}\right].$$

Dabei bedeutet der Index z, daß T auf $g(z,t)$ als Funktion von z wirkt, während t als Parameter aufzufassen ist.
Man kann also die Anwendung einer Distribution auf eine Funktion, die noch von einem Parameter abhängt, mit der Differentiation nach diesem Parameter vertauschen.

Beweis. Es genügt, die Beziehung $(*)$ zu beweisen. Wiederholte Anwendung zeigt dann, daß man beliebig oft nach t differenzieren kann.
Aus der Linearität von T folgt

$$\begin{aligned}\frac{d}{dt} T_z[g(z,t)] &= \lim_{h\to 0} \frac{1}{h}(T_z[g(z,t+h)] - T_z[g(z,t)])\\ &= \lim_{h\to 0} T_z\left[\frac{g(z,t+h)-g(z,t)}{h}\right].\end{aligned}$$

Für festes $t \in I$ und genügend kleines $h \in \mathbb{R}^*$ sei

$$f_h(z) := \frac{1}{h}\big(g(z,t+h) - g(z,t)\big).$$

Dann gilt $f_h \in \mathscr{D}(X)$ und

$$f_h \underset{\mathscr{D}}{\to} \frac{\partial g(\cdot,t)}{\partial t} \quad \text{für} \quad h \to 0.$$

Daraus folgt wegen der Stetigkeit von T

$$\lim_{h\to 0} T[f_h] = T_z\left[\frac{\partial g(z,t)}{\partial t}\right], \text{ q.e.d.}$$

Der nächste Hilfssatz sagt, daß man die Anwendung einer Distribution auf eine Funktion, die noch von einem Parameter abhängt, mit der Integration über diesen Parameter vertauschen kann.

24.6. Hilfssatz. *Seien X, Y offene Teilmengen von $\mathbb{C}$ und $K \subset X, L \subset Y$ kompakte Teilmengen. Weiter sei $g: X \times Y \to \mathbb{C}$ eine beliebig oft (reell) differenzierbare Funktion mit $\mathrm{Supp}(g) \subset K \times L$. Dann gilt für jede Distribution T auf X*

$$T_z\Big[\iint_Y g(z,\zeta)\, d\xi\, d\eta\Big] = \iint_Y T_z[g(z,\zeta)]\, d\xi\, d\eta, \quad (\zeta = \xi + i\eta).$$

Beweis. Aus (24.5) folgt, daß $T_z[g(z,\zeta)]$ eine bzgl. $\zeta=\xi+i\eta$ beliebig oft reell differenzierbare Funktion ist; daher ist das Integral auf der rechten Seite wohldefiniert. Es sei $R\subset\mathbb{C}$ ein achsenparalleles Rechteck, das L umfaßt. Wir denken uns die Funktion $g(z,\zeta)$ durch null auf $K\times R$ fortgesetzt. Zu jedem $n>0$ zerlegen wir R in n^2 Teilrechtecke $R_{n\nu}, \nu=1,\ldots,n^2$, durch Teilung der Seiten in n gleiche Teile und wählen jeweils einen Punkt $\zeta_{n\nu}\in R_{n\nu}$. Sei F die Fläche des Rechtecks R. Dann konvergieren die Riemannschen Summen

$$G_n(z):=\frac{F}{n^2}\sum_{\nu=1}^{n^2} g(z,\zeta_{n\nu})$$

für $n\to\infty$ gegen das Integral $\iint\limits_Y g(z,\zeta)\,d\xi d\eta$. Für jedes n ist $\operatorname{Supp}(G_n)\subset K$, daher haben wir

$$G_n \underset{\mathscr{D}}{\to} \iint\limits_Y g(\cdot,\zeta)\,d\xi d\eta,\ (n\to\infty).$$

Aus der Stetigkeit von T folgt nun

$$T_z\Big[\iint\limits_X g(z,\zeta)\,d\xi d\eta\Big]=\lim_{n\to\infty} T[G_n]=\iint\limits_Y T_z[g(z,\zeta)]\,d\xi d\eta.$$

24.7. Glättung von Funktionen. Wir wählen eine Funktion $\varrho\in\mathscr{D}(\mathbb{C})$ mit folgenden Eigenschaften:

i) $\operatorname{Supp}(\varrho)\subset\{z\in\mathbb{C}:|z|<1\}$,

ii) ϱ ist rotationssymmetrisch, d.h. $\varrho(z)=\varrho(|z|)$ für alle $z\in\mathbb{C}$,

iii) $\iint\limits_{\mathbb{C}}\varrho(x+iy)\,dxdy=1$.

Für $\varepsilon>0$ und $z\in\mathbb{C}$ setzen wir

$$\varrho_\varepsilon(z):=\frac{1}{\varepsilon^2}\varrho\left(\frac{z}{\varepsilon}\right).$$

Dann gilt $\operatorname{Supp}(\varrho_\varepsilon)\subset\{z\in\mathbb{C}:|z|<\varepsilon\}$ und

$$\iint\limits_{\mathbb{C}}\varrho_\varepsilon(x+iy)\,dxdy=1.$$

Es bezeichne $B(z,\varepsilon)$ die offene Kreisscheibe mit Radius ε und Mittelpunkt z und $\overline{B}(z,\varepsilon)$ ihre abgeschlossene Hülle.
Ist $U\subset\mathbb{C}$ eine offene Menge, so ist

$$U^{(\varepsilon)}:=\{z\in U:\overline{B}(z,\varepsilon)\subset U\}$$

ebenfalls offen.
Für eine stetige Funktion $f: U\to\mathbb{C}$ definieren wir eine neue Funktion $\operatorname{sm}_\varepsilon f: U^{(\varepsilon)}\to\mathbb{C}$ durch

$$(\operatorname{sm}_\varepsilon f)(z):=\iint\limits_U \varrho_\varepsilon(z-\zeta)f(\zeta)\,d\xi d\eta,\ (\zeta=\xi+i\eta).$$

Es gilt offenbar $\operatorname{sm}_\varepsilon f\in\mathscr{E}(U^{(\varepsilon)})$, da man unter dem Integral differenzieren kann. Die Funktion $\operatorname{sm}_\varepsilon f$ heißt *Glättung* von f.

Bemerkung. Die Definition hängt natürlich von der gewählten Funktion ϱ ab. Die Bezeichnung sm kommt von engl. smoothing.

24.8. Hilfssatz. *Sei* $U \subset \mathbb{C}$ *offen,* $f \in \mathscr{E}(U)$ *und* $\varepsilon > 0$.

a) *Für alle* $\alpha \in \mathbb{N}^2$ *gilt*

$$D^\alpha(\mathrm{sm}_\varepsilon f) = \mathrm{sm}_\varepsilon(D^\alpha f).$$

b) *Ist* $z \in U^{(\varepsilon)}$ *und f harmonisch in* $B(z, \varepsilon)$, *so gilt*

$$(\mathrm{sm}_\varepsilon f)(z) = f(z).$$

Beweis. a) Für $z \in U^{(\varepsilon)}$ erhält man durch Translation der Integrationsvariablen

$$(\mathrm{sm}_\varepsilon f)(z) = \iint_{|\zeta| < \varepsilon} \varrho_\varepsilon(\zeta) f(z+\zeta)\, d\xi\, d\eta,$$

also

$$D^\alpha(\mathrm{sm}_\varepsilon f)(z) = \iint_{|\zeta| < \varepsilon} \varrho_\varepsilon(\zeta) D^\alpha f(z+\zeta)\, d\xi\, d\eta$$

$$= \iint_U \varrho_\varepsilon(z-\zeta) D^\alpha f(\zeta)\, d\xi\, d\eta = \mathrm{sm}_\varepsilon(D^\alpha f)(z).$$

b) Ist f in $B(z, \varepsilon)$ harmonisch, so gilt für alle $r \in [0, \varepsilon[$ die Mittelwerteigenschaft (22.4)

$$f(z) = \frac{1}{2\pi} \int_0^{2\pi} f(z + re^{i\theta})\, d\theta.$$

Damit ergibt sich

$$(\mathrm{sm}_\varepsilon f)(z) = \iint_{|\zeta| < \varepsilon} \varrho_\varepsilon(\zeta) f(z+\zeta)\, d\xi\, d\eta =$$

$$= \iint_{\substack{0 \le r \le \varepsilon \\ 0 \le \theta \le 2\pi}} \varrho_\varepsilon(r) f(z + re^{i\theta})\, r\, dr\, d\theta =$$

$$= \int_0^\varepsilon \varrho_\varepsilon(r)\, r\, dr \cdot 2\pi f(z) = f(z),$$

da

$$1 = \iint_{\mathbb{C}} \varrho_\varepsilon(\xi + i\eta)\, d\xi\, d\eta = 2\pi \int_0^\varepsilon \varrho_\varepsilon(r)\, r\, dr.$$

24.9. Satz (Weylsches Lemma). *Sei U eine offene Menge in* $\mathbb{C}$ *und T eine Distribution auf U mit* $\Delta T = 0$. *Dann ist T eine beliebig oft differenzierbare Funktion.*

Anders ausgedrückt: Sei $T: \mathscr{D}(U) \to \mathbb{C}$ ein stetiges lineares Funktional mit $T[\Delta\varphi] = 0$ für alle $\varphi \in \mathscr{D}(U)$. Dann existiert eine Funktion $h \in \mathscr{E}(U)$ mit $\Delta h = 0$ und

$$T[f] = \iint_U h(z) f(z)\, dx\, dy \quad \text{für alle} \quad f \in \mathscr{D}(U).$$

Beweis. Sei $\varepsilon > 0$ beliebig. Für $z \in U^{(\varepsilon)}$ hat die Funktion $\zeta \mapsto \varrho_\varepsilon(\zeta - z)$ kompakten Träger in U, deshalb ist

$$h(z) := T_\zeta[\varrho_\varepsilon(\zeta - z)]$$

definiert. Nach (24.5) gehört die Funktion $z \mapsto h(z)$ zu $\mathscr{E}(U^{(\varepsilon)})$. Es genügt offenbar zu zeigen: Für jede Funktion $f \in \mathscr{D}(\mathbb{C})$ mit $\mathrm{Supp}(f) \subset U^{(\varepsilon)}$ gilt

$$\text{(1)} \qquad T[f] = \iint_{U^{(\varepsilon)}} h(z) f(z)\, dx\, dy.$$

Die Funktion $\mathrm{sm}_\varepsilon f$ hat kompakten Träger in U und es gilt nach (24.6)

$$\text{(2)} \qquad T[\mathrm{sm}_\varepsilon f] = T_\zeta\Big[\iint_U \varrho_\varepsilon(\zeta - z) f(z)\, dx\, dy\Big]$$

$$= \iint_{U^{(\varepsilon)}} h(z) f(z)\, dx\, dy.$$

Nach (13.3) gibt es eine Funktion $\psi \in \mathscr{E}(\mathbb{C})$ mit $\Delta\psi = f$. Die Funktion ψ ist in $V := \mathbb{C} \setminus \mathrm{Supp}(f)$ harmonisch, also gilt nach (24.8.b)

$$\psi = \mathrm{sm}_\varepsilon \psi \quad \text{in} \quad V^{(\varepsilon)}.$$

Deshalb hat $\varphi := \psi - \mathrm{sm}_\varepsilon \psi$ kompakten Träger in U und es gilt nach (24.8.a)

$$\Delta\varphi = \Delta(\psi - \mathrm{sm}_\varepsilon \psi) = \Delta\psi - \mathrm{sm}_\varepsilon(\Delta\psi) = f - \mathrm{sm}_\varepsilon f.$$

Da $\Delta T = 0$, ist $T[\Delta\varphi] = 0$, also

$$T[f] = T[\mathrm{sm}_\varepsilon f + \Delta\varphi] = T[\mathrm{sm}_\varepsilon f].$$

Mit (2) ergibt sich daraus die Beziehung (1), q.e.d.

24.10. Corollar. *Sei T eine Distribution auf der offenen Menge $U \subset \mathbb{C}$ mit $\dfrac{\partial T}{\partial \bar{z}} = 0$. Dann ist T eine holomorphe Funktion in U.*

Beweis. Da $\dfrac{\partial T}{\partial \bar{z}} = 0$, ist auch

$$\Delta T = 4 \frac{\partial}{\partial z}\left(\frac{\partial}{\partial \bar{z}} T\right) = 0,$$

also $T \in \mathscr{E}(U)$ nach (24.9). Wegen $\dfrac{\partial T}{\partial \bar{z}} = 0$ ist T holomorph.

Bemerkung. Das hier nur in der Ebene bewiesene Weylsche Lemma gilt auch mit fast wörtlich gleichem Beweis für harmonische Distributionen im $\mathbb{R}^n$. Das Weylsche Lemma ist aber nur ein Spezialfall von allgemeineren Regularitätssätzen für elliptische Differentialoperatoren auf differenzierbaren Mannigfaltigkeiten, vgl. [34], [43].

§ 25. Der Rungesche Approximationssatz

Der klassische Rungesche Approximationssatz sagt aus, daß in einem einfach-zusammenhängenden Gebiet $Y \subset \mathbb{C}$ jede holomorphe Funktion kompakt durch Funktionen, die auf ganz $\mathbb{C}$ holomorph sind (also auch durch Polynome) approximiert werden kann. Dieser Satz wurde von Behnke-Stein [51] auf beliebige nichtkompakte Riemannsche Flächen X verallgemeinert. Will man alle holomorphen Funktionen in einer offenen Menge $Y \subset X$ durch holomorphe Funktionen auf X approximieren, so ist der einfache Zusammenhang durch die Bedingung zu ersetzen, daß $X \setminus Y$ keine kompakten Zusammenhangskomponenten hat. Wir bringen hier einen auf dem Weylschen Lemma beruhenden funktional-analytischen Beweis des Rungeschen Approximationssatzes nach Malgrange [56].

25.1. Sei X eine Riemannsche Fläche und $Y \subset X$ eine offene Teilmenge. Wir wollen auf dem Vektorraum $\mathscr{E}(Y)$ der differenzierbaren Funktionen in Y eine Fréchetraum-Struktur einführen. Dazu wählen wir eine abzählbare Familie von kompakten Mengen $K_j \subset Y, j \in J$, mit $\bigcup \mathring{K}_j = Y$, so daß jedes K_j in einer Koordinaten-Umgebung (U_j, z_j) enthalten ist. Für $j \in J$ und $\nu = (\nu_1, \nu_2) \in \mathbb{N}^2$ definieren wir eine Seminorm $p_{j\nu}: \mathscr{E}(Y) \to \mathbb{R}_+$ durch

$$p_{j\nu}(f) := \sup_{a \in K_j} |D_j^\nu f(a)|.$$

Dabei ist $D_j^\nu = \left(\frac{\partial}{\partial x_j}\right)^{\nu_1} \left(\frac{\partial}{\partial y_j}\right)^{\nu_2}$ der bzgl. der Koordinate $z_j = x_j + iy_j$ gebildete Differentialoperator. Diese abzählbar vielen Seminormen $p_{j\nu}$ definieren eine Topologie auf $\mathscr{E}(Y)$, wobei eine Umgebungsbasis der Null durch endliche Durchschnitte von Mengen der Gestalt

$$\mathscr{U}(p_{j\nu}, \varepsilon) := \{f \in \mathscr{E}(Y) : p_{j\nu}(f) < \varepsilon\}, \quad \varepsilon > 0,$$

gegeben wird. Konvergenz $f_n \to f$ bzgl. dieser Topologie bedeutet gleichmäßige Konvergenz der Funktionen und ihrer sämtlichen Ableitungen auf jedem K_j. Mit dieser Topologie wird $\mathscr{E}(Y)$ ein Fréchetraum. Man überlegt sich leicht, daß die Topologie unabhängig von der Auswahl der K_j und (U_j, z_j) ist. Auf dem Untervektorraum $\mathscr{O}(Y) \subset \mathscr{E}(Y)$ stimmt die induzierte Topologie mit der Topologie der kompakten Konvergenz überein, denn für holomorphe Funktionen impliziert die kompakte Konvergenz von Funktionen auch die kompakte Konvergenz sämtlicher Ableitungen. Analog führt man eine Fréchetraum-Struktur auf dem Vektorraum $\mathscr{E}^{0,1}(Y)$ der Differentialformen vom Typ (0,1) auf Y mit differenzierbaren Koeffizienten ein. Ein Element $\omega \in \mathscr{E}^{0,1}(Y)$ läßt sich über U_j schreiben als $\omega = f_j d\bar{z}_j$ mit $f_j \in \mathscr{E}(U_j \cap Y)$; man setzt

$$p_{j\nu}(\omega) := \sup_{a \in K_j} |D_j^\nu f_j(a)|.$$

Die Fréchetraum-Struktur ergibt sich wie oben aus den Seminormen $p_{j\nu}$.

25.2. Lemma. *Sei Y eine offene Teilmenge einer Riemannschen Fläche X. Dann hat jede stetige lineare Abbildung $T: \mathscr{E}(Y) \to \mathbb{C}$ kompakten Träger, d.h. es gibt eine kompakte Teilmenge $K \subset Y$, so daß*

$$T[f]=0 \quad \textit{für alle} \quad f \in \mathscr{E}(Y) \quad \textit{mit} \quad \operatorname{Supp}(f) \subset Y \setminus K.$$

Eine analoge Aussage gilt für $\mathscr{E}^{0,1}(Y)$ anstelle von $\mathscr{E}(Y)$.

Beweis. Da T stetig ist, gibt es eine Nullumgebung $\mathscr{U}$ in $\mathscr{E}(Y)$, so daß $|T[f]|<1$ für alle $f \in \mathscr{U}$. Nach Definition der Topologie von $\mathscr{E}(Y)$ gibt es mit den Bezeichnungen von (25.1) Elemente $j_1, \ldots, j_m \in J, \nu_1, \ldots, \nu_m \in \mathbb{N}^2$ und ein $\varepsilon > 0$, so daß

$$\mathscr{U}(p_{j_1 \nu_1}, \varepsilon) \cap \cdots \cap \mathscr{U}(p_{j_m \nu_m}, \varepsilon) \subset \mathscr{U}.$$

Sei $K := K_{j_1} \cup \cdots \cup K_{j_m}$. Wir zeigen nun, daß für jedes $f \in \mathscr{E}(Y)$ mit $\operatorname{Supp}(f) \subset Y \setminus K$ gilt $T[f]=0$. Für beliebiges $\lambda > 0$ ist nämlich

$$p_{j_1 \nu_1}(\lambda f) = \cdots = p_{j_m \nu_m}(\lambda f) = 0,$$

also $\lambda f \in \mathscr{U}$ und $|T[\lambda f]| < 1$. Daraus folgt aber $|T[f]| < 1/\lambda$ für alle $\lambda > 0$, was nur möglich ist, wenn $T[f]=0$, q.e.d.

25.3. Lemma. *Sei Z eine offene Teilmenge einer Riemannschen Fläche X und $S: \mathscr{E}^{0,1}(X) \to \mathbb{C}$ eine stetige lineare Abbildung mit $S[d''g]=0$ für alle $g \in \mathscr{E}(X)$ mit $\operatorname{Supp}(g) \subset\subset Z$. Dann gibt es eine holomorphe Differentialform $\sigma \in \Omega(Z)$, so daß*

$$S[\omega] = \iint_Z \sigma \wedge \omega$$

für alle $\omega \in \mathscr{E}^{0,1}(X)$ mit $\operatorname{Supp}(\omega) \subset\subset Z$.

Beweis. Sei $z: U \to V \subset \mathbb{C}$ eine in Z enthaltene Karte auf X. Wir identifizieren U mit V. Für $\varphi \in \mathscr{D}(U)$ bezeichne $\tilde{\varphi}$ diejenige Differentialform aus $\mathscr{E}^{0,1}(X)$, die auf U gleich $\varphi\, d\bar{z}$ und auf $X \setminus U$ gleich null ist. Dann ist die Abbildung

$$S_U: \mathscr{D}(U) \to \mathbb{C}, \varphi \mapsto S[\tilde{\varphi}]$$

eine Distribution auf U, die auf allen Funktionen φ der Gestalt $\varphi = \partial g / \partial \bar{z}$, $g \in \mathscr{D}(U)$ verschwindet, d.h. $\partial S_U / \partial \bar{z} = 0$. Nach Corollar (24.10) gibt es deshalb eine eindeutig bestimmte holomorphe Funktion $h \in \mathscr{O}(U)$ mit

$$S[\tilde{\varphi}] = \iint_U h(z) \varphi(z)\, dz \wedge d\bar{z} \quad \text{für alle} \quad \varphi \in \mathscr{D}(U).$$

Setzen wir $\sigma_U := h\,dz$, so haben wir

$$S[\omega] = \iint_U \sigma_U \wedge \omega$$

für alle $\omega \in \mathscr{E}^{0,1}(X)$ mit $\operatorname{Supp}(\omega) \subset\subset U$.
Führen wir dieselbe Konstruktion bzgl. einer anderen Karte $z': U' \to V'$ durch, so erhalten wir eine Differentialform $\sigma_{U'} \in \Omega(U')$ mit den entsprechenden Eigenschaften. Deshalb gilt

$$\iint_U \sigma_U \wedge \omega = \iint_{U'} \sigma_{U'} \wedge \omega$$

für alle $\omega\in\mathscr{E}^{0,1}(X)$ mit $\mathrm{Supp}(\omega)\subset\subset U\cap U'$. Daraus folgt $\sigma_U=\sigma_{U'}$ über $U\cap U'$. Deshalb setzen sich die σ_U zu einer Differentialform $\sigma\in\Omega(Z)$ zusammen, so daß

$$(*)\qquad S[\omega]=\iint_Z \sigma\wedge\omega$$

für alle $\omega\in\mathscr{E}^{0,1}(X)$, deren Träger kompakt in einer Karte in Z enthalten ist. Ist $\omega\in\mathscr{E}^{0,1}(X)$ eine beliebige Differentialform mit $\mathrm{Supp}(\omega)\subset\subset Z$, so kann man mit Hilfe einer Teilung der Eins eine Zerlegung $\omega=\omega_1+\cdots+\omega_n$ konstruieren, so daß für jedes ω_j die Formel $(*)$ gilt. Daraus folgt

$$S[\omega]=\sum_{j=1}^{n} S[\omega_j]=\sum_{j=1}^{n}\iint_Z \sigma\wedge\omega_j=\iint_Z \sigma\wedge\omega\,.$$

25.4. Satz. *Sei Y eine offene relativ-kompakte Rungesche Teilmenge einer nicht-kompakten Riemannschen Fläche X. Dann gilt für jede offene Menge Y' mit $Y\subset Y'\subset\subset X$: Das Bild der Beschränkungsabbildung $\mathscr{O}(Y')\to\mathscr{O}(Y)$ ist dicht bzgl. der Topologie der kompakten Konvergenz.*

Beweis. Wir bezeichnen mit $\beta:\mathscr{E}(Y')\to\mathscr{E}(Y)$ die Beschränkungsabbildung. Um zu beweisen, daß $\beta(\mathscr{O}(Y'))$ dicht in $\mathscr{O}(Y)$ liegt, genügt es nach dem Satz von Hahn-Banach zu zeigen (vgl. Anhang B.9):

Ist $T:\mathscr{E}(Y)\to\mathbb{C}$ ein stetiges lineares Funktional mit $T|\beta(\mathscr{O}(Y'))=0$, so gilt auch $T|\mathscr{O}(Y)=0$.

Beweis hierfür: Wir definieren eine lineare Abbildung

$$S:\mathscr{E}^{0,1}(X)\to\mathbb{C}$$

wie folgt: Zu $\omega\in\mathscr{E}^{0,1}(X)$ gibt es nach (14.16) eine Funktion $f\in\mathscr{E}(Y')$ mit $d''f=\omega|Y'$. Man setze

$$S[\omega]:=T[f|Y].$$

Diese Definition ist unabhängig vom gewählten f, denn gilt auch $d''g=\omega|Y'$, so ist $f-g\in\mathscr{O}(Y')$, also nach Voraussetzung $T[(f-g)|Y]=0$. Wir zeigen jetzt, daß S auch stetig ist. Dazu betrachten wir den Vektorraum

$$V:=\{(\omega,f)\in\mathscr{E}^{0,1}(X)\times\mathscr{E}(Y'):d''f=\omega|Y'\}.$$

V ist ein abgeschlossener Untervektorraum von $\mathscr{E}^{0,1}(X)\times\mathscr{E}(Y')$, also selbst ein Fréchetraum. Dies folgt daraus, daß $d'':\mathscr{E}(Y')\to\mathscr{E}^{0,1}(Y')$ stetig ist.

Die Projektion $\mathrm{pr}_1:V\to\mathscr{E}^{0,1}(X)$ ist surjektiv, also nach dem Satz von Banach offen. Die Abbildung $\beta\circ\mathrm{pr}_2:V\to\mathscr{E}(Y)$ ist stetig. Da das Diagramm

$$\begin{array}{ccc} V & \xrightarrow{\ \beta\circ\mathrm{pr}_2\ } & \mathscr{E}(Y) \\ {\scriptstyle\mathrm{pr}_1}\big\downarrow & & \big\downarrow{\scriptstyle T} \\ \mathscr{E}^{0,1}(X) & \xrightarrow{\ \ S\ \ } & \mathbb{C} \end{array}$$

nach Definition kommutiert, folgt aus der Stetigkeit von T die Stetigkeit von S.

Nach Lemma (25.2) gibt es eine kompakte Teilmenge $K \subset Y$ mit

(1) $T[f]=0$ für alle $f \in \mathscr{E}(Y)$ mit $\operatorname{Supp}(f) \subset Y \setminus K$

und eine kompakte Teilmenge $L \subset X$ mit

(2) $S[\omega]=0$ für alle $\omega \in \mathscr{E}^{0,1}(X)$ mit $\operatorname{Supp}(\omega) \subset X \setminus L$.

Ist $g \in \mathscr{E}(X)$ eine Funktion mit $\operatorname{Supp}(g) \subset\subset X \setminus K$, so folgt $S[d''g]=T[g|Y]=0$. Nach Lemma (25.3) existiert also eine holomorphe Differentialform $\sigma \in \Omega(X \setminus K)$ mit

$$S[\omega]=\iint_{X \setminus K} \sigma \wedge \omega$$

für alle $\omega \in \mathscr{E}^{0,1}(X)$ mit $\operatorname{Supp}(\omega) \subset\subset X \setminus K$. Wegen (2) muß $\sigma | X \setminus (K \cup L)=0$ sein. Jede Zusammenhangskomponente von $X \setminus \mathscr{h}(K)$ ist nicht relativ-kompakt und trifft daher $X \setminus (K \cup L)$. Aus dem Identitätssatz folgt deshalb $\sigma | X \setminus \mathscr{h}(K)=0$, d.h.

(3) $S[\omega]=0$ für alle $\omega \in \mathscr{E}^{0,1}(X)$ mit $\operatorname{Supp}(\omega) \subset\subset X \setminus \mathscr{h}(K)$.

Sei jetzt $f \in \mathcal{O}(Y)$. Wir zeigen, daß $T[f]=0$. Da Y Rungesch ist, gilt $\mathscr{h}(K) \subset Y$. Es gibt deshalb eine Funktion $g \in \mathscr{E}(X)$ mit $f=g$ in einer Umgebung von $\mathscr{h}(K)$ und $\operatorname{Supp}(g) \subset\subset Y$. Nach (1) ist $T[f]=T[g|Y]$ und nach Definition von S gilt $T[g|Y]=S[d''g]$. Da g in einer Umgebung von $\mathscr{h}(K)$ holomorph ist, haben wir $\operatorname{Supp}(d''g) \subset\subset X \setminus \mathscr{h}(K)$, also $S[d''g]=0$ wegen (3). Zusammenfassend ergibt sich $T[f]=0$ für alle $f \in \mathcal{O}(Y)$, q.e.d.

25.5. Rungescher Approximationssatz. *Sei X eine nicht-kompakte Riemannsche Fläche und Y eine offene Teilmenge, deren Komplement keine kompakten Zusammenhangskomponenten hat. Dann kann jede auf Y holomorphe Funktion auf jedem kompakten Teil von Y gleichmäßig durch holomorphe Funktionen auf X approximiert werden.*

Beweis. Es genügt den Fall zu behandeln, daß Y relativ-kompakt in X ist. Sei $f \in \mathcal{O}(Y)$, eine kompakte Teilmenge $K \subset Y$ sowie $\varepsilon > 0$ vorgegeben. Nach (23.9) gibt es eine Ausschöpfung $Y_1 \subset\subset Y_2 \subset\subset Y_3 \subset\subset \ldots$ von X durch Rungesche Gebiete mit $Y_0 := Y \subset\subset Y_1$. Nach Satz (25.4) gibt eine holomorphe Funktion $f_1 \in \mathcal{O}(Y_1)$ mit

$$\|f_1 - f\|_K < 2^{-1}\varepsilon.$$

(Dabei bezeichnet $\| \; \|_K$ die Supremumsnorm auf K.)
Durch Induktion erhält man aus Satz (25.4) eine Folge von Funktionen $f_n \in \mathcal{O}(Y_n)$ mit

$$\|f_n - f_{n-1}\|_{\bar{Y}_{n-2}} < 2^{-n}\varepsilon \quad \text{für alle} \quad n \geq 2.$$

Für jedes $n \in \mathbb{N}$ konvergiert die Folge $(f_\nu)_{\nu>n}$ gleichmäßig auf Y_n. Es gibt deshalb eine auf ganz X holomorphe Funktion $F \in \mathcal{O}(X)$, die auf jedem Y_n Limes der Folge $(f_\nu)_{\nu>n}$ ist. Für diese Funktion gilt nach Konstruktion $\|F-f\|_K < \varepsilon$, q.e.d.

25.6. Satz. *Sei X eine nicht-kompakte Riemannsche Fläche. Dann gibt es zu jeder Differentialform $\omega \in \mathscr{E}^{0,1}(X)$ eine Funktion $f \in \mathscr{E}(X)$ mit $d''f = \omega$.*

Beweis. Zu jeder relativ-kompakten offenen Teilmenge $Y \subset\subset X$ gibt es nach (14.16) eine Funktion $g \in \mathscr{E}(Y)$ mit $d''g = \omega | Y$. Wir beweisen nun den Satz ähnlich wie Satz (13.2) durch ein Ausschöpfungsverfahren.
Sei $Y_0 \subset\subset Y_1 \subset\subset Y_2 \subset\subset \ldots$ eine Ausschöpfung von X durch Rungesche Gebiete nach (23.9). Wir konstruieren durch Induktion nach n Funktionen $f_n \in \mathscr{E}(Y_n)$ mit

i) $d''f_n = \omega | Y_n$,
ii) $\|f_{n+1} - f_n\|_{Y_{n-1}} \leq 2^{-n}$.

Die Funktion $f_0 \in \mathscr{E}(Y_0)$ werde als beliebige Lösung der Differentialgleichung $d''f_0 = \omega | Y_0$ gewählt. Seien $f_0, \ldots, f_n$ schon konstruiert. Es gibt ein $g_{n+1} \in \mathscr{E}(Y_{n+1})$ mit $d''g_{n+1} = \omega | Y_{n+1}$. Über Y_n gilt $d''g_{n+1} = d''f_n$, also ist $g_{n+1} - f_n$ auf Y_n holomorph. Nach dem Rungeschen Approximationssatz gibt es ein $h \in \mathcal{O}(Y_{n+1})$ mit

$$\|(g_{n+1} - f_n) - h\|_{Y_{n-1}} \leq 2^{-n}.$$

Wir setzen $f_{n+1} := g_{n+1} - h$.
Dann ist $d''f_{n+1} = d''g_{n+1} = \omega | Y_{n+1}$ und $\|f_{n+1} - f_n\|_{Y_{n-1}} \leq 2^{-n}$.

Wie im Beweis von (13.2) folgt nun, daß die Funktionen f_n gegen eine Lösung $f \in \mathscr{E}(X)$ der Differentialgleichung $d''f = \omega$ konvergieren.

§ 26. Die Sätze von Mittag-Leffler und Weierstraß

Wir beschäftigen uns jetzt mit der Konstruktion von meromorphen Funktionen zu vorgegebenen Hauptteilen bzw. zu vorgegebenen Null- und Polstellenordnungen auf nicht-kompakten Riemannschen Flächen (Analoga der Sätze von Mittag-Leffler und Weierstraß in der komplexen Ebene). Wir hatten uns bereits in den Paragraphen 18 und 20 mit den analogen Problemen auf kompakten Riemannschen Flächen befaßt. Während dort für die Lösbarkeit der Probleme bestimmte Bedingungen zu stellen waren (Sätze 18.2 und 20.7), wird sich herausstellen, daß auf nicht-kompakten Riemannschen Flächen die Analoga der Sätze von Mittag-Leffler und Weierstraß uneingeschränkt gelten.

26.1. Satz. *Für jede nicht-kompakte Riemannsche Fläche X gilt*

$$H^1(X, \mathcal{O}) = 0.$$

Beweis. Nach dem Satz von Dolbeault (15.14) ist $H^1(X,\mathcal{O}) \cong \mathcal{E}^{0,1}(X)/d''\mathcal{E}(X)$. Nach Satz (25.6) gilt aber $\mathcal{E}^{0,1}(X) = d''\mathcal{E}(X)$, d.h. $H^1(X,\mathcal{O}) = 0$.

Bemerkung. Satz (26.1) ist ein Spezialfall des sog. Theorems B von Cartan-Serre, das für beliebige n-dimensionale Steinsche Mannigfaltigkeiten gilt, vgl. [31], [33].

26.2. Wir erinnern an den Begriff der Mittag-Leffler-Verteilung, vgl. (18.1). Sei $\mathfrak{U} = (U_i)_{i\in I}$ eine offene Überdeckung einer Riemannschen Fläche X. Eine Familie $\mu = (f_i)_{i\in I}$ von meromorphen Funktionen $f_i \in \mathcal{M}(U_i)$ heißt Mittag-Leffler-Verteilung, wenn die Differenzen $f_i - f_j$ in $U_i \cap U_j$ holomorph sind, d.h. denselben Hauptteil bestimmen. Unter einer Lösung von μ versteht man eine globale meromorphe Funktion $f \in \mathcal{M}(X)$, so daß für jedes $i \in I$ die Differenz $f - f_i$ in U_i holomorph ist. Die Familie der Differenzen $f_{ij} := f_j - f_i \in \mathcal{O}(U_i \cap U_j)$ definiert einen Cozyklus $(f_{ij}) \in Z^1(\mathfrak{U}, \mathcal{O})$. Wir haben in (18.1) bewiesen, daß μ genau dann lösbar ist, wenn dieser Cozyklus zerfällt, d.h. $(f_{ij}) \in B^1(\mathfrak{U}, \mathcal{O})$. Aus Satz (26.1) folgt daher

26.3. Satz. *Auf einer nicht-kompakten Riemannschen Fläche ist jede Mittag-Leffler-Verteilung lösbar.*

Wir wenden uns jetzt dem Analogon des Weierstraßschen Produktsatzes zu. Hier wird zu einem vorgegebenen Divisor $D: X \to \mathbb{Z}$ auf einer Riemannschen Fläche X eine meromorphe Funktion $f \in \mathcal{M}^*(X)$ gesucht, welche die von D vorgeschriebenen Null- und Polstellenordnungen aufweist, d.h. $(f) = D$, vgl. die Definitionen (16.1) und (16.2). In (20.1) haben wir den Begriff der schwachen Lösung definiert.

26.4. Lemma. *Jeder Divisor D auf einer nicht-kompakten Riemannschen Fläche X besitzt eine schwache Lösung.*

Beweis. a) Wir wählen eine Folge $K_1, K_2, \ldots$ von kompakten Teilmengen von X mit folgenden Eigenschaften:

i) $K_j = \mathscr{h}(K_j)$ für alle $j \geq 1$,
ii) $K_j \subset \mathring{K}_{j+1}$ für alle $j \geq 1$,
iii) $\bigcup_{j\geq 1} K_j = X$.

Dies ist möglich nach (23.6).

b) *Zwischenbehauptung.* Sei $a_0 \in X \backslash K_j$ und A_0 der Divisor mit $A_0(a_0) = 1$ und $A_0(x) = 0$ für $x \neq a_0$. Dann gibt es eine schwache Lösung φ von A_0 mit $\varphi | K_j = 1$.

Beweis. Da $K_j = \mathscr{h}(K_j)$, liegt a_0 in einer Zusammenhangs-Komponente U von $X \backslash K_j$, die nicht relativ-kompakt ist. Es gibt deshalb einen Punkt $a_1 \in U \backslash K_{j+1}$

und eine Kurve c_0 in U mit Anfangspunkt a_1 und Endpunkt a_0. Nach Lemma (20.5) existiert eine schwache Lösung φ_0 des Divisors ∂c_0 mit $\varphi_0|K_j=1$. Durch Wiederholung der Konstruktion erhält man eine Punktfolge $a_\nu \in X \backslash K_{j+\nu}$, $\nu \in \mathbb{N}$, Kurven c_ν in $X \backslash K_{j+\nu}$ von $a_{\nu+1}$ nach a_ν und schwache Lösungen φ_ν des Divisors ∂c_ν mit $\varphi_\nu|K_{j+\nu}=1$. Es gilt $\partial c_\nu = A_\nu - A_{\nu+1}$, wobei A_ν der Divisor ist, der in a_ν den Wert 1 annimmt und sonst 0 ist. Daher ist das Produkt $\varphi_0 \varphi_1 \cdot \ldots \cdot \varphi_n$ schwache Lösung des Divisors $A_0 - A_{n+1}$. Das unendliche Produkt

$$\varphi := \prod_{\nu=0}^{\infty} \varphi_\nu$$

konvergiert, da über jedem kompakten Teil von X nur endlich viele Faktoren $\neq 1$ sind. Nun ist φ die gesuchte schwache Lösung des Divisors A_0.

c) Sei jetzt D ein beliebiger Divisor auf X. Für $\nu \in \mathbb{N}$ setzen wir

$$D_\nu(x) := \begin{cases} D(x), & \text{falls} \quad x \in K_{\nu+1} \backslash K_\nu, \\ 0, & \text{falls} \quad x \notin K_{\nu+1} \backslash K_\nu. \end{cases}$$

(dabei sei $K_0 := \emptyset$). Dann gilt

$$D = \sum_{\nu=0}^{\infty} D_\nu.$$

Da D_ν nur in endlich vielen Punkten ungleich null ist, gibt es nach b) eine schwache Lösung ψ_ν des Divisors D_ν mit $\psi_\nu|K_\nu=1$. Das Produkt

$$\psi := \prod_{\nu=0}^{\infty} \psi_\nu$$

ist dann schwache Lösung von D.

26.5. Satz. *Auf einer nicht-kompakten Riemannschen Fläche X ist jeder Divisor $D \in \mathrm{Div}(X)$ der Divisor einer meromorphen Funktion $f \in \mathcal{M}^*(X)$.*

Beweis. Da das Problem lokal lösbar ist, gibt es eine offene Überdeckung $\mathfrak{U} = (U_i)_{i \in I}$ von X und meromorphe Funktionen $f_i \in \mathcal{M}^*(U_i)$, deren Divisor über U_i mit D übereinstimmt. Wir können annehmen, daß alle U_i einfach zusammenhängen. Über dem Durchschnitt $U_i \cap U_j$ haben f_i und f_j dieselben Null- und Polstellen, d.h.

$$\frac{f_i}{f_j} \in \mathcal{O}^*(U_i \cap U_j) \quad \text{für alle} \quad i, j \in I.$$

Sei nun ψ eine nach (25.4) existierende schwache Lösung von D. Über U_i gilt dann $\psi = \psi_i f_i$ mit einer Funktion $\psi_i \in \mathcal{E}(U_i)$ ohne Nullstellen. Da U_i einfach zusammenhängt, gibt es eine Funktion $\varphi_i \in \mathcal{E}(U_i)$ mit $\psi_i = e^{\varphi_i}$, d.h. $\psi = e^{\varphi_i} f_i$ über U_i. Über $U_i \cap U_j$ gilt dann

$$(*) \qquad e^{\varphi_j - \varphi_i} = \frac{f_i}{f_j} \in \mathcal{O}^*(U_i \cap U_j),$$

woraus folgt $\varphi_{ij} := \varphi_j - \varphi_i \in \mathcal{O}(U_i \cap U_j)$. Da $\varphi_{ij} + \varphi_{jk} = \varphi_{ik}$ über dem dreifachen Durchschnitt, ist die Familie der φ_{ij} ein Cozyklus $(\varphi_{ij}) \in Z^1(\mathfrak{U}, \mathcal{O})$. Wegen $H^1(X, \mathcal{O}) = 0$ zerfällt dieser Cozyklus, es gibt also holomorphe Funktionen $g_i \in \mathcal{O}(U_i)$ mit

$$\varphi_{ij} = \varphi_j - \varphi_i = g_j - g_i \quad \text{über} \quad U_i \cap U_j$$

für alle $i, j \in I$. Aus (*) folgt dann $e^{g_j - g_i} = f_i / f_j$, d.h.

$$e^{g_j} f_j = e^{g_i} f_i \quad \text{über} \quad U_i \cap U_j.$$

Es gibt deshalb eine globale meromorphe Funktion $f \in \mathcal{M}^*(X)$ mit $f = e^{g_i} f_i$ über U_i für alle $i \in I$. Da f und f_i über U_i denselben Divisor haben, ist $(f) = D$, q.e.d.

26.6. Corollar. *Auf jeder nicht-kompakten Riemannschen Fläche X gibt es eine holomorphe Differentialform $\omega \in \Omega(X)$ ohne Nullstellen.*

Beweis. Sei g eine nicht-konstante meromorphe Funktion auf X und $f \in \mathcal{M}^*(X)$ eine Funktion mit dem Divisor $-(dg)$. Dann ist $\omega := f\,dg$ eine holomorphe Differentialform auf X ohne Nullstellen.

26.7. Satz. *Sei X eine nicht-kompakte Riemannsche Fläche und $(a_\nu)_{\nu \in \mathbb{N}}$ eine Folge paarweise verschiedener Punkte ohne Häufungspunkt auf X. Dann gibt es zu beliebig vorgegebenen Zahlen $c_\nu \in \mathbb{C}$ eine holomorphe Funktion $f \in \mathcal{O}(X)$ mit $f(a_\nu) = c_\nu$ für alle $\nu \in \mathbb{N}$.*

Beweis. Nach Satz (26.5) gibt es eine Funktion $h \in \mathcal{O}(X)$, die in jedem a_ν eine Nullstelle 1. Ordnung hat und sonst ungleich null ist. Für $i \in \mathbb{N}$ sei

$$U_i := X \setminus \bigcup_{\nu \neq i} \{a_\nu\}.$$

Dann ist $\mathfrak{U} := (U_i)_{i \in \mathbb{N}}$ eine offene Überdeckung von X. Wir definieren $g_i \in \mathcal{M}(U_i)$ durch $g_i := c_i / h$. Für $i \neq j$ gilt

$$U_i \cap U_j = X \setminus \{a_\nu : \nu \in \mathbb{N}),$$

also ist $1/h$ in $U_i \cap U_j$ holomorph. Daher ist $(g_i) \in C^0(\mathfrak{U}, \mathcal{M})$ eine Mittag-Leffler-Verteilung auf X, die nach (26.3) eine Lösung $g \in \mathcal{M}(X)$ besitzt. Sei $f := gh$. In U_i gilt

$$f = gh = g_i h + (g - g_i)h = c_i + (g - g_i)h.$$

Da $g - g_i$ in U_i holomorph und $h(a_i) = 0$ ist, folgt $f \in \mathcal{O}(X)$ und $f(a_i) = c_i$ für alle $i \in \mathbb{N}$.

26.8. Corollar. *Jede nicht-kompakte Riemannsche Fläche X ist* Steinsch, *d.h. es gilt:*

i) *Zu je zwei Punkten* $x, y \in X, x \neq y$, *existiert eine holomorphe Funktion* $f \in \mathcal{O}(X)$ *mit* $f(x) \neq f(y)$.

ii) *Zu jeder Punktfolge* $(x_n)_{n \in \mathbb{N}}$ *ohne Häufungspunkt auf* X *existiert eine holomorphe Funktion* $f \in \mathcal{O}(X)$ *mit* $\limsup_{n \to \infty} |f(x_n)| = \infty$.

Bemerkung. Die Sätze von Mittag-Leffler und Weierstraß für nicht-kompakte Riemannsche Flächen wurden zuerst von H. Florack [54] mit den von Behnke-Stein [51] entwickelten Methoden bewiesen. Die Analoga dieser Probleme in der Funktionentheorie mehrerer Veränderlichen (Cousin-Probleme 1. und 2. Art) spielten in der Entwicklung der Theorie der Steinschen Mannigfaltigkeiten eine große Rolle (vgl. [53], [59], [61]). Von daher stammt auch die hier gewählte cohomologische Behandlung.

§ 27. Der Riemannsche Abbildungssatz

Der Riemannsche Abbildungssatz sagt aus, daß sich jede einfach zusammenhängende Riemannsche Fläche, die nicht isomorph zu $\mathbb{P}_1$ oder $\mathbb{C}$ ist, biholomorph auf den Einheitskreis abbilden läßt. Das bedeutet, daß die universelle Überlagerung einer beliebigen Riemannschen Fläche stets isomorph zu einer der drei Normalformen ist: Riemannsche Zahlenkugel, Gaußsche Zahlenebene oder Einheitskreis. Der Riemannsche Abbildungssatz wurde von Riemann bereits 1851 in seiner Dissertation angegeben, allerdings noch nicht in allgemeinster Form und ohne einwandfreien Beweis. Die ersten vollständigen Beweise stammen von H. Poincaré und P. Koebe aus dem Jahre 1907.

27.1. Für eine Riemannsche Fläche X bezeichnen wir mit $\mathrm{Rh}^1_{\mathcal{O}}(X) := \Omega(X)/d\mathcal{O}(X)$ die „holomorphe" de Rhamsche Gruppe, vgl. (15.15). Ist X einfach zusammenhängend, so besitzt jede holomorphe Differentialform auf X eine Stammfunktion (10.7), d.h. $\mathrm{Rh}^1_{\mathcal{O}}(X) = 0$. Wir werden den Riemannschen Abbildungssatz scheinbar allgemeiner für Riemannsche Flächen mit $\mathrm{Rh}^1_{\mathcal{O}}(X) = 0$ beweisen. Jedoch folgt damit dann umgekehrt aus $\mathrm{Rh}^1_{\mathcal{O}}(X) = 0$ der einfache Zusammenhang von X.

27.2. Lemma. *Sei* X *eine Riemannsche Fläche mit* $\mathrm{Rh}^1_{\mathcal{O}}(X) = 0$. *Dann gilt:*

i) *Zu jeder holomorphen Funktion* $f: X \to \mathbb{C}^*$ *existieren Zweige des Logarithmus und der Wurzel, d.h. es gibt Funktionen* $g, h \in \mathcal{O}(X)$ *mit* $e^g = f$ *und* $h^2 = f$.

ii) *Jede harmonische Funktion* $u: X \to \mathbb{R}$ *ist Realteil einer holomorphen Funktion* $f: X \to \mathbb{C}$.

Beweis. i) $f^{-1}df$ ist eine holomorphe Differentialform auf X. Wegen $\mathrm{Rh}^1_{\mathcal{O}}(X)=0$ gibt es eine Funktion $g\in\mathcal{O}(X)$ mit $dg=f^{-1}df$. Indem wir evtl. g um eine Konstante abändern, dürfen wir annehmen, daß für einen gewissen Punkt $a\in X$ gilt $e^{g(a)}=f(a)$. Es ist

$$d(fe^{-g})=(df)e^{-g}-fe^{-g}f^{-1}df=0,$$

also fe^{-g} konstant gleich 1, woraus folgt $e^g=f$.
Für $h:=e^{g/2}$ gilt dann $h^2=f$.
ii) Nach Satz (19.4) gibt es eine holomorphe Differentialform $\omega\in\Omega(X)$ mit $du=\mathrm{Re}(\omega)$. Wegen $\Omega(X)=d\mathcal{O}(X)$ ist $du=\mathrm{Re}(dg)$ mit $g\in\mathcal{O}(X)$, also $u=\mathrm{Re}(g)+$ const.

27.3. Satz. *Sei X eine nicht-kompakte Riemannsche Fläche und $Y\subset\subset X$ ein Gebiet mit* $\mathrm{Rh}^1_{\mathcal{O}}(Y)=0$. *Der Rand von Y sei regulär bzgl. des Dirichletschen Randwertproblems. Dann gibt es eine biholomorphe Abbildung von Y auf den Einheitskreis E.*

Beweis. Wir wählen einen Punkt $a\in Y$. Nach dem Satz von Weierstraß (26.5) gibt es eine holomorphe Funktion g auf X, die in a eine Nullstelle 1. Ordnung hat und in $X\setminus a$ nirgends verschwindet. Nach Satz (22.17) gibt es eine in $\overline{Y}$ stetige und in Y harmonische Funktion $u\colon \overline{Y}\to\mathbb{R}$ mit

$$(*)\qquad u(y)=\log|g(y)|\quad \text{für alle}\quad y\in\partial Y.$$

Nach Lemma (27.2.ii) ist u Realteil einer holomorphen Funktion $h\in\mathcal{O}(Y)$. Wir setzen

$$f:=e^{-h}g\in\mathcal{O}(Y).$$

Behauptung. f bildet Y biholomorph auf den Einheitskreis E ab.
Wir zeigen zunächst, daß $f(Y)\subset E$. Für $y\in Y\setminus a$ ist

$$|f(y)|=|e^{-h(y)}|\,|g(y)|=e^{\log|g(y)|-u(y)}.$$

Die auf Y definierte Funktion $|f|$ läßt sich daher zu einer stetigen Funktion $\varphi\colon\overline{Y}\to\mathbb{R}$ fortsetzen, die wegen $(*)$ auf ∂Y konstant gleich 1 ist. Aus dem Maximumprinzip folgt jetzt $|f(y)|<1$ für alle $y\in Y$, d.h. $f(Y)\subset E$.
Wir zeigen jetzt, daß die Abbildung $f\colon Y\to E$ eigentlich ist. Dazu genügt es zu zeigen, daß für jedes $r<1$ das Urbild Y_r des Kreises $\{z\in\mathbb{C}: |z|\le r\}$ kompakt in Y liegt. Es ist

$$Y_r=\{y\in Y: |f(y)|\le r\}=\{y\in\overline{Y}: \varphi(y)\le r\}.$$

Y_r ist also abgeschlossener Teil der kompakten Menge $\overline{Y}$ und daher kompakt.

Da $f\colon Y\to E$ eigentlich ist, wird jeder Wert gleich oft angenommen (Satz 4.24). Der Wert null wird aber genau einmal angenommen. Also ist $f\colon Y\to E$ bijektiv und daher biholomorph, q.e.d.

27.4. Wir werden aus Satz (27.3) den allgemeinen Riemannschen Abbildungssatz durch ein Ausschöpfungsverfahren ableiten. Dazu brauchen wir noch einige Vorbereitungen.

Bezeichnung. Für $r \in]0, \infty]$ sei

$$E(r) := \{z \in \mathbb{C} : |z| < r\}.$$

Insbesondere ist also $E(1) = E$ der Einheitskreis und $E(\infty) = \mathbb{C}$ die ganze Zahlenebene.
Folgende Aussage ist eine einfache Folgerung aus der Cauchyschen Integralformel:
Sei $f: E(r) \to E(r')$ eine holomorphe Abbildung. Dann gilt

$$|f'(0)| \leq \frac{r'}{r}.$$

27.5. Hilfssatz. *Sei $G \subset \mathbb{C}$ ein Gebiet, so daß $\mathbb{C} \backslash G$ innere Punkte enthält und sei $w_0 \in G$. Dann ist die Menge*

$$\{f \in \mathcal{O}(E) : f(E) \subset G \quad \text{und} \quad f(0) = w_0\}$$

kompakt in $\mathcal{O}(E)$ bzgl. der Topologie der kompakten Konvergenz.

Beweis. Sei a ein innerer Punkt von $\mathbb{C} \backslash G$. Dann wird durch $z \mapsto \dfrac{1}{z-a}$ das Gebiet G biholomorph auf ein Teilgebiet einer Kreisscheibe $E(r)$ mit $r < \infty$ abgebildet. Die Behauptung folgt deshalb aus dem Satz von Montel.

27.6. Satz. *Die Menge $\mathfrak{S}$ aller schlichten (= injektiven) holomorphen Funktionen $f: E \to \mathbb{C}$ mit $f(0) = 0$ und $f'(0) = 1$ ist kompakt in $\mathcal{O}(E)$.*

Beweis. a) Sei $(f_n)_{n \in \mathbb{N}}$ eine Folge von Funktionen aus $\mathfrak{S}$. Es ist zu zeigen, daß es eine Teilfolge davon gibt, die gegen eine Funktion $f \in \mathfrak{S}$ konvergiert.

Wir bezeichnen mit r_n den maximalen Radius, so daß $E(r_n) \subset f_n(E)$. Es gilt $r_n \leq 1$, denn die Umkehrabbildung φ_n von f_n bildet $E(r_n)$ in E ab und daraus folgt $1 = \varphi_n'(0) \leq 1/r_n$.
Wir wählen einen Punkt $a_n \in \partial E(r_n)$ mit $a_n \notin f_n(E)$ und setzen $g_n := f_n/a_n$. Dann gilt

$$E \subset g_n(E) \quad \text{und} \quad 1 \notin g_n(E).$$

b) Da $g_n(E)$ homöomorph zu E und daher einfach zusammenhängend ist, gibt es eine holomorphe Funktion $\psi: g_n(E) \to \mathbb{C}^*$ mit $\psi(0) = i$ und $\psi(z)^2 = z - 1$ für alle $z \in g_n(E)$. Wir setzen $h_n := \psi \circ g_n$. Es gilt also $h_n^2 = g_n - 1$.
Behauptung: Aus $w \in h_n(E)$ folgt $-w \notin h_n(E)$.
Denn angenommen, es wäre $w = h_n(z_1)$ und $-w = h_n(z_2)$ mit z_1, $z_2 \in E$. Wegen

$w^2 = (-w)^2$ folgte daraus $g_n(z_1) = g_n(z_2)$ und, da g_n injektiv ist, $z_1 = z_2$, also $w = -w$, Widerspruch!

c) Weil $E \subset g_n(E)$, ist $U := \psi(E) \subset h_n(E)$. Daraus folgt $(-U) \cap h_n(E) = \emptyset$. Nach Hilfssatz (27.5) besitzt die Folge (h_n) eine konvergente Teilfolge. Da $f_n = a_n(1 + h_n^2)$ und $|a_n| \leq 1$ für alle n, besitzt auch die Folge (f_n) eine konvergente Teilfolge (f_{n_k}), die gegen eine gewisse Funktion $f: E \to \mathbb{C}$ konvergiert. Natürlich gilt wieder $f(0) = 0$ und $f'(0) = 1$, also ist f nicht konstant.

d) Es bleibt noch zu zeigen, daß f auch schlicht ist. Andernfalls gäbe es ein $a \in \mathbb{C}$, so daß $f - a$ mindestens zwei Nullstellen in E hätte. Man könnte dann ein $r < 1$ finden, so daß $f - a$ in $E(r)$ mit Vielfachheit gerechnet $k \geq 2$ Nullstellen hat und auf $\partial E(r)$ nirgends verschwindet. Dann gilt

$$k = \frac{1}{2\pi i} \int_{|z|=r} \frac{f'(z)}{f(z) - a} dz.$$

Daraus folgt, daß jede Funktion, die hinreichend nahe bei f liegt, den Wert a ebenfalls k-mal annimmt. Dies steht aber im Widerspruch zur Schlichtheit der Funktionen f_{n_k}.

27.7. Lemma. *Sei* $R \in]0, \infty]$ *und* Y *ein echtes Teilgebiet von* $E(R)$ *mit* $0 \in Y$ *und* $\mathrm{Rh}^1_{\mathcal{O}}(Y) = 0$. *Dann gibt es ein* $r < R$ *und eine holomorphe Abbildung* $f: Y \to E(r)$ *mit* $f(0) = 0$ *und* $f'(0) = 1$.

Beweis. Wir betrachten zunächst den Fall $R < \infty$. O.B.d.A. ist $R = 1$, also $Y \subset E$. Nach Voraussetzung gibt es einen Punkt $a \in E \setminus Y$. Sei $\varphi: E \to E$ die durch

$$\varphi(z) := \frac{z - a}{1 - \bar{a}z}$$

definierte biholomorphe Abbildung. Es gilt $0 \notin \varphi(Y)$, also gibt es nach Lemma (27.2) eine Funktion $g \in \mathcal{O}(Y)$ mit $g^2 = \varphi | Y$. Es gilt $g(Y) \subset E$. Wir setzen

$$\psi(z) := \frac{z - b}{1 - \bar{b}z}, \text{ wobei } b := g(0).$$

Für die Abbildung $h := \psi \circ g: Y \to E$ gilt dann $h(0) = 0$ und

$$\gamma := h'(0) = \psi'(b) g'(0) = \psi'(b) \frac{\varphi'(0)}{2g(0)} = \frac{1}{1 - |b|^2} \cdot \frac{1 - |a|^2}{2b} = \frac{1 + |b|^2}{2b},$$

da $b^2 = -a$. Daraus folgt $|\gamma| > 1$. Setzt man daher $r := 1/|\gamma|$ und $f := h/\gamma$, so ist $f: Y \to E(r)$ eine Abbildung mit den gewünschten Eigenschaften.
Der Fall $R = \infty$ wird ähnlich bewiesen.

27.8. Lemma. *Sei* X *eine nicht-kompakte Riemannsche Fläche mit* $\mathrm{Rh}^1_{\mathcal{O}}(X) = 0$ *und* $Y \subset X$ *ein Rungesches Gebiet. Dann gilt auch* $\mathrm{Rh}^1_{\mathcal{O}}(Y) = 0$.

Beweis. Sei $\omega\in\Omega(Y)$ eine beliebige holomorphe Differentialform auf Y. Es ist zu zeigen, daß ω eine Stammfunktion besitzt. Wir wählen nach Corollar (26.6) eine holomorphe Differentialform ω_0 auf X ohne Nullstellen. Dann läßt sich schreiben als $\omega=f\omega_0$ mit $f\in\mathcal{O}(Y)$. Nach dem Rungeschen Approximationssatz gibt es eine Folge $f_n\in\mathcal{O}(X)$, $n\in\mathbb{N}$, die auf Y kompakt gegen f konvergiert. Für jede geschlossene Kurve α in Y konvergieren deshalb die Integrale $\int_\alpha f_n\omega_0$ gegen $\int_\alpha\omega$. Da jede Differentialform $f_n\omega_0$ auf X eine Stammfunktion besitzt, ist $\int_\alpha f_n\omega_0=0$, also auch $\int_\alpha\omega=0$. Da alle Perioden von ω verschwinden, besitzt ω nach Satz (10.15) eine Stammfunktion, q.e.d.

27.9. Riemannscher Abbildungssatz. *Sei X eine Riemannsche Fläche mit* $\mathrm{Rh}^1_{\mathcal{O}}(X)=0$. *Dann läßt sich X biholomorph auf die Riemannsche Zahlenkugel $\mathbb{P}_1$, auf die Gaußsche Zahlenebene $\mathbb{C}$ oder auf den Einheitskreis E abbilden.*

Wie bereits in (27.1) erwähnt, ist die Voraussetzung $\mathrm{Rh}^1_{\mathcal{O}}(X)=0$ für einfach zusammenhängendes X erfüllt. Da $\mathbb{P}_1$, $\mathbb{C}$ und E einfach zusammenhängend sind, folgt aus dem Satz umgekehrt die Implikation $\mathrm{Rh}^1_{\mathcal{O}}(X)=0\Rightarrow\pi_1(X)=0$.

Beweis. a) Ist X kompakt, so ist jede holomorphe Funktion auf X konstant, also $d\mathcal{O}(X)=0$. Deshalb folgt aus $\mathrm{Rh}^1_{\mathcal{O}}(X)=0$, daß $\Omega(X)=0$, d.h. X hat das Geschlecht 0. Nach Corollar (16.13) ist X dann isomorph zu $\mathbb{P}_1$.

b) Wir können also voraussetzen, daß X nicht-kompakt ist. Nach Satz (23.9) gibt es eine Ausschöpfung $Y_0\subset\subset Y_1\subset\subset Y_2\subset\subset\cdots$ von X durch Rungesche Gebiete Y_n, deren Rand regulär bzgl. des Dirichletschen Randwertproblems ist. Nach Lemma (27.8) gilt $\mathrm{Rh}^1_{\mathcal{O}}(Y_n)=0$ für alle n, also läßt sich jedes Y_n nach Satz (27.3) biholomorph auf den Einheitskreis abbilden. Wir wählen einen Punkt $a\in Y_0$ und eine Koordinatenumgebung (U,z) von a. Es gibt dann reelle Zahlen $r_n>0$ und biholomorphe Abbildungen

$$f_n: Y_n\to E(r_n)$$

mit

$$f_n(a)=0 \quad\text{und}\quad \frac{df_n}{dz}(a)=1.$$

c) Es gilt $r_n\le r_{n+1}$ für alle n. Für die Abbildung

$$h:=f_{n+1}\circ f_n^{-1}: E(r_n)\to E(r_{n+1})$$

gilt nämlich $h(0)=0$ und $h'(0)=1$ und nach der Bemerkung in (27.4) ist $1=h'(0)\le r_{n+1}/r_n$. Sei

$$R:=\lim_{n\to\infty} r_n\in]0,\infty].$$

Wir werden zeigen, daß sich X biholomorph auf $E(R)$ abbilden läßt.

d) *Behauptung*. Es gibt eine Teilfolge $(f_{n_k})_{k\in\mathbb{N}}$ der Folge $(f_n)_{n\in\mathbb{N}}$, so daß für jedes m die Folge $(f_{n_k}|Y_m)_{k\geq m}$ auf Y_m kompakt konvergiert.
Die Abbildung $z\mapsto f_0^{-1}(r_0 z)$ bildet E biholomorph auf Y_0 ab. Setzt man

$$g_n(z) := \frac{1}{r_0} f_n(f_0^{-1}(r_0 z)), \; (n\geq 0),$$

so ist $g_n: E\to\mathbb{C}$ eine schlichte holomorphe Funktion mit $g_n(0)=0$ und $g_n'(0)=1$. Aus Satz (27.6) ergibt sich daher die Existenz einer Teilfolge $(f_{n_{0k}})_{k\in\mathbb{N}}$ der Folge (f_n), die auf Y_0 kompakt konvergiert. Mit demselben Schluß können wir aus dieser Teilfolge eine weitere Teilfolge $(f_{n_{1k}})$ auswählen, die auf Y_1 kompakt konvergiert. Durch Wiederholung dieses Verfahrens erhalten wir für jedes m eine Teilfolge $(f_{n_{mk}})$ der vorhergehenden Teilfolge, die auf Y_m kompakt konvergiert. Wir setzen $f_{n_k} := f_{n_{kk}}$. Die Folge $(f_{n_k})_{k\in\mathbb{N}}$ hat dann die behauptete Eigenschaft.
Es sei $f\in\mathcal{O}(X)$ der Limes der Folge (f_{n_k}), d.h. diejenige holomorphe Funktion auf X, die auf jedem Y_m mit dem Limes der Folge $(f_{n_k}|Y_m)_{k\geq m}$ übereinstimmt. Die Abbildung $f: X\to\mathbb{C}$ ist injektiv und es gilt

$$f(a)=0 \quad \text{und} \quad \frac{df}{dz}(a)=1.$$

e) *Behauptung*. Die Funktion f bildet X biholomorph auf $E(R)$ ab.
Da offensichtlich $f(X)\subset E(R)$, genügt es zu zeigen, daß $f: X\to E(R)$ surjektiv ist. Angenommen, dies sei nicht der Fall. Dann gibt es nach Lemma (27.7) ein $r<R$ und eine holomorphe Abbildung $g: f(X)\to E(r)$ mit $g(0)=0$ und $g'(0)=1$. Sei n so groß, daß $r_n>r$. Für die Abbildung

$$h := g\circ f\circ f_n^{-1} : E(r_n)\to E(r)$$

gilt $h(0)=0$ und $h'(0)=1$. Wegen $r<r_n$ ist dies unmöglich. Deshalb ist $f: X\to E(R)$ surjektiv und der Riemannsche Abbildungssatz bewiesen.

27.10. Sei X eine Riemannsche Fläche und $p: \tilde{X}\to X$ ihre universelle Überlagerung. Da $\tilde{X}$ einfach zusammenhängt, läßt sich auf $\tilde{X}$ der Riemannsche Abbildungssatz anwenden. Man nennt X *elliptisch*, *parabolisch* bzw. *hyperbolisch*, je nachdem die universelle Überlagerung zu $\mathbb{P}_1$, $\mathbb{C}$ oder E isomorph ist.
Sei $G=\text{Deck}(\tilde{X}/X)$ die Decktransformationsgruppe der universellen Überlagerung. Jedes $\sigma\in G$ ist ein Automorphismus von $\tilde{X}$, d.h. eine biholomorphe Abbildung von $\tilde{X}$ auf sich. Die Gruppe G wirkt fixpunktfrei und diskret auf $\tilde{X}$, d.h.:

i) Ist $\sigma\in G\setminus\{id\}$, so gilt $\sigma x\neq x$ für alle $x\in\tilde{X}$.

ii) Für jedes $x\in\tilde{X}$ ist die Bahn

$$Gx := \{\sigma x : \sigma\in G\}$$

eine diskrete Teilmenge von $\tilde{X}$.

Die Eigenschaft i) folgt daraus, daß eine Decktransformation schon eindeutig bestimmt ist, wenn man für einen Punkt den Bildpunkt kennt und ii) gilt, weil die universelle Überlagerung $p:\tilde{X}\to X$ galoissch und deswegen $Gx=p^{-1}(p(x))$ ist.

Man kann die Riemannsche Fläche X als Quotient von $\tilde{X}$ modulo G auffassen, d.h. zwei Punkte von $\tilde{X}$ sind zu identifizieren, wenn sie durch ein Element $\sigma\in G$ ineinander transformiert werden können. Jede hyperbolische Riemannsche Fläche ist also ein Quotient des Einheitskreises E modulo einer fixpunktfrei und diskret operierenden Gruppe von Automorphismen von E.

27.11. Hilfssatz. a) *Jeder Automorphismus von $\mathbb{P}_1$ hat einen Fixpunkt.*

b) *Sei G eine Gruppe von Automorphismen von $\mathbb{C}$, die fixpunktfrei und diskret wirkt. Dann tritt einer der folgenden drei Fälle ein:*

i) $G=\{id\}$.

ii) *G besteht aus allen Translationen der Gestalt*

$$z\mapsto z+n\gamma,\ n\in\mathbb{Z},$$

wobei γ eine feste von Null verschiedene komplexe Zahl ist.

iii) *G besteht aus allen Translationen der Gestalt*

$$z\mapsto z+n\gamma_1+m\gamma_2,\ n,m\in\mathbb{Z},$$

wobei γ_1, γ_2 zwei feste, reell linear unabhängige komplexe Zahlen sind.

Beweis. a) Die Automorphismen von $\mathbb{P}_1$ sind bekanntlich gebrochen lineare Abbildungen der Gestalt

$$z\mapsto\frac{az+b}{cz+d},\ ad-bc\neq 0.$$

Jede solche Transformation hat mindestens einen Fixpunkt.

b) Die Automorphismen von $\mathbb{C}$ sind affin-lineare Abbildungen der Gestalt

$$z\mapsto az+b,\quad a\in\mathbb{C}^*, b\in\mathbb{C}.$$

Falls $a\neq 1$, hat diese Transformation einen Fixpunkt. Die Gruppe G besteht also nur aus Translationen $z\mapsto z+b$. Sei Γ die Bahn des Nullpunkts unter G. Dann ist Γ eine diskrete additive Untergruppe von $\mathbb{C}$ und G besteht aus allen Translationen $z\mapsto z+b$ mit $b\in\Gamma$. Sei $V\subset\mathbb{C}$ der kleinste $\mathbb{R}$-Untervektorraum, der Γ umfaßt. Je nachdem, ob $\dim_{\mathbb{R}}V$ gleich 0, 1 oder 2 ist, treten nun die Fälle i), ii) oder iii) auf. Dies folgt aus Satz (21.1).

27.12. Satz. a) *Die Riemannsche Zahlenkugel $\mathbb{P}_1$ ist eine elliptische Riemannsche Fläche.*

b) *Die Gaußsche Zahlenebene $\mathbb{C}$, die punktierte Ebene $\mathbb{C}^*$, sowie alle Tori $\mathbb{C}/\Gamma$ sind parabolische Riemannsche Flächen.*

c) *Jede Riemannsche Fläche, die zu keiner der unter a) und b) genannten Typen isomorph ist, ist hyperbolisch.*

Insbesondere ist also eine kompakte Riemannsche Fläche elliptisch, parabolisch oder hyperbolisch, je nachdem ihr Geschlecht null, eins oder größer als eins ist.

Bemerkung. Kompakte Riemannsche Flächen vom Geschlecht eins werden auch *elliptische Kurven* genannt. Dies kann leicht zu Verwechslungen mit der obigen Terminologie führen. Deshalb wird die Bezeichnung elliptische Riemannsche Fläche für $\mathbb{P}_1$ nur selten verwendet.

Beweis. Die Aussagen a) und b) sind klar. Es bleibt zu zeigen: Ist X eine nicht hyperbolische Riemannsche Fläche, so ist X isomorph zu einer der unter a) und b) genannten Typen.

1. Fall. Die universelle Überlagerung von X ist isomorph zu $\mathbb{P}_1$. Dann folgt aus Hilfssatz (27.11.a), daß X selbst isomorph zu $\mathbb{P}_1$ ist.

2. Fall. Die universelle Überlagerung von X ist isomorph zu $\mathbb{C}$. Für die Decktransformationsgruppe G kommen nach (27.11.b) die Möglichkeiten i), ii) und iii) in Frage. Im Fall i) ist X isomorph zu $\mathbb{C}$ und im Fall ii) isomorph zu $\mathbb{C}^*$, denn dann ist die Überlagerung isomorph zu

$$\mathbb{C} \to \mathbb{C}^*, \quad z \mapsto \exp\left(\frac{2\pi i}{\gamma} z\right).$$

Im Fall iii) schließlich ist X ein Torus.

Eine einfache Folgerung ist der sog. kleine Satz von Picard.

27.13. Satz. *Sei $f: \mathbb{C} \to \mathbb{C}$ eine nicht-konstante holomorphe Funktion. Dann nimmt f jeden Wert $c \in \mathbb{C}$ mit höchstens einer Ausnahme an.*

Beweis. Annahme: f läßt zwei Werte $a, b \in \mathbb{C}, a \neq b$, aus. Die Riemannsche Fläche $X := \mathbb{C} \setminus \{a, b\}$ ist nach Satz (27.12) hyperbolisch. Wir können die Abbildung $f: \mathbb{C} \to X$ zu einer Abbildung $\tilde{f}: \mathbb{C} \to \tilde{X}$ in die universelle Überlagerung $\tilde{X}$ von X liften. Da $\tilde{X}$ isomorph zum Einheitskreis ist, folgt aus dem Satz von Liouville, daß $\tilde{f}$, also auch f konstant ist, Widerspruch!

§ 28. Funktionen zu vorgegebenen Automorphiesummanden

Wir hatten in § 10 gesehen, daß bei der Integration von Differentialformen auf einer Riemannschen Fläche X additiv automorphe Funktionen entstehen, deren Automorphiesummanden einen „Perioden-Homomorphismus" $\pi_1(X) \to \mathbb{C}$ bestimmen. Behnke-Stein [51] haben gezeigt, daß es umgekehrt auf einer nicht-kompakten Riemannschen Fläche X zu einem vorgegebenen Homomorphismus $\pi_1(X) \to \mathbb{C}$ stets eine holomorphe Differentialform mit diesen Perioden gibt. In diesem Paragraphen beweisen wir den Satz von Behnke-Stein, wobei wir gleich allgemeiner Funktionen mit nicht-konstanten Automorphiesummanden untersuchen.

28.1. Cohomologie von Gruppen. Sei G eine multiplikativ geschriebene Gruppe und A ein *G-Modul*, d.h. eine additive Abelsche Gruppe zusammen mit einer Abbildung

$$G \times A \to A, \quad (\sigma, a) \mapsto \sigma a$$

mit folgenden Eigenschaften:

i) $\sigma(a+b) = \sigma a + \sigma b$,
ii) $\sigma(\tau a) = (\sigma\tau) a$,
iii) $\varepsilon a = a$

für alle $\sigma, \tau \in G$ und $a, b \in A$. Dabei bezeichnet ε das Einselement von G. Eine Abbildung

$$G \to A, \quad \sigma \mapsto a_\sigma$$

heißt *verschränkter Homomorphismus*, falls

$$a_{\sigma\tau} = a_\sigma + \sigma a_\tau \quad \text{für alle} \quad \sigma, \tau \in G.$$

Falls G trivial auf A wirkt, d.h. $\sigma a = a$ für alle $\sigma \in G$, ist ein verschränkter Homomorphismus nichts anderes als ein gewöhnlicher Gruppen-Homomorphismus. Die Menge aller verschränkten Homomorphismen $G \to A$ bildet in natürlicher Weise eine additive Gruppe, die mit $Z^1(G, A)$ bezeichnet wird. Spezielle verschränkte Homomorphismen erhält man auf folgende Weise: Sei $f \in A$ ein festes Element und

$$a_\sigma := f - \sigma f \quad \text{für alle} \quad \sigma \in G.$$

Dann ist

$$a_{\sigma\tau} = f - \sigma\tau f = f - \sigma f + \sigma f - \sigma\tau f = (f - \sigma f) + \sigma(f - \tau f) = a_\sigma + \sigma a_\tau.$$

Die so entstehenden verschränkten Homomorphismen heißen *Coränder*. Sie bilden eine Untergruppe von $Z^1(G, A)$, die mit $B^1(G, A)$ bezeichnet wird. Die Quotientengruppe

$$H^1(G, A) := Z^1(G, A) / B^1(G, A)$$

heißt die *1. Cohomologiegruppe* von G mit Koeffizienten im G-Modul A.

28.2. Automorphiesummanden. Sei $p: Y \to X$ eine holomorphe, unverzweigte, unbegrenzte Überlagerungsabbildung Riemannscher Flächen und $G := \operatorname{Deck}(Y/X)$ die Gruppe ihrer Decktransformationen. Dann ist $\mathcal{O}(Y)$ ein G-Modul, wenn man für $\sigma \in G$ und $f \in \mathcal{O}(Y)$ die Funktion $\sigma f \in \mathcal{O}(Y)$ definiert durch $\sigma f := f \circ \sigma^{-1}$. Die Differenzen

$$a_\sigma := f - \sigma f \in \mathcal{O}(Y), \quad \sigma \in G,$$

heißen die *Automorphiesummanden* von f. Nach (28.1) definieren die Automorphiesummanden von f einen verschränkten Homomorphismus

$$G \to \mathcal{O}(Y), \quad \sigma \mapsto a_\sigma .$$

Ist die Überlagerung galoissch (Definition 5.5) und sind alle Automorphiesummanden einer Funktion $f \in \mathcal{O}(Y)$ gleich null, so liegt die Funktion f im Unterring $p^* \mathcal{O}(X) \subset \mathcal{O}(Y)$ und kann deshalb mit einer Funktion auf X identifiziert werden.
Analoge Betrachtungen kann man für die meromorphen Funktionen $\mathcal{M}(Y)$ und für die differenzierbaren Funktionen $\mathcal{E}(Y)$ anstellen.

28.3. Galoissche Überlagerungen. Wir übernehmen die Bezeichnungen von (28.2) und setzen voraus, daß $p: Y \to X$ galoissch ist. Jeder Punkt $x \in X$ besitzt eine zusammenhängende offene Umgebung U, so daß

$$p^{-1}(U) = \bigcup_{\lambda \in \Lambda} V_\lambda ,$$

wobei die V_λ disjunkte offene Teilmengen von Y und alle Abbildungen $p | V_\lambda \to U$ Homöomorphismen sind. Wir konstruieren nun einen Homöomorphismus

$$\varphi : p^{-1}(U) \to U \times G ,$$

wobei G die diskrete Topologie trage, auf folgende Weise: Wir wählen einen Index $\lambda_0 \in \Lambda$. Dann gibt es zu jedem $\lambda \in \Lambda$ genau ein $\sigma \in G$, so daß $\sigma(V_{\lambda_0}) = V_\lambda$. Für $y \in V_\lambda$ setzen wir $\varphi(y) := (p(y), \sigma)$. Dadurch wird V_λ homöomorph auf $U \times \{\sigma\}$ abgebildet, woraus folgt, daß φ ein Homöomorphismus ist. Die Abbildung φ ist fasertreu, d.h. das Diagramm

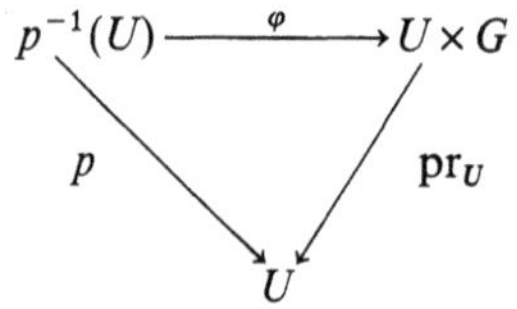

kommutiert. Außerdem ist φ mit der Wirkung von G verträglich, d.h. aus $\varphi(y) = (x, \sigma)$ folgt $\varphi(\tau y) = (x, \tau\sigma)$ für alle $\tau \in G$. Wir nennen einen fasertreuen, mit der Wirkung von G verträglichen Homöomorphismus

$$\varphi : p^{-1}(U) \to U \times G$$

eine *G-Karte* der galoisschen Überlagerung $p: Y \to X$. Eine G-Karte besitzt eine

Komponentenzerlegung $\varphi=(p,\eta)$, wobei $\eta: p^{-1}(U)\to G$ eine Abbildung ist, für die gilt

$$\eta(\tau y)=\tau\eta(y) \quad \text{für alle} \quad y\in p^{-1}(U) \quad \text{und} \quad \tau\in G.$$

28.4. Satz. *Seien X, Y nicht-kompakte Riemannsche Flächen, $p: Y\to X$ eine holomorphe, unverzweigte, unbegrenzte galoissche Überlagerung und $G=\mathrm{Deck}(Y/X)$ die Gruppe ihrer Decktransformationen. Dann gibt es zu jedem verschränkten Homomorphismus*

$$G\to\mathcal{O}(Y), \quad \sigma\mapsto a_\sigma,$$

eine holomorphe Funktion $f\in\mathcal{O}(Y)$ mit den Automorphiesummanden a_σ.

Bemerkung. Satz (28.4) bedeutet, daß $H^1(G,\mathcal{O}(Y))=0$. Der Satz gilt auch für beliebige Steinsche Mannigfaltigkeiten (Stein [62], Serre [59]).

Beweis. a) Es gibt eine offene Überdeckung $\mathfrak{U}=(U_i)_{i\in I}$ von X und G-Karten

$$\varphi_i=(p,\eta_i): p^{-1}(U_i)\to U_i\times G.$$

Wir definieren nun auf $Y_i:=p^{-1}(U_i)$ Funktionen $f_i: Y_i\to\mathbb{C}$ durch

$$f_i(y):=a_{\eta_i(y)}(y) \quad \text{für alle} \quad y\in Y_i.$$

Es ist klar, daß f_i holomorph auf Y_i ist.

b) Wir zeigen jetzt, daß $f_i-\sigma f_i=a_\sigma$ auf Y_i für alle $\sigma\in G$.

Für $y\in Y_i$ gilt nach Definition

$$(\sigma f_i)(y)=f_i(\sigma^{-1}y)=a_{\eta_i(\sigma^{-1}y)}(\sigma^{-1}y)=a_{\sigma^{-1}\eta_i(y)}(\sigma^{-1}y).$$

Aus der Beziehung $a_{\sigma\tau}=a_\sigma+\sigma a_\tau$ folgt mit $\tau:=\sigma^{-1}\eta_i(y)$

$$\begin{aligned} a_\sigma(y)&=a_{\sigma\tau}(y)-a_\tau(\sigma^{-1}y)\\ &=a_{\eta_i(y)}(y)-a_{\sigma^{-1}\eta_i(y)}(\sigma^{-1}y)=f_i(y)-(\sigma f_i)(y). \end{aligned}$$

Die Funktionen f_i zeigen also auf Y_i bereits das gewünschte Automorphieverhalten.

c) Die Differenzen $g_{ij}:=f_i-f_j\in\mathcal{O}(Y_i\cap Y_j)$ sind nach b) gegenüber Decktransformationen invariant, können also als Elemente $g_{ij}\in\mathcal{O}(U_i\cap U_j)$ aufgefaßt werden. Da trivialerweise $g_{ij}+g_{jk}=g_{ik}$ auf dem dreifachen Durchschnitt, ist die Familie (g_{ij}) ein Cozyklus aus $Z^1(\mathfrak{U},\mathcal{O})$. Wegen $H^1(X,\mathcal{O})=0$ zerfällt dieser Cozyklus, es gibt also Elemente $g_i\in\mathcal{O}(U_i)$ mit

$$g_{ij}=g_i-g_j \quad \text{über} \quad U_i\cap U_j.$$

Wir fassen die g_i als gegen Decktransformationen invariante Funktionen auf Y_i auf. Für die Funktionen

$$\tilde{f}_i:=f_i-g_i\in\mathcal{O}(Y_i)$$

gilt dann ebenfalls $\tilde{f}_i - \sigma\tilde{f}_i = a_\sigma$ für alle $\sigma\in G$. Über dem Durchschnitt $Y_i \cap Y_j$ gilt

$$\tilde{f}_i - \tilde{f}_j = f_i - f_j - (g_i - g_j) = g_{ij} - (g_i - g_j) = 0,$$

d.h. die $\tilde{f}_i$ setzen sich zu einer globalen Funktion $f\in\mathcal{O}(Y)$ mit $f - \sigma f = a_\sigma$ für alle $\sigma\in G$ zusammen, q.e.d.

28.5. Satz. *Seien X, Y Riemannsche Flächen, $p: Y\to X$ eine holomorphe, unverzweigte, unbegrenzte, galoissche Überlagerung und $G = \mathrm{Deck}(Y/X)$ die Gruppe ihrer Decktransformationen. Dann gibt es zu jedem verschränkten Homomorphismus*

$$G \to \mathcal{E}(Y), \quad \sigma \mapsto a_\sigma,$$

eine differenzierbare Funktion $f\in\mathcal{E}(Y)$ mit den Automorphiesummanden a_σ.

Beweis. Dies wird ebenso bewiesen wie Satz (28.4), wobei nur die Garbe $\mathcal{O}$ durch die Garbe $\mathcal{E}$ ersetzt wird. Dies ist möglich, da $H^1(X,\mathcal{E}) = 0$ für jede Riemannsche Fläche, unabhängig davon, ob sie kompakt ist oder nicht (Satz 12.6).

28.6. Satz (Behnke-Stein). *Sei X eine nicht-kompakte Riemannsche Fläche und*

$$\pi_1(X) \to \mathbb{C}, \quad \sigma\mapsto a_\sigma,$$

ein Gruppenhomomorphismus. Dann gibt es eine holomorphe Differentialform $\omega\in\Omega(X)$ mit

$$\int_\sigma \omega = a_\sigma \quad \textit{für alle} \quad \sigma\in\pi_1(X).$$

Beweis. Für die universelle Überlagerung $p: \tilde{X}\to X$ gilt $\mathrm{Deck}(\tilde{X}/X) \cong \pi_1(X)$. Nach Satz (28.5) gibt es eine holomorphe Funktion $F\in\mathcal{O}(\tilde{X})$ mit den konstanten Automorphiesummanden a_σ. Das Differential dF kann nach Satz (10.13) als holomorphe Differentialform auf X aufgefaßt werden und hat die Perioden a_σ.

28.7. Satz. *Sei X eine kompakte Riemannsche Fläche und*

$$\pi_1(X) \to \mathbb{C}, \quad \sigma\mapsto a_\sigma,$$

ein Gruppenhomomorphismus. Dann gibt es genau eine harmonische Differentialform $\omega\in\mathrm{Harm}^1(X)$ mit

$$\int_\sigma \omega = a_\sigma \quad \textit{für alle} \quad \sigma\in\pi_1(X).$$

Beweis. Analog zu (28.6) folgt aus Satz (28.5) die Existenz einer geschlossenen Differentialform $\tilde{\omega}\in\mathcal{E}^{(1)}(X)$ mit

$$\int_\sigma \tilde{\omega} = a_\sigma \quad \text{für alle} \quad \sigma\in\pi_1(X).$$

Nach Satz (19.12) gibt es eine harmonische Differentialform $\omega\in\mathrm{Harm}^1(X)$ und eine Funktion $f\in\mathcal{E}(X)$ mit

$$\tilde{\omega} = \omega + df.$$

Natürlich haben $\tilde{\omega}$ und ω dieselben Perioden. Die Eindeutigkeit folgt aus (19.8).

§ 29. Geraden- und Vektorraumbündel

Bei manchen Problemen der Analysis auf Mannigfaltigkeiten tritt folgende Situation auf: Jedem Punkt x einer Mannigfaltigkeit X ist ein Vektorraum E_x zugeordnet. Die Vektorräume E_x hängen noch in gewisser Weise stetig (oder wenn etwa X eine Riemannsche Fläche ist, holomorph) von x ab. Man spricht dann von einem Vektorraumbündel auf X. Diesen Begriff werden wir jetzt präzisieren.

29.1. Definition. Seien E und X topologische Räume sowie $p: E \to X$ eine stetige Abbildung. Jede Faser $E_x := p^{-1}(x)$ trage die Struktur eines n-dimensionalen $\mathbb{C}$-Vektorraums. Man nennt $p: E \to X$ oder kurz E ein *Vektorraumbündel* vom Rang n über X, wenn gilt: Zu jedem Punkt $a \in X$ gibt es eine offene Umgebung U und einen Homöomorphismus h von $E_U := p^{-1}(U)$ auf $U \times \mathbb{C}^n$ mit folgenden Eigenschaften:

i) h ist fasertreu, d.h. folgendes Diagramm ist kommutativ:

$$\begin{array}{ccc} E_U & \xrightarrow{\;h\;} & U \times \mathbb{C}^n \\ & {\scriptstyle p}\searrow \quad \swarrow{\scriptstyle \mathrm{pr}_U} & \\ & U & \end{array}$$

ii) Für jedes $x \in U$ ist die Abbildung $h|E_x$ ein Vektorraum-Isomorphismus von E_x auf $\{x\} \times \mathbb{C}^n \cong \mathbb{C}^n$.

Die Abbildung $h: E_U \to U \times \mathbb{C}^n$ heißt *lineare Karte* von E über U.

Ist $\mathfrak{U} = (U_i)_{i \in I}$ eine offene Überdeckung von X und sind $h_i: E_{U_i} \to U_i \times \mathbb{C}^n$ lineare Karten, so heißt die Familie der h_i ein *Atlas* von E.

29.2. Definition. Ein n-rangiges Vektorraumbündel heißt *trivial*, wenn es eine globale lineare Karte $h: E \to X \times \mathbb{C}^n$ gibt.

Man kann also sagen, daß ein Vektorraumbündel stets lokal trivial ist. Bei lokalen Untersuchungen liefert also der Begriff des Vektorraumbündels nichts Neues; er spielt erst bei globalen Problemen eine Rolle.

29.3. Definition. Unter einem *Geradenbündel* versteht man ein Vektorraumbündel vom Rang eins.

29.4. Satz. *Sei $E \to X$ ein n-rangiges Vektorraumbündel über dem topologischen Raum X und $h_i: E_{U_i} \to U_i \times \mathbb{C}^n$, $i \in I$, ein Atlas von E. Dann gibt es eindeutig bestimmte stetige Abbildungen*

$$g_{ij}: U_i \cap U_j \to \mathrm{GL}(n, \mathbb{C}),$$

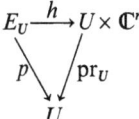

so daß für die Abbildungen

$$\varphi_{ij} := h_i \circ h_j^{-1} : (U_i \cap U_j) \times \mathbb{C}^n \to (U_i \cap U_j) \times \mathbb{C}^n$$

gilt

$$\varphi_{ij}(x,t) = (x, g_{ij}(x)t) \quad \textit{für alle} \quad (x,t) \in (U_i \cap U_j) \times \mathbb{C}^n.$$

Über $U_i \cap U_j \cap U_k$ besteht die „Cozyklenrelation"

$$g_{ij} g_{jk} = g_{ik}.$$

Bezeichnung. Die Abbildungen g_{ij} heißen *Übergangsfunktionen*, die Familie (g_{ij}) der dem Atlas (h_i) zugeordnete Cozyklus.

Beweis. Die Abbildung

$$\varphi_{ij} = h_i \circ h_j^{-1} : (U_i \cap U_j) \times \mathbb{C}^n \to (U_i \cap U_j) \times \mathbb{C}^n$$

ist ein fasertreuer Homöomorphismus und in jeder Faser ein Vektorraum-Isomorphismus. Deshalb gibt es zu jedem $x \in U_i \cap U_j$ eine Matrix $g_{ij}(x) \in \mathrm{GL}(n, \mathbb{C})$ mit

$$\varphi_{ij}(x,t) = (x, g_{ij}(x)t).$$

Daß die Zuordnung $x \mapsto g_{ij}(x)$ stetig ist, folgt daraus, daß φ_{ij} ein Homöomorphismus ist. Die Beziehung $g_{ij} g_{jk} = g_{ik}$ folgt aus der entsprechenden Beziehung für die Abbildungen φ_{ij}.

29.5. Definition. Sei X eine Riemannsche Fläche, $E \to X$ ein n-rangiges Vektorraumbündel über X und

$$\mathfrak{A} = \{h_i : E_{U_i} \to U_i \times \mathbb{C}^n, i \in I\}$$

ein Atlas von E. Der Atlas $\mathfrak{A}$ heißt *holomorph*, falls die zugehörigen Übergangsfunktionen

$$g_{ij} : U_i \cap U_j \to \mathrm{GL}(n, \mathbb{C})$$

holomorph sind.

Zwei Atlanten $\mathfrak{A}, \mathfrak{A}'$ von E heißen holomorph verträglich, falls $\mathfrak{A} \cup \mathfrak{A}'$ ein holomorpher Atlas ist.

Man rechnet leicht nach, daß die holomorphe Verträglichkeit eine Äquivalenzrelation ist. Eine Äquivalenzklasse holomorph verträglicher Atlanten heißt *holomorphe lineare Struktur*.

Ein *holomorphes Vektorraumbündel* auf einer Riemannschen Fläche X ist ein Vektorraumbündel $E \to X$, versehen mit einer holomorphen linearen Struktur. Ein holomorphes Vektorraumbündel $E \to X$ heißt *holomorph trivial*, falls seine holomorphe lineare Struktur einen Atlas enthält, der aus einer einzigen Karte $E \to X \times \mathbb{C}^n$ besteht.

29.6. Cozyklen. Sei X eine Riemannsche Fläche. Für U offen in X sei $\mathrm{GL}(n, \mathcal{O}(U))$ die Gruppe aller invertierbaren $n \times n$-Matrizen mit Koeffizienten aus $\mathcal{O}(U)$. Für $V \subset U$ hat man eine natürliche Beschränkungsabbildung $\mathrm{GL}(n, \mathcal{O}(U)) \to \mathrm{GL}(n, \mathcal{O}(V))$. Dadurch wird eine Garbe $\mathrm{GL}(n, \mathcal{O})$ von Gruppen (die für $n \geq 2$ nicht abelsch sind) auf X definiert. Ist $\mathfrak{U} = (U_i)_{i \in I}$ eine offene Überdeckung von X, so bezeichne $Z^1(\mathfrak{U}, \mathrm{GL}(n, \mathcal{O}))$ die Menge aller 1-Cozyklen mit Werten in $\mathrm{GL}(n, \mathcal{O})$ bzgl. $\mathfrak{U}$, d.h. aller Familien $(g_{ij})_{i,j \in I}$ mit

$$g_{ij} \in \mathrm{GL}(n, \mathcal{O}(U_i \cap U_j))$$

und

$$g_{ij} g_{jk} = g_{ik} \quad \text{über} \quad U_i \cap U_j \cap U_k$$

für alle $i, j, k \in I$. Man beachte, daß für $n \geq 2$ die Menge $Z^1(\mathfrak{U}, \mathrm{GL}(n, \mathcal{O}))$ keine Gruppe bzgl. komponentenweiser Multiplikation bildet.

Ist $\mathfrak{A}$ ein holomorpher Atlas eines Vektorraumbündels über X, so bildet die Familie der Übergangsfunktionen von $\mathfrak{A}$ einen Cozyklus mit Werten in $\mathrm{GL}(n, \mathcal{O})$. Umgekehrt kann man aus einem solchen Cozyklus stets ein holomorphes Vektorraumbündel konstruieren. Dies sagt der nächste Satz.

29.7. Satz. *Sei X eine Riemannsche Fläche, $\mathfrak{U} = (U_i)_{i \in I}$ eine offene Überdeckung von X und $(g_{ij}) \in Z^1(\mathfrak{U}, \mathrm{GL}(n, \mathcal{O}))$. Dann gibt es ein holomorphes n-rangiges Vektorraumbündel $p: E \to X$ und einen holomorphen Atlas*

$$\{h_i : E_{U_i} \to U_i \times \mathbb{C}^n, i \in I\}$$

von E, dessen Übergangsfunktionen die gegebenen g_{ij} sind.

Beweis. Es sei

$$E' := \bigcup_{i \in I} U_i \times \mathbb{C}^n \times \{i\} \subset X \times \mathbb{C}^n \times I.$$

Wir versehen E' mit der induzierten Topologie von $X \times \mathbb{C}^n \times I$, wobei I die diskrete Topologie trage. Auf E' führen wir folgende Äquivalenzrelation ein:

$$(x, t, i) \sim (x', t', j) \quad \Leftrightarrow \quad x = x' \quad \text{und} \quad t = g_{ij}(x) t'.$$

Aufgrund der Cozyklenrelation $g_{ij} g_{jk} = g_{ik}$ ist leicht nachzurechnen, daß dies tatsächlich eine Äquivalenzrelation ist. Es sei $E := E'/\sim$, versehen mit der Quotiententopologie und $\kappa: E' \to E$ die kanonische Quotientenabbildung. Da die Äquivalenzrelation mit der Projektion $E' \to X$ verträglich ist, wird eine stetige Abbildung $p: E \to X$ induziert. Die Fasern $p^{-1}(x)$ tragen in natürlicher Weise die Struktur eines n-dimensionalen $\mathbb{C}$-Vektorraums. Es gilt

$$E_{U_i} = p^{-1}(U_i) = \kappa(U_i \times \mathbb{C}^n \times \{i\})$$

und $\kappa | U_i \times \mathbb{C}^n \times \{i\} \to E_{U_i}$ ist ein Homöomorphismus. Lineare Karten $h_i: E_{U_i} \to U_i \times \mathbb{C}^n$ werden nun definiert als die Umkehrung dieses Homöomorphismus, gefolgt von der Identifikation $U_i \times \mathbb{C}^n \times \{i\} \cong U_i \times \mathbb{C}^n$. Aus der Konstruktion folgt, daß die Übergangsfunktionen des Atlas (h_i) die gegebenen g_{ij} sind.

29.8. Definition. Sei $p: E \to X$ ein Vektorraumbündel über einem topologischen Raum X und U eine Teilmenge von X. Unter einem *Schnitt* von E über U versteht man eine stetige Abbildung $f: U \to E$ mit $p \circ f = id_U$.

Die Bedingung $p \circ f = id_U$ besagt, daß f jedem $x \in U$ ein Element $f(x) \in E_x$ zuordnet. Ist $h_i: E_{U_i} \to U_i \times \mathbb{C}^n$ eine lineare Karte von E, so kann man dem Schnitt f eindeutig eine stetige Funktion $f_i: U_i \cap U \to \mathbb{C}^n$ zuordnen, so daß gilt

$$h_i(f(x)) = (x, f_i(x)) \quad \text{für alle} \quad x \in U_i \cap U.$$

Die Funktion f_i heißt Darstellung des Schnitts f bzgl. der Karte h_i.

29.9. Definition. Sei $p: E \to X$ ein holomorphes n-rangiges Vektorraumbündel über der Riemannschen Fläche X und $\{h_i: E_{U_i} \to U_i \times \mathbb{C}^n, i \in I\}$ ein Atlas der holomorphen linearen Struktur von E. Ein Schnitt $f: U \to E$ über einer offenen Teilmenge $U \subset X$ heißt *holomorph*, falls die Darstellung f_i von f bzgl. jeder Karte h_i eine holomorphe Funktion $f_i: U_i \cap U \to \mathbb{C}^n$ ist. (Natürlich ist f_i als n-tupel holomorpher Funktionen $U_i \cap U \to \mathbb{C}$ zu verstehen.)

Es ist klar, daß die Definition unabhängig von der Auswahl des Atlas ist. Die Menge aller holomorphen Schnitte von E über U bilden in natürlicher Weise einen Vektorraum, den wir mit $\mathcal{O}_E(U)$ bezeichnen. Mit den natürlichen Beschränkungsabbildungen erhält man so die Garbe $\mathcal{O}_E$ der holomorphen Schnitte von E.

Sei $(g_{ij}) \in Z^1(\mathfrak{U}, \mathrm{GL}(n, \mathcal{O}))$ der dem Atlas $\{h_i: E_{U_i} \to U_i \times \mathbb{C}^n, i \in I\}$ zugeordnete Cozyklus. Die Darstellungen $f_i: U_i \cap U \to \mathbb{C}^n$ eines Schnittes $f \in \mathcal{O}_E(U)$ genügen der Beziehung

$$(*) \qquad f_i(x) = g_{ij}(x) f_j(x) \quad \text{für alle} \quad x \in U_i \cap U_j \cap U.$$

Deshalb ist $\mathcal{O}_E(U)$ isomorph zum Vektorraum aller Familien $(f_i)_{i \in I}$,

$$f_i \in \mathcal{O}(U_i \cap U)^n,$$

die der Relation $(*)$ genügen. $\mathcal{O}_E(U_i)$ ist isomorph zu $\mathcal{O}(U_i)^n$. Ist E holomorph trivial, so ist die Garbe $\mathcal{O}_E$ isomorph zu $\mathcal{O}^n$.
Wir geben nun zwei wichtige Beispiele von holomorphen Geradenbündeln auf Riemannschen Flächen.

29.10. Das holomorphe Cotangentialbündel. Sei X eine Riemannsche Fläche und (U_i, z_i), $i \in I$, eine Überdeckung durch Koordinaten-Umgebungen. In $U_i \cap U_j$ ist $g_{ij} := \dfrac{dz_j}{dz_i}$ eine holomorphe Funktion ohne Nullstellen; die Familie (g_{ij}) definiert also einen Cozyklus aus $Z^1(\mathfrak{U}, \mathcal{O}^*)$ bzgl. der Überdeckung $\mathfrak{U}=(U_i)_{i\in I}$. Es sei $T^*(X)$ das dem Cozyklus (g_{ij}) zugeordnete Geradenbündel. $T^*(X)$ heißt das holomorphe *Cotangentialbündel* von X. Die Garbe der holomorphen Schnitte von $T^*(X)$ ist isomorph zur Garbe Ω der holomorphen Differentialformen auf X. Diese Isomorphie kann wie folgt beschrieben werden: Sei $\omega \in \Omega(U)$. Dann läßt sich ω über $U_i \cap U$ darstellen als $\omega = f_i dz_i$ mit $f_i \in \mathcal{O}(U_i \cap U)$. Über $U_i \cap U_j \cap U$ gilt $f_i = f_j \frac{dz_j}{dz_i} = g_{ij} f_j$, also definiert die Familie (f_i) einen holomorphen Schnitt von $T^*(X)$ über U. Umgekehrt liefert jede Familie (f_i) von holomorphen Funktionen $f_i \in \mathcal{O}(U_i \cap U)$ mit $f_i = g_{ij} f_j$ über $U_i \cap U_j \cap U$ eine Differentialform $\omega \in \Omega(U)$ mit $\omega = f_i dz_i$ über $U_i \cap U$.

29.11. Das Geradenbündel eines Divisors. Sei D ein Divisor auf einer Riemannschen Fläche X. Wir werden D ein holomorphes Geradenbündel E_D zuordnen, so daß die Garbe der holomorphen Schnitte von E_D isomorph zur Garbe $\mathcal{O}_D$ der meromorphen Vielfachen von $-D$ ist (vgl. 16.4). Es gibt eine offene Überdeckung $\mathfrak{U}=(U_i)_{i\in I}$ von X und meromorphe Funktionen $\psi_i \in \mathcal{M}(U_i)$ mit $(\psi_i) = D$ über U_i. Dann gilt

$$g_{ij} := \frac{\psi_i}{\psi_j} \in \mathcal{O}^*(U_i \cap U_j),$$

da ψ_i und ψ_j über $U_i \cap U_j$ die gleichen Null- und Polstellen haben. Die Familie der g_{ij} bildet einen Cozyklus $(g_{ij}) \in Z^1(\mathfrak{U}, \mathcal{O}^*)$. Sei E_D das diesem Cozyklus gemäß Satz (29.7) zugeordnete holomorphe Geradenbündel.

Sei U offen in X und $f \in \mathcal{O}_D(U)$, d.h. $(f) \geq -D$ über U. Dann gibt es holomorphe Funktionen $f_i \in \mathcal{O}(U_i \cap U)$, so daß $f = f_i/\psi_i$ über $U_i \cap U$. Über dem Durchschnitt $U_i \cap U_j \cap U$ gilt daher

$$\frac{f_i}{\psi_i} = \frac{f_j}{\psi_j}, \quad \text{also} \quad f_i = g_{ij} f_j.$$

Die Familie (f_i) definiert daher einen holomorphen Schnitt von E_D über U. Umgekehrt wird ein holomorpher Schnitt von E_D über U durch eine Familie (f_i) von holomorphen Funktionen $f_i \in \mathcal{O}(U_i \cap U)$ mit $f_i = g_{ij} f_j$ gegeben. Dann gilt $f_i/\psi_i = f_j/\psi_j$ über $U_i \cap U_j \cap U$, es gibt also eine meromorphe Funktion $f \in \mathcal{M}(U)$ mit $f = f_i/\psi_i$ über $U_i \cap U$ für alle $i \in I$. Deshalb ist $f \in \mathcal{O}_D(U)$.
Wir beweisen jetzt einige Aussagen über die Cohomologie mit Werten in der Garbe der holomorphen Schnitte eines Vektorraumbündels, die analog zu denen aus § 14 für die Garbe $\mathcal{O}$ sind. Zur Abwechslung verwenden wir diesmal zum Beweis andere Methoden.

29.12. Lemma. *Sei X eine Riemannsche Fläche, E ein holomorphes Vektorraumbündel über X und Y eine relativ-kompakte offene Teilmenge von X. Dann ist für jede offene Teilmenge $Y_0 \subset Y$ die Beschränkungsabbildung $H^1(Y, \mathcal{O}_E) \to H^1(Y_0, \mathcal{O}_E)$ surjektiv.*

Beweis. Es gibt endlich viele offene Mengen $U_i \subset X$, $i=1,\dots,r$, die biholomorph äquivalent zu offenen Mengen in $\mathbb{C}$ sind mit $Y = U_1 \cup \cdots \cup U_r$ und holomorphe lineare Karten $h_i : E_{U_i} \to U_i \times \mathbb{C}^n$. Für jede offene Teilmenge $V \subset U_i$ gilt dann

$$H^1(V, \mathcal{O}_E) \cong H^1(V, \mathcal{O})^n = 0,$$

vgl. Satz (26.1). Wir setzen

$$Y_k := Y_0 \cup \bigcup_{i=1}^{k} U_i.$$

Es genügt offenbar zu zeigen, daß die Abbildungen

$$H^1(Y_k, \mathcal{O}_E) \to H^1(Y_{k-1}, \mathcal{O}_E)$$

für $k=1,\dots,r$ surjektiv sind. Sei k festgehalten und

$$\begin{aligned} V_i &:= U_i \cap Y_{k-1} \quad &&\text{für} \quad i=1,\dots,r, \\ V_i' &:= V_i &&\text{für} \quad i \neq k \quad \text{und} \quad V_k' := U_k. \end{aligned}$$

Dann ist $\mathfrak{V} = (V_i)_{1 \le i \le r}$ eine Leraysche Überdeckung von Y_{k-1} und $\mathfrak{V}' = (V_i')_{1 \le i \le r}$ eine Leraysche Überdeckung von Y_k und es gilt $Z^1(\mathfrak{V}, \mathcal{O}_E) = Z^1(\mathfrak{V}', \mathcal{O}_E)$, da $V_i \cap V_j = V_i' \cap V_j'$ für alle $i \neq j$. Daher ist $H^1(\mathfrak{V}', \mathcal{O}_E) \to H^1(\mathfrak{V}, \mathcal{O}_E)$ surjektiv, q.e.d.

29.13. Satz. *Sei Y eine relativ-kompakte offene Teilmenge einer Riemannschen Fläche X und E ein holomorphes Vektorraumbündel über X. Dann ist $H^1(Y, \mathcal{O}_E)$ endlichdimensional.*

Beweis. Es gibt eine offene Menge Y' mit $Y \subset\subset Y' \subset\subset X$ und offene Mengen $V_i \subset\subset U_i$, $i=1,\dots,r$, in X mit folgenden Eigenschaften:

i) $\bigcup_{i=1}^{r} V_i = Y, \quad \bigcup_{i=1}^{r} U_i = Y'.$

ii) Jedes U_i ist biholomorph äquivalent zu einer offenen Teilmenge von $\mathbb{C}$.
iii) Über jedem U_i existiert eine holomorphe lineare Karte $h_i : E_{U_i} \to U_i \times \mathbb{C}^n$.

$\mathfrak{U} = (U_i)$ und $\mathfrak{V} = (V_i)$ sind Leraysche Überdeckungen von Y' bzw. Y bzgl. der Garbe $\mathcal{O}_E$. Nach Lemma (29.12) ist deshalb die Beschränkungsabbildung $H^1(\mathfrak{U}, \mathcal{O}_E) \to H^1(\mathfrak{V}, \mathcal{O}_E)$ surjektiv. Daraus folgt, daß die Abbildung

$$\begin{aligned} \varphi : C^0(\mathfrak{V}, \mathcal{O}_E) \times Z^1(\mathfrak{U}, \mathcal{O}_E) &\to Z^1(\mathfrak{V}, \mathcal{O}_E) \\ (\eta, \xi) &\mapsto \delta(\eta) + \beta(\xi) \end{aligned}$$

surjektiv ist, wobei $\beta : Z^1(\mathfrak{U}, \mathcal{O}_E) \to Z^1(\mathfrak{V}, \mathcal{O}_E)$ die Beschränkungsabbildung ist. Man kann $Z^1(\mathfrak{U}, \mathcal{O}_E), Z^1(\mathfrak{V}, \mathcal{O}_E)$ und $C^0(\mathfrak{V}, \mathcal{O}_E)$ folgendermaßen zu Fréchet-räumen machen: Es ist $\mathcal{O}_E(U_i \cap U_j) \cong \mathcal{O}(U_i \cap U_j)^n$ mit der Topologie der kompakten Konvergenz ein Fréchetraum, daher auch $C^1(\mathfrak{U}, \mathcal{O}_E) = \prod_{i,j} \mathcal{O}_E(U_i \cap U_j)$ mit der Produkttopologie. Man sieht leicht, daß $Z^1(\mathfrak{U}, \mathcal{O}_E)$ ein abgeschlossener Unterraum von $C^1(\mathfrak{U}, \mathcal{O}_E)$, also ebenfalls ein Fréchetraum ist. Analog führt man die

Topologie in $Z^1(\mathfrak{V}, \mathcal{O}_E)$ und $C^0(\mathfrak{V}, \mathcal{O}_E)$ ein. Mit dieser Topologie werden die Abbildungen $\delta: C^0(\mathfrak{V}, \mathcal{O}_E) \to Z^1(\mathfrak{V}, \mathcal{O}_E)$ und $\beta: Z^1(\mathfrak{U}, \mathcal{O}_E) \to Z^1(\mathfrak{V}, \mathcal{O}_E)$ stetig. Aus dem Satz von Montel folgt, daß β sogar kompakt ist. Deshalb ist auch

$$\begin{aligned}\psi: C^0(\mathfrak{V}, \mathcal{O}_E) \times Z^1(\mathfrak{U}, \mathcal{O}_E) &\to Z^1(\mathfrak{V}, \mathcal{O}_E)\\ (\eta, \xi) &\mapsto \beta(\eta)\end{aligned}$$

kompakt. Nach dem Satz von L. Schwartz (vgl. Anhang B.11) hat die Abbildung

$$\begin{aligned}\varphi - \psi: C^0(\mathfrak{V}, \mathcal{O}_E) \times Z^1(\mathfrak{U}, \mathcal{O}_E) &\to Z^1(\mathfrak{V}, \mathcal{O}_E)\\ (\eta, \xi) &\mapsto \delta\eta\end{aligned}$$

als Differenz einer surjektiven und einer kompakten stetigen linearen Abbildung zwischen Fréchetträumen ein Bild endlicher Codimension. Das Bild von $\varphi - \psi$ ist aber der Vektorraum $B^1(\mathfrak{V}, \mathcal{O}_E)$ aller Coränder in $Z^1(\mathfrak{V}, \mathcal{O}_E)$. Daher ist $H^1(Y, \mathcal{O}_E) \cong H^1(\mathfrak{V}, \mathcal{O}_E)$ endlich-dimensional.

29.14. Corollar. *Sei E ein holomorphes Vektorraumbündel auf einer kompakten Riemannschen Fläche X. Dann ist $H^1(X, \mathcal{O}_E)$ endlich-dimensional.*

29.15. Meromorphe Schnitte. Sei E ein n-rangiges holomorphes Vektorraumbündel über der Riemannschen Fläche X. Sei $U \subset X$ eine offene Menge, über der eine holomorphe lineare Karte $h: E_U \to U \times \mathbb{C}^n$ existiert und a ein Punkt von U. Ein Schnitt $f \in \mathcal{O}_E(U \setminus \{a\})$ wird bzgl. dieser Karte durch ein n-tupel holomorpher Funktionen $(f_1, \ldots, f_n) \in \mathcal{O}(U \setminus \{a\})^n$ dargestellt. Der Punkt a heißt *Pol der Ordnung m* von f, falls alle f_j in a einen Pol der Ordnung $\leq m$ oder eine hebbare Singularität haben und mindestens ein f_i in a einen Pol der Ordnung $= m$ hat. Diese Definition ist unabhängig von der Wahl der linearen Karte um a.

Unter einem *meromorphen Schnitt* von E über einer offenen Teilmenge $Y \subset X$ versteht man einen holomorphen Schnitt $f \in \mathcal{O}_E(Y')$ über einer offenen Teilmenge $Y' \subset Y$, so daß gilt:

i) $Y \setminus Y'$ ist eine diskrete Teilmenge von Y.
ii) f hat in jedem Punkt $a \in Y \setminus Y'$ einen Pol.

Ganz analog zu Satz (14.12) beweist man

29.16. Satz. *Sei E ein holomorphes Vektorraumbündel über einer Riemannschen Fläche X und Y eine relativ-kompakte offene Teilmenge von X. Dann gibt es zu jedem $a \in Y$ einen meromorphen Schnitt von E über Y, der in a einen Pol hat und in $Y \setminus \{a\}$ holomorph ist.*

29.17. Corollar. *Jedes holomorphe Vektorraumbündel über einer kompakten Riemannschen Fläche besitzt einen globalen meromorphen Schnitt, der nicht identisch verschwindet.*

29.18. Geradenbündel und Divisoren. Sei E ein holomorphes Geradenbündel über einer Riemannschen Fläche X und ψ ein globaler meromorpher Schnitt von E, der nicht identisch verschwindet. Dann ist der Divisor D von ψ wohldefiniert: Für $a \in X$ ist $D(a)$ die Ordnung von ψ in a bzgl. einer holomorphen linearen Karte von E in einer Umgebung von a. Diese Ordnung ist unabhängig von der Karte. Es gilt nun: Die Garbe $\mathcal{O}_E$ der holomorphen Schnitte von E ist isomorph zur Garbe $\mathcal{O}_D$ der meromorphen Vielfachen von $-D$. Ist nämlich $f \in \mathcal{M}(U)$ mit $(f) \geq -D$ über U, so ist $f\psi$ ein holomorpher Schnitt von E über U; umgekehrt ist für jeden Schnitt $\varphi \in \mathcal{O}_E(U)$ der Quotient $f = \varphi/\psi$ eine wohldefinierte meromorphe Funktion aus $\mathcal{M}(U)$ mit $(f) \geq -D$ über U.
Diese Überlegungen stellen in gewisser Weise die Umkehrung von (29.11) dar.

§ 30. Trivialität von Vektorraumbündeln

In diesem Paragraphen zeigen wir, daß auf einer nicht-kompakten Riemannschen Fläche jedes holomorphe Vektorraumbündel trivial ist. Dies benötigen wir im nächsten Paragraphen zur Behandlung des Riemann-Hilbertschen Problems.

30.1. Satz. *Sei E ein holomorphes Vektorraumbündel vom Rang n über einer Riemannschen Fläche X. Sei $\mathfrak{U} = (U_i)_{i \in I}$ eine offene Überdeckung von X, $h_i : E_{U_i} \to U_i \times \mathbb{C}^n$, $i \in I$, ein holomorpher Atlas von E und $(g_{ij}) \in Z^1(\mathfrak{U}, \mathrm{GL}(n, \mathcal{O}))$ der zugeordnete Cozyklus der Übergangsfunktionen. Dann sind folgende Aussagen äquivalent:*

i) *E ist holomorph trivial.*
ii) *Es gibt n globale holomorphe Schnitte $F_1, \ldots, F_n$ von E, so daß für jeden Punkt $x \in X$ die Vektoren $F_1(x), \ldots, F_n(x) \in E_x$ linear unabhängig sind.*
iii) *Der Cozyklus (g_{ij}) zerfällt, d.h. es gibt eine Cokette $(g_i) \in C^0(\mathfrak{U}, \mathrm{GL}(n, \mathcal{O}))$ mit*

$$g_{ij} = g_i g_j^{-1} \quad \text{über} \quad U_i \cap U_j \quad \text{für alle} \quad i, j \in I.$$

Beweis. *i)* $\Rightarrow$ *ii)*. Da E holomorph trivial ist, enthält die holomorphe lineare Struktur von E eine Karte $h: E \to X \times \mathbb{C}^n$. Seien $e_1, \ldots, e_n$ die kanonischen Einheitsvektoren des $\mathbb{C}^n$ und F_ν, $\nu = 1, \ldots, n$, die Schnitte von E mit

$$h(F_\nu(x)) = (x, e_\nu) \quad \text{für alle} \quad x \in X.$$

Dann sind alle F_ν holomorph und in jeder Faser linear unabhängig.

ii) $\Rightarrow$ *iii)*. Jeder Schnitt F_ν läßt sich bzgl. jeder Karte h_i darstellen als n-tupel holomorpher Funktionen $f^i_{\mu\nu} \in \mathcal{O}(U_i), \mu=1,\ldots,n$. Es sei g_i die Matrix $(f^i_{\mu\nu})_{1 \le \mu,\nu \le n}$. Da $F_1,\ldots,F_n$ in jeder Faser linear unabhängig sind, ist $g_i \in \mathrm{GL}(n, \mathcal{O}(U_i))$. Außerdem gilt über $U_i \cap U_j$

$$g_i = g_{ij} g_j, \quad \text{also} \quad g_{ij} = g_i g_j^{-1},$$

d.h. der Cozyklus (g_{ij}) zerfällt.

iii) $\Rightarrow$ *i)*. Aus den Karten $h_i : E_{U_i} \to U_i \times \mathbb{C}^n$ konstruieren wir eine lineare Karte $h: E \to X \times \mathbb{C}^n$, die mit allen h_i holomorph verträglich ist.
Sei $v \in E_{U_i}$ und $h_i(v) = : (x,t)$. Dann setze man $h(v) : = (x, g_i^{-1} t)$. Diese Definition ist unabhängig von der Auswahl der Karte, denn gilt auch $v \in E_{U_j}$ und $h_j(v) = : (x, t')$, so ist $t = g_{ij} t' = g_i g_j^{-1} t'$, also $g_i^{-1} t = g_j^{-1} t'$. Es folgt unmittelbar aus der Definition, daß $\{h : E \to X \times \mathbb{C}^n\}$ mit dem aus allen h_i bestehenden Atlas holomorph verträglich ist.

30.2. Hilfssatz. *Sei X eine nicht-kompakte Riemannsche Fläche und E ein holomorphes Vektorraumbündel über X. Hat E einen nicht-trivialen globalen meromorphen Schnitt, so besitzt E auch einen globalen holomorphen Schnitt ohne Nullstellen.*

Beweis. Sei f ein nicht-trivialer meromorpher Schnitt von E über X und $A \subset X$ die diskrete Menge seiner Null- und Polstellen. Sei $a \in A$ und $h: E_U \to U \times \mathbb{C}^n$ eine holomorphe lineare Karte von E in einer offenen Umgebung U von a. Bzgl. der Karte h läßt sich f darstellen als $(f_1,\ldots,f_n) \in \mathcal{M}(U)^n$. Sei $k(a)$ das Minimum der Ordnungen der Funktionen f_ν im Punkte a. Nach dem Satz von Weierstraß (26.5) gibt es eine meromorphe Funktion $\varphi \in \mathcal{M}(X)$, die in jedem Punkt $a \in A$ die Ordnung $-k(a)$ hat und in $X \setminus A$ holomorph und ungleich null ist. Dann ist $F : = \varphi f$ ein überall holomorpher Schnitt von E ohne Nullstellen.

30.3. Satz. *Jedes holomorphe Geradenbündel E über einer nicht-kompakten Riemannschen Fläche X ist holomorph trivial.*

Beweis. Sei $\emptyset \neq Y_0 \subset\subset Y_1 \subset\subset Y_2 \subset\subset \ldots$ eine Folge relativ-kompakter Rungescher Gebiete in X mit $\bigcup Y_\nu = X$. Nach Satz (29.16) gibt es über jedem Y_ν einen meromorphen Schnitt, also nach (30.2) auch einen holomorphen Schnitt, der nirgends verschwindet. Nach Satz (30.1) ist daher E über jedem Y_ν trivial. Aus dem Rungeschen Approximationssatz folgt daher, daß jeder holomorphe Schnitt von E über Y_ν beliebig genau durch holomorphe Schnitte von E über $Y_{\nu+1}$ approximiert werden kann. Sei $f_0 \in \mathcal{O}_E(Y_0)$ ein Schnitt, der in einem Punkt $a \in Y_0$ ungleich null ist. Man kann nun eine Folge $f_\nu \in \mathcal{O}_E(Y_\nu), \nu \geq 1$, konstruieren, so daß $\lim_{\nu\to\infty} f_\nu(a) \neq 0$ und für jedes $\nu \in \mathbb{N}$ die Folge $(f_\mu | Y_\nu)_{\mu > \nu}$ in $\mathcal{O}_E(Y_\nu)$ konvergiert. Dann ist der Limes der Folge (f_ν) ein Schnitt $f \in \mathcal{O}_E(X)$, der nicht identisch verschwindet. Wie oben folgt daraus, daß E über X trivial ist.

30.4. Satz. *Jedes holomorphe Vektorraumbündel E auf einer nicht-kompakten Riemannschen Fläche X ist holomorph trivial.*

Beweis. Wir beweisen den Satz durch Induktion über den Rang n von E. Der Induktionsanfang $n=1$ ist Satz (30.3).

Induktionsschritt $n-1 \longrightarrow n$. Der Satz sei schon für alle Bündel vom Rang $n-1$ bewiesen und E sei ein Bündel vom Rang n.

a) Wir setzen zunächst voraus, daß es einen Schnitt $F_n \in \mathcal{O}_E(X)$ gibt, der nirgends verschwindet. Da E lokal-trivial ist, gibt es eine offene Überdeckung $\mathfrak{U}=(U_i)_{i\in I}$ von X und für jedes $i\in I$ Schnitte $F_1^i,\ldots,F_{n-1}^i \in \mathcal{O}_E(U_i)$, so daß $F_1^i(x),\ldots,F_{n-1}^i(x)$, $F_n(x)$ für alle $x\in U_i$ linear unabhängig sind. Über dem Durchschnitt $U_i\cap U_j$ kann man diese Systeme ineinander umrechnen:

$$(1)\qquad \begin{pmatrix} F^i \\ F_n \end{pmatrix} = \left(\begin{array}{c|c} G^{ij} & a^{ij} \\ \hline 0 & 1 \end{array}\right) \begin{pmatrix} F^j \\ F_n \end{pmatrix}.$$

Dabei sind $F_1^i,\ldots,F_{n-1}^i$ zu einem Spaltenvektor F^i zusammengefaßt. G^{ij} ist eine Matrix aus $\mathrm{GL}(n-1,\mathcal{O}(U_i\cap U_j))$ und a^{ij} ist ein $(n-1)$-reihiger Spaltenvektor mit Koeffizienten aus $\mathcal{O}(U_i\cap U_j)$. Es gilt $G^{ij}G^{jk}=G^{ik}$ über $U_i\cap U_j\cap U_k$. Nach Induktionsvoraussetzung gibt es deshalb Matrizen $G^i\in\mathrm{GL}(n-1,\mathcal{O}(U_i))$ mit

$$G^{ij}=G^i(G^j)^{-1} \quad \text{über} \quad U_i\cap U_j.$$

Setzt man $\tilde{F}^i=(G^i)^{-1}F^i$, so folgt aus (1)

$$(2)\qquad \begin{pmatrix} \tilde{F}^i \\ F_n \end{pmatrix} = \left(\begin{array}{c|c} 1 & b^{ij} \\ \hline 0 & 1 \end{array}\right) \begin{pmatrix} \tilde{F}^j \\ F_n \end{pmatrix}$$

mit gewissen $b^{ij}\in\mathcal{O}(U_i\cap U_j)^{n-1}$. Über $U_i\cap U_j\cap U_k$ gilt die Relation $b^{ij}+b^{jk}=b^{ik}$, und wegen $H^1(\mathfrak{U},\mathcal{O})=0$ kann man deshalb $(n-1)$-reihige holomorphe Spaltenvektoren $b^i\in\mathcal{O}(U_i)^{n-1}$ finden mit

$$b^{ij}=b^i-b^j \quad \text{über} \quad U_i\cap U_j.$$

Setzt man $\hat{F}^i=\tilde{F}^i-b^iF_n$, so folgt aus (2)

$$\begin{pmatrix} \hat{F}^i \\ F_n \end{pmatrix} = \begin{pmatrix} \hat{F}^j \\ F_n \end{pmatrix} \quad \text{über} \quad U_i\cap U_j.$$

Die $\hat{F}^i$ setzen sich deshalb zu einem globalen $(n-1)$-tupel $(F_1,\ldots,F_{n-1})\in\mathcal{O}_E(X)^{n-1}$ zusammen. Nach Konstruktion sind $F_1(x),\ldots,F_n(x)$ für jedes $x\in X$ linear unabhängig. Deshalb ist E holomorph trivial.

b) Es ist noch zu zeigen, daß E einen holomorphen nirgends verschwindenden Schnitt besitzt. Nach Satz (29.16) und Hilfssatz (30.2) ist dies über jedem relativ-kompakten Gebiet $Y\subset X$ der Fall; E ist also nach a) über Y trivial. Wie im Beweis von (30.3) kann man nun mit Hilfe des Rungeschen Approximationssatzes einen nicht-trivialen holomorphen Schnitt von E über X konstruieren. Nach Hilfssatz (30.2) hat E dann auch einen nirgends verschwindenden holomorphen Schnitt. Damit ist Satz (30.4) bewiesen.

30.5. Corollar. *Auf jeder nicht-kompakten Riemannschen Fläche X gilt*

$$H^1(X, \mathrm{GL}(n, \mathcal{O})) = 0,$$

insbesondere $H^1(X, \mathcal{O}^*) = 0$.

Dabei bedeutet $H^1(X, \mathrm{GL}(n, \mathcal{O})) = 0$, daß für jede offene Überdeckung $\mathfrak{U} = (U_i)$ von X jeder Cozyklus $(g_{ij}) \in Z^1(\mathfrak{U}, \mathrm{GL}(n, \mathcal{O}))$ zerfällt. Dies ist gleichbedeutend mit der Trivialität der holomorphen Vektorraumbündel auf X.

§ 31. Das Riemann-Hilbertsche Problem

Wir haben in § 11 gesehen, daß das Automorphieverhalten eines Lösungs-Fundamentalsystems einer linearen Differentialgleichung auf einer Riemannschen Fläche X zu einem Homomorphismus $T: \pi_1(X) \to \mathrm{GL}(n, \mathbb{C})$ Anlaß gibt, der jedem Element $\sigma \in \pi_1(X)$ den Automorphiefaktor T_σ zuordnet, mit dem sich das Fundamentalsystem bei analytischer Fortsetzung längs σ multipliziert. Man kann sich umgekehrt fragen, ob es zu vorgegebenem Homomorphismus $T: \pi_1(X) \to \mathrm{GL}(n, \mathbb{C})$ eine lineare Differentialgleichung auf X gibt, so daß das Automorphieverhalten eines Lösungs-Fundamentalsystems gerade durch den Homomorphismus T gegeben wird. Man nennt dies das Riemann-Hilbertsche Problem. Wir bringen in diesem Paragraphen die Lösung des Riemann-Hilbertschen Problems auf nicht-kompakten Riemannschen Flächen nach H. Röhrl [58].

31.1. Automorphiefaktoren. Sei $p: Y \to X$ eine holomorphe, unverzweigte, unbegrenzte Überlagerungsabbildung Riemannscher Flächen und $G := \mathrm{Deck}(Y/X)$ die Gruppe ihrer Decktransformationen. Eine holomorphe Abbildung $\Phi: Y \to \mathrm{GL}(n, \mathbb{C})$ heißt multiplikativ automorph mit konstanten Automorphiefaktoren $T_\sigma \in \mathrm{GL}(n, \mathbb{C})$, $\sigma \in G$, wenn

$$\sigma\Phi = \Phi T_\sigma \quad \text{für alle} \quad \sigma \in G.$$

In diesem Fall ist die Zuordnung $\sigma \mapsto T_\sigma$ ein Gruppen-Homomorphismus $G \to \mathrm{GL}(n, \mathbb{C})$, wie man leicht nachrechnet, vgl. (11.6). Der folgende Satz ist ein Analogon zu Satz (28.4).

31.2. Satz. *Seien X, Y nicht-kompakte Riemannsche Flächen, $p: Y \to X$ eine holomorphe, unverzweigte, unbegrenzte, galoissche Überlagerung und $G := \mathrm{Deck}(Y/X)$ die Gruppe ihrer Decktransformationen. Dann gibt es zu jedem Homomorphismus*

$$T: G \to \mathrm{GL}(n, \mathbb{C}), \quad \sigma \mapsto T_\sigma,$$

eine holomorphe Abbildung $\Phi : Y \to \mathrm{GL}(n, \mathbb{C})$ *mit den Automorphiefaktoren* T_σ.

Beweis. a) Es gibt eine offene Überdeckung $\mathfrak{U} = (U_i)_{i \in I}$ von X und G-Karten

$$\varphi_i = (p, \eta_i) : p^{-1}(U_i) \to U_i \times G,$$

vgl. (28.3). Wir definieren nun auf $Y_i := p^{-1}(U_i)$ Funktionen $\Psi_i : Y_i \to \mathrm{GL}(n, \mathbb{C})$ durch

$$\Psi_i(y) := T_{\eta_i(y)^{-1}} \quad \text{für alle} \quad y \in Y_i.$$

Da Ψ_i lokal-konstant ist, ist es insbesondere holomorph.

b) Sei $y \in Y_i$ und $\sigma \in G$. Dann gilt

$$\begin{aligned} \sigma \Psi_i(y) &= \Psi_i(\sigma^{-1} y) = T_{\eta_i(\sigma^{-1} y)^{-1}} = T_{\eta_i(y)^{-1}\sigma} = \\ &= T_{\eta_i(y)^{-1}} T_\sigma = \Psi_i(y) T_\sigma. \end{aligned}$$

Die Funktionen Ψ_i zeigen also über Y_i bereits das gewünschte Automorphieverhalten.

c) Die Produkte $F_{ij} := \Psi_i \Psi_j^{-1} \in \mathrm{GL}(n, \mathcal{O}(Y_i \cap Y_j))$ sind nach b) gegenüber Decktransformationen invariant, können also als Elemente $F_{ij} \in \mathrm{GL}(n, \mathcal{O}(U_i \cap U_j))$ aufgefaßt werden und definieren einen Cozyklus $(F_{ij}) \in Z^1(\mathfrak{U}, \mathrm{GL}(n, \mathcal{O}))$. Da nach (30.5) gilt $H^1(X, \mathrm{GL}(n, \mathcal{O})) = 0$, zerfällt dieser Cozyklus, es gibt also Elemente $F_i \in \mathrm{GL}(n, \mathcal{O}(U_i))$ mit

$$F_{ij} = F_i F_j^{-1} \quad \text{über} \quad U_i \cap U_j.$$

Wir fassen die F_i als gegen Decktransformationen invariante Elemente von $\mathrm{GL}(n, \mathcal{O}(Y_i))$ auf und setzen

$$\Phi_i := F_i^{-1} \Psi_i \in \mathrm{GL}(n, \mathcal{O}(Y_i)).$$

Dann gilt $\sigma \Phi_i = F_i^{-1} \sigma \Psi_i = F_i^{-1} \Psi_i T_\sigma = \Phi_i T_\sigma$ für alle $\sigma \in G$. Über dem Durchschnitt $Y_i \cap Y_j$ erhält man

$$\Phi_i^{-1} \Phi_j = \Psi_i^{-1} F_i F_j^{-1} \Psi_j = \Psi_i^{-1} F_{ij} \Psi_j = \Psi_i^{-1} \Psi_i \Psi_j^{-1} \Psi_j = 1,$$

d.h. $\Phi_i = \Phi_j$. Die Φ_i setzen sich also zu einer globalen Funktion $\Phi \in \mathrm{GL}(n, \mathcal{O}(Y))$ mit $\sigma \Phi = \Phi T_\sigma$ für alle $\sigma \in G$ zusammen.

31.3. Corollar. *Sei X eine nicht-kompakte Riemannsche Fläche und*

$$T : \pi_1(X) \to \mathrm{GL}(n, \mathbb{C}), \quad \sigma \mapsto T_\sigma,$$

ein Gruppen-Homomorphismus. Dann gibt es eine Matrix $A \in M(n \times n, \Omega(X))$ *und auf der universellen Überlagerung von X ein Lösungs-Fundamentalsystem der Differentialgleichung* $dw = Aw$ *mit den Automorphiefaktoren* T_σ.

Zum Beweis hat man nach (11.6) einfach Satz (31.2) auf die universelle Überlagerung $p : \tilde{X} \to X$ von X anzuwenden.

31.4. Sei X eine nicht-kompakte Riemannsche Fläche, $S \subset X$ eine abgeschlossene diskrete Teilmenge und $X' := X \backslash S$. Dann kann man Corollar (31.3) insbesondere auf X' anwenden. Wir wollen die Aussage des Corollars noch insofern verschärfen, daß die erhaltene Differentialgleichung in allen Punkten $a \in S$ höchstens Singularitäten vom Fuchsschen Typ haben soll. Um die Definition aus (11.12) auf diesen allgemeinen Fall übertragen zu können, beweisen wir zunächst folgenden Hilfssatz.

Hilfssatz. *Mit den obigen Bezeichnungen sei $p: Y \to X'$ die universelle Überlagerung von X'. Weiter sei (U, z) Koordinatenumgebung eines Punktes $a \in S$ mit folgenden Eigenschaften:*

i) *$z(U) \subset \mathbb{C}$ ist der Einheitskreis und $z(a) = 0$.*

ii) *$U \cap S = \{a\}$.*

Sei Z irgend eine Zusammenhangskomponente von $p^{-1}(U \backslash a)$. Dann ist $p|Z \to U \backslash a$ die universelle Überlagerung von $U \backslash a$.

Beweis. Nach dem Satz von Weierstraß (26.5) gibt es eine holomorphe Funktion $f \in \mathcal{O}(X)$, die in a eine Nullstelle 1. Ordnung hat und in $X \backslash a$ nirgends verschwindet. $\omega := df/f$ ist eine holomorphe Differentialform in X'. Sei γ die im positiven Sinn durchlaufene geschlossene Kurve $|z| = 1/2$ in U. Dann gilt

$$\int_\gamma \omega = \int_\gamma \frac{df}{f} = 2\pi i.$$

Die Abbildung $p|Z \to U \backslash a$ ist jedenfalls unverzweigt und unbegrenzt; also ist auf sie Satz (5.10) anwendbar. Wäre $p|Z \to U \backslash a$ nicht die universelle Überlagerung, so wäre sie isomorph zur Überlagerung

$$E^* \to E^*, \quad z \mapsto z^k,$$

mit einer natürlichen Zahl $k \geq 1$, wobei E^* der punktierte Einheitskreis ist. Dann gäbe es k Liftungen $\gamma_1, \ldots, \gamma_k$ von γ, die sich zu einer geschlossenen Kurve $c = \gamma_1 \cdot \cdots \cdot \gamma_k$ zusammensetzen. Es würde folgen

$$\int_c p^*\omega = \sum_{j=1}^{k} \int_{\gamma_j} p^*\omega = \sum_{j=1}^{k} \int_\gamma \omega = 2k\pi i.$$

Andrerseits ist aber $\int_c p^*\omega = 0$, da $p^*\omega$ auf Y eine Stammfunktion besitzt, Widerspruch!

Sei nun unter Beibehaltung der obigen Bezeichnungen $dw = Aw$, $A \in M(n \times n, \Omega(X'))$, eine lineare Differentialgleichung auf X' und $\Phi \in \mathrm{GL}(n, \mathcal{O}(Y))$ ein Lösungs-Fundamentalsystem. Die Differentialgleichung heißt vom *Fuchsschen Typ* im Punkt $a \in S$, wenn für jede Zusammenhangskomponente Z von $p^{-1}(U \backslash a)$ die Funktion $\Phi | Z$ den Bedingungen von (11.12) genügt.

31.5. Satz. *Sei X eine nicht-kompakte Riemannsche Fläche, S eine abgeschlossene diskrete Teilmenge von X und $X' := X \backslash S$. Weiter sei ein Homomorphismus*

$$T: \pi_1(X') \to \mathrm{GL}(n, \mathbb{C}), \quad \sigma \mapsto T_\sigma,$$

vorgegeben. Dann gibt es eine Differentialgleichung $dw = Aw$, $A \in M(n \times n, \Omega(X'))$, *die in jedem Punkt* $a \in S$ *vom Fuchsschen Typ ist, und ein Lösungs-Fundamentalsystem* $\Phi \in \mathrm{GL}(n, \mathcal{O}(Y))$ *von* $dw = Aw$ *auf der universellen Überlagerung* $p: Y \to X'$ *von* X' *mit den Automorphiefaktoren* T_σ.

Beweis. Sei $S = \{a_i : i \in I\}$. Zu jedem i wählen wir eine Koordinatenumgebung (U_i, z_i) von a_i, die den Bedingungen i) und ii) des Hilfssatzes (31.4) genügt. Wir können annehmen, daß $0 \notin I$. Sei $J := I \cup \{0\}$. Wir setzen $U_0 := X'$. Dann ist $\mathfrak{U} := (U_j)_{j \in J}$ eine offene Überdeckung von X. Für $i \neq j$ gilt $U_i \cap U_j \subset X'$. Wir definieren noch $Y_0 := Y$ und $Y_i := p^{-1}(U_i \backslash a_i)$ für alle $i \in I$.

Nach Satz (31.2) gibt es eine Funktion $\Psi_0 \in \mathrm{GL}(n, \mathcal{O}(Y_0))$ mit $\sigma \Psi_0 = \Psi_0 T_\sigma$ für alle $\sigma \in \pi_1(X')$. Für alle $i \in I$ gibt es nach Satz (11.10) Elemente $\Psi_i \in \mathrm{GL}(n, \mathcal{O}(Y_i))$ vom Fuchsschen Typ, die dasselbe Automorphieverhalten wie $\Psi_0 | Y_i$ zeigen. Für $i, j \in J$, $i \neq j$, ist deshalb

$$F_{ij} := \Psi_i \Psi_j^{-1} \in \mathrm{GL}(n, \mathcal{O}(Y_i \cap Y_j))$$

invariant gegenüber Decktransformationen, kann also als Element $F_{ij} \in \mathrm{GL}(n, \mathcal{O}(U_i \cap U_j))$ aufgefaßt werden. Wir setzen noch $F_{jj} := 1 \in \mathrm{GL}(n, \mathcal{O}(U_j))$ für alle $j \in J$ und erhalten einen Cozyklus

$$(F_{ij}) \in Z^1(\mathfrak{U}; \mathrm{GL}(n, \mathcal{O})).$$

Wegen $H^1(X, \mathrm{GL}(n, \mathcal{O})) = 0$ zerfällt dieser Cozyklus, es gibt also Elemente $F_i \in \mathrm{GL}(n, \mathcal{O}(U_i))$ mit

$$F_{ij} = F_i F_j^{-1} \quad \text{über} \quad U_i \cap U_j.$$

Wir definieren nun für alle $j \in J$

$$\Phi_j := F_j^{-1} \Psi_j \in \mathrm{GL}(n, \mathcal{O}(Y_j)).$$

Wie in (31.2) ergibt sich, daß sich die Φ_j zu einer globalen Funktion $\Phi \in \mathrm{GL}(n, \mathcal{O}(Y))$ mit $\sigma \Phi = \Phi T_\sigma$ für alle $\sigma \in \pi_1(X)$ zusammensetzen. Über $U_i \backslash a_i$ gilt $\Phi = F_i^{-1} \Psi_i$. Da Ψ_i vom Fuchsschen Typ und F_i^{-1} in ganz U_i holomorph ist, ist auch Φ vom Fuchsschen Typ. Φ ist Lösungs-Fundamentalsystem der Differentialgleichung $dw = Aw$ mit $A := d\Phi \cdot \Phi^{-1}$, was gegen Decktransformationen invariant ist, also als Element $A \in M(n \times n, \Omega(X'))$ aufgefaßt werden kann. Damit ist der Satz bewiesen.

Anhang

A. Teilungen der Eins

Teilungen der Eins sind ein wichtiges Hilfsmittel der Analysis auf differenzierbaren Mannigfaltigkeiten. Wir stellen hier die in diesem Buch darüber benötigten Tatsachen zusammen. Beweise findet der Leser z.B. in [40], [43], [44].

A.1. Unter dem *Träger* $\mathrm{Supp}(f)$ einer reell- oder komplexwertigen Funktion f auf einem topologischen Raum X versteht man die abgeschlossene Hülle der Menge $\{x \in X : f(x) \neq 0\}$.
Das Standardbeispiel einer C^∞-Funktion (d.h. beliebig oft differenzierbaren Funktion) $g : \mathbb{R}^n \to \mathbb{R}$, deren Träger die abgeschlossene Kugel vom Radius $\varepsilon > 0$ ist, wird gegeben durch

$$g(x) := \begin{cases} \exp\left(-\dfrac{1}{\varepsilon - \|x\|^2}\right) & \text{für } \|x\| < \varepsilon, \\ 0 & \text{für } \|x\| \geq \varepsilon. \end{cases}$$

Dabei bezeichnet $\|x\| = (|x_1|^2 + \cdots + |x_n|^2)^{1/2}$ die euklidische Norm im $\mathbb{R}^n$. Diese Funktion kann als Grundlage zur Konstruktion von allen weiteren benötigten C^∞-Funktionen dienen.

A.2. Unter einer n-dimensionalen Mannigfaltigkeit versteht man einen Hausdorff-Raum X mit der Eigenschaft, daß jeder Punkt $a \in X$ eine offene Umgebung besitzt, die zu einer offenen Teilmenge des $\mathbb{R}^n$ homöomorph ist. Ein Homöomorphismus $\varphi : U \to V$ einer offenen Menge $U \subset X$ auf eine offene Menge $V \subset \mathbb{R}^n$ heißt Karte auf X. Zwei Karten $\varphi_i : U_i \to V_i$, $i = 1, 2$, heißen differenzierbar verträglich, wenn die Abbildung

$$\varphi_2 \circ \varphi_1^{-1} : \varphi_1(U_1 \cap U_2) \to \varphi_2(U_1 \cap U_2)$$

und ihre Umkehrung beliebig oft differenzierbar sind. Man definiert nun *differenzierbare Mannigfaltigkeiten* ganz analog zu den Riemannschen Flächen (vgl. § 1), wobei man nur überall biholomorphe Verträglichkeit durch differenzierbare Ver-

träglichkeit ersetzt. Riemannsche Flächen sind spezielle 2-dimensionale differenzierbare Mannigfaltigkeiten.
Auf einer differenzierbaren Mannigfaltigkeit hat man den Begriff der differenzierbaren Funktion: Man verlangt, daß die Funktion bzgl. jeder Karte eine C^∞-Funktion ist.

A.3. Definition. Sei X eine differenzierbare Mannigfaltigkeit und $\mathfrak{U}=(U_i)_{i\in I}$ eine offene Überdeckung von X. Unter einer $\mathfrak{U}$ untergeordneten differenzierbaren *Teilung* (oder *Partition*) *der Eins* versteht man eine Familie $(g_i)_{i\in I}$ von differenzierbaren Funktionen $g_i : X \to \mathbb{R}$ mit folgenden Eigenschaften:

i) $0 \le g_i \le 1$ für alle $i \in I$.

ii) $\operatorname{Supp}(g_i) \subset U_i$ für alle $i \in I$.

iii) Die Familie der Träger $\operatorname{Supp}(g_i)$, $i \in I$, ist lokal-endlich, d.h. jeder Punkt $a \in X$ besitzt eine Umgebung V, so daß $V \cap \operatorname{Supp}(g_i) \neq \emptyset$ nur für endlich viele $i \in I$.

iv) $\sum_{i\in I} g_i = 1$.

(Aufgrund von iii) ist die Summe in iv) wohldefiniert.)

A.4. Satz. *Sei X eine differenzierbare Mannigfaltigkeit mit abzählbarer Topologie. Dann gibt es zu jeder offenen Überdeckung* $\mathfrak{U}$ *von X eine untergeordnete differenzierbare Teilung der Eins.*

A.5. Corollar. *Sei X eine differenzierbare Mannigfaltigkeit, K eine kompakte Teilmenge von X und U eine offene Umgebung von K. Dann gibt es eine differenzierbare Funktion* $f: X \to \mathbb{R}$ *mit* $\operatorname{Supp}(f) \subset\subset U$ *und* $f|K = 1$.

Beweis. Wir dürfen annehmen, daß X abzählbare Topologie hat (andernfalls ersetze man X durch eine relativ-kompakte offene Umgebung von K). Sei U_1 eine in U enthaltene relativ-kompakte offene Umgebung von K und $U_2 := X \setminus K$. Es gibt eine der Überdeckung $\mathfrak{U}=(U_1, U_2)$ untergeordnete differenzierbare Teilung der Eins (g_1, g_2). Dann hat $f := g_1$ die gewünschten Eigenschaften.

B. Topologische Vektorräume

Wir stellen hier die in diesem Buch verwendeten Begriffe und Tatsachen aus der Funktionalanalysis zusammen. Nähere Einzelheiten und Beweise findet man z.B. in [41], [46].

B.1. Unter einem Vektorraum verstehen wir hier stets einen Vektorraum über dem Körper der komplexen Zahlen. Ein *topologischer Vektorraum* ist ein Vektorraum E, versehen mit einer Topologie, so daß die Addition

$$E\times E\to E, \quad (x,y)\mapsto x+y,$$

und die Multiplikation mit Skalaren

$$\mathbb{C}\times E\to E, \quad (\lambda,x)\mapsto \lambda x,$$

stetige Abbildungen sind. Insbesondere ist dann für jedes $a\in E$ die Translation $E\to E$, $x\mapsto a+x$, ein Homöomorphismus. Um die Topologie von E zu kennen, braucht man daher nur eine Umgebungsbasis der Null zu kennen. Ist $\mathfrak{B}$ eine Umgebungsbasis der Null, so bilden die translatierten Mengen $a+U$, $U\in\mathfrak{B}$, eine Umgebungsbasis von a.

B.2. Seminormen. Unter einer *Seminorm* auf einem Vektorraum E versteht man eine Abbildung $p: E\to\mathbb{R}$ mit folgenden Eigenschaften:
i) $p(x+y)\le p(x)+p(y)$ für alle $x,y\in E$,
ii) $p(\lambda x)=|\lambda|p(x)$ für alle $\lambda\in\mathbb{C}, x\in E$.
Aus i) und ii) folgt $p(x)\ge 0$ für alle $x\in E$. Gilt darüberhinaus $p(x)=0$ nur für $x=0$, so ist p eine *Norm*.
Eine Familie p_i, $i\in I$, von Seminormen auf dem Vektorraum E bestimmt eine Topologie auf E in folgender Weise: Eine Umgebungsbasis der Null bilden die Mengen der Gestalt

$$U(p_{i_1},\ldots,p_{i_m};\varepsilon):=\{x\in E: \max(p_{i_1}(x),\ldots,p_{i_m}(x))<\varepsilon\},$$

$i_1,\ldots,i_m\in I$, $\varepsilon>0$. Genau dann ist diese Topologie Hausdorffsch, wenn aus $p_i(x)=0$ für alle $i\in I$ folgt $x=0$.
Ein topologischer Vektorraum heißt *lokal-konvex*, wenn seine Topologie im obigen Sinn durch eine Familie von Seminormen definiert werden kann.

B.3. Frécheträume. Eine Folge $(x_n)_{n\in\mathbb{N}}$ von Elementen eines topologischen Vektorraums heißt *Cauchy-Folge*, wenn zu jeder Nullumgebung U ein $n_0\in\mathbb{N}$ existiert, so daß

$$x_n-x_m\in U \quad \text{für alle} \quad n,m\ge n_0.$$

Ein topologischer Vektorraum E heißt *Fréchetraum*, wenn folgendes gilt:

i) Die Topologie von E ist Hausdorffsch und kann durch eine abzählbare Familie von Seminormen definiert werden.
ii) E ist vollständig, d.h. in E konvergiert jede Cauchy-Folge.

Ein Fréchetraum E ist metrisierbar: Sei p_n, $n\in\mathbb{N}$, eine die Topologie definierende Familie von Seminoren. Setzt man für $x,y\in E$

$$d(x,y):=\sum_{n=0}^{\infty}2^{-n}\frac{p_n(x-y)}{1+p_n(x-y)},$$

so ist $d: E \times E \to \mathbb{R}$ eine Metrik auf E, welche dieselbe Topologie definiert, wie die Seminormen p_n, $n \in \mathbb{N}$.

Ein abgeschlossener Untervektorraum $F \subset E$ eines Fréchetraums ist selbst wieder ein Fréchetraum. Ist E_i, $i \in I$, eine abzählbare Familie von Frécheträumen, so ist auch $\prod_{i \in I} E_i$ mit der Produkttopologie ein Fréchetraum.

B.4. Ein typisches Beispiel eines Fréchetraumes ist der Vektorraum $\mathcal{O}(X)$ der holomorphen Funktionen auf einer offenen Menge $X \subset \mathbb{C}$ mit der Topologie der kompakten Konvergenz, die durch die Seminormen p_K,

$$p_K(f) := \sup_{x \in K} |f(x)|,$$

wobei K die kompakten Teilmengen von X durchläuft, definiert ist. Ist K_n, $n \in \mathbb{N}$, eine Folge von kompakten Teilmengen von X mit $\bigcup_{n \in \mathbb{N}} \mathring{K}_n = X$, so definieren die abzählbar vielen Seminormen p_{K_n} dieselbe Topologie.

B.5. Banachräume, Hilberträume. Ein vollständiger normierter Vektorraum heißt Banachraum. Ein Banachraum ist also ein spezieller Fréchetraum, dessen Topologie durch eine einzige Norm definiert wird, die man dann meist mit $\| \ \|$ bezeichnet.

Ein Hilbertraum E ist ein spezieller Banachraum, dessen Norm aus einem Skalarprodukt

$$\langle\, , \rangle : E \times E \to \mathbb{C}$$

abgeleitet ist, $\|x\| = \sqrt{\langle x, x \rangle}$.

Ist A ein Untervektorraum eines Hilbertraumes E, so ist das orthogonale Komplement

$$A^{\perp} := \{y \in E : \langle y, x \rangle = 0 \text{ für alle } x \in A\}$$

ein abgeschlossener Untervektorraum von E. War A selbst abgeschlossen, so gilt $E = A \oplus A^{\perp}$.

B.6. Satz von Banach. *Seien E, F Frécheträume und $f: E \to F$ eine stetige lineare surjektive Abbildung. Dann ist f offen.*

B.7. Corollar. *Seien E, F Banachräume und $f: E \to F$ eine stetige lineare surjektive Abbildung. Dann gibt es eine Konstante $C > 0$ mit folgender Eigenschaft: Zu jedem $y \in F$ existiert ein $x \in E$ mit*

$$f(x) = y \quad \text{und} \quad \|x\| \leq C \|y\|.$$

Beweis. Sei $U := \{x \in E : \|x\| < 1\}$. Da f nach dem Satz von Banach offen ist, gibt es ein $\varepsilon > 0$, so daß

$$f(U) \supset V := \{y \in F : \|y\| < \varepsilon\}.$$

Wir setzen $C := 2/\varepsilon$. Sei jetzt $y \in F$ vorgegeben. Falls $y=0$, wählen wir $x=0$. Andernfalls ist $\lambda := \|y\| > 0$. Das Element $y_1 := \frac{1}{\lambda C} y$ liegt in V, es gibt also ein $x_1 \in U$ mit $f(x_1) = y_1$. Für $x := \lambda C x_1$ gilt dann $f(x) = y$ und

$$\|x\| = \lambda C \|x_1\| \leq \lambda C = C\|y\|, \quad \text{q.e.d.}$$

B.8. Satz von Hahn-Banach. *Sei E ein lokal-konvexer Vektorraum, $E_0 \subset E$ ein Untervektorraum und $\varphi_0 : E_0 \to \mathbb{C}$ ein stetiges lineares Funktional. Dann gibt es ein stetiges lineares Funktional $\varphi : E \to \mathbb{C}$ mit $\varphi | E_0 = \varphi_0$.*

B.9. Corollar. *Sei E ein lokal-konvexer Vektorraum und seien $A \subset B \subset E$ Untervektorräume. Für jedes stetige lineare Funktional $\varphi : E \to \mathbb{C}$ mit $\varphi | A = 0$ gelte $\varphi | B = 0$. Dann liegt A dicht in B.*

Beweis. Wäre A nicht dicht in B, gäbe es ein $b_0 \in B$ mit $b_0 \notin \bar{A}$. Sei $E_0 := \bar{A} \oplus \mathbb{C} b_0$. Wir definieren ein lineares Funktional $\varphi_0 : E_0 \to \mathbb{C}$ durch $\varphi_0(a + \lambda b_0) := \lambda$ für $a \in \bar{A}, \lambda \in \mathbb{C}$. Es ist leicht zu sehen, daß φ_0 stetig ist. Nach dem Satz von Hahn-Banach läßt sich φ_0 zu einem stetigen linearen Funktional $\varphi : E \to \mathbb{C}$ fortsetzen. Für dieses Funktional gilt $\varphi | A = 0$, aber $\varphi | B \not\equiv 0$, Widerspruch!

B.10. Kompakte Abbildungen. Eine lineare Abbildung $\psi : E \to F$ zwischen zwei topologischen Vektorräumen E, F heißt *kompakt* oder *vollstetig*, wenn es eine Nullumgebung U in E gibt, so daß $\psi(U)$ relativ-kompakt in F liegt. Eine kompakte lineare Abbildung ist insbesondere stetig.

Beispiel. Sei X eine offene Teilmenge von $\mathbb{C}$ und $Y \subset\subset X$ eine relativ-kompakte offene Teilmenge von X. Dann ist die Beschränkungsabbildung

$$\beta : \mathcal{O}(X) \to \mathcal{O}(Y), \quad f \mapsto f | Y,$$

kompakt. Dies sieht man so: Da $\bar{Y}$ kompakt in X liegt, ist

$$U := \{f \in \mathcal{O}(X) : \sup_{x \in \bar{Y}} |f(x)| < 1\}$$

eine Nullumgebung in $\mathcal{O}(X)$. Nach dem Satz von Montel ist die Menge

$$M := \{g \in \mathcal{O}(Y) : \sup_{y \in Y} |g(y)| \leq 1\}$$

kompakt in $\mathcal{O}(Y)$. Da $\beta(U) \subset M$, folgt die Behauptung.

B.11. Satz von L. Schwartz. *Seien E, F Fréchetträume und $\varphi, \psi : E \to F$ stetige lineare Abbildungen. Die Abbildung φ sei surjektiv und ψ kompakt. Dann hat das Bild der Abbildung $\varphi - \psi : E \to F$ endliche Codimension in F.*

Für einen Beweis siehe [60].

Literaturhinweise

a) Funktionentheorie einer Veränderlichen

1. Ahlfors, L. V.: Complex Analysis. New York: McGraw-Hill 1966.
2. Behnke, H., Sommer, F.: Theorie der analytischen Funktionen einer komplexen Veränderlichen. 3. Aufl. Berlin–Heidelberg–New York: Springer 1965.
3. Cartan, H.: Elementare Theorie der analytischen Funktionen einer oder mehrerer komplexen Veränderlichen. Mannheim: Bibliographisches Institut 1966.
4. Diederich, K., Remmert, R.: Funktionentheorie I. Heidelberger Taschenbücher, Bd. 103. Berlin–Heidelberg–New York: Springer 1972.
5. Hurwitz, A., Courant, R.: Funktionentheorie. Mit einem Anhang von H. Röhrl. 4. Aufl. Berlin–Heidelberg–New York: Springer 1964.

Die Bücher von Behnke-Sommer und Hurwitz-Courant enthalten auch große Abschnitte über Riemannsche Flächen.

b) Riemannsche Flächen

10. Ahlfors, L. V., Sario, L.: Riemann surfaces. Princeton: University Press 1960.
11. Chevalley, C.: Introduction to the theory of algebraic functions of one variable. Amer. Math. Soc. 1951.
12. Guenot, J., Narasimhan, R.: Introduction à la théorie des surfaces de Riemann. Monographies de l'Enseignement Mathématique No. 23, Genève 1976.
13. Gunning, R. C.: Lectures on Riemann surfaces. Princeton Math. Notes **2** (1966).
14. Gunning, R. C.: Lectures on vector bundles over Riemann surfaces. Princeton Math. Notes **6** (1967).
15. Gunning, R. C.: Lectures on Riemann surfaces: Jacobi varieties. Princeton Math. Notes **12** (1972).
16. Holmann, H.: Riemannsche Flächen I. II. Vorlesungsausarbeitung. Schriftenreihe des Math. Inst. d. Univ. Freiburg i. Ue. (Schweiz) 1973/74.
17. Nevanlinna, R.: Uniformisierung. Berlin–Heidelberg–New York: Springer 1953.
18. Pfluger, A.: Theorie der Riemannschen Flächen. Springer 1957.
19. Serre, J. P.: Groupes algébriques et corps de classes. Paris: Hermann 1959.
20. Springer, G.: Introduction to Riemann surfaces. Addison-Wesley 1957.
21. Weyl, H.: Die Idee der Riemannschen Fläche. 3. Aufl. Stuttgart: Teubner 1955.

Das Buch von Hermann Weyl, dessen 1. Auflage 1913 erschien, war die erste moderne Darstellung der Theorie der Riemannschen Flächen. Es ist auch heute noch sehr gut lesbar. In ihm findet man auch sehr viele Hinweise auf die ältere Literatur. In den Büchern von Chevalley und Serre wird die Theorie der Riemannschen Flächen vom algebraischen Standpunkt aus behandelt.

c) Funktionentheorie mehrerer Veränderlichen, komplexe Mannigfaltigkeiten

30. Andreian Cazacu, C.: Theorie der Funktionen mehrerer komplexer Veränderlichen. Berlin: Dtsch. Verl. Wiss. 1975.
31. Gunning, R.C., Rossi, H.: Analytic functions of several complex variables. Englewood Cliffs (NJ): Prentice-Hall 1965.
32. Hirzebruch, F.: Neue topologische Methoden in der algebraischen Geometrie. 2. Aufl. Berlin–Göttingen–Heidelberg–New York: 1963. 3. Aufl. in engl. Übersetzung: 1966.
33. Hörmander, L.: An introduction to complex analysis in several variables. 2. Aufl. Amsterdam: North-Holland 1973.
34. Wells, R.O.: Differential analysis on complex manifolds. Englewood Cliffs (NJ): Prentice-Hall 1973.
35. Grauert, H., Remmert, R.: Stein-Theorie. Berlin–Heidelberg–New York: Springer: In Vorbereitung.

d) Topologie, differenzierbare Mannigfaltigkeiten, Funktionalanalysis

40. Bröcker, T., Jänich, K.: Einführung in die Differentialtopologie. Heidelberger Taschenbücher, Bd. 143. Berlin–Heidelberg–New York: Springer 1973.
41. Floret, K., Wloka, J.: Einführung in die Theorie der lokal-konvexen Räume. Lecture Notes in Mathematics, Vol. 56. Berlin–Heidelberg–New York: Springer 1968.
42. Godement, R.: Topologie algébrique et théorie des faisceaux. Paris: Hermann 1958.
43. Narasimhan, R.: Analysis on real and complex manifolds. Amsterdam: North-Holland 1968.
44. Schubert, H.: Topologie. Stuttgart: Teubner 1964.
45. Seifert, H., Threlfall, W.: Lehrbuch der Topologie. Leipzig: Teubner 1934. Nachdruck Chelsea 1947.
46. Treves, F.: Topological vector spaces, distributions and kernels. New York–London: Academic Press 1967.

e) Speziellere Verweisungen

50. Ahlfors, L.V.: The complex analytic structure of the space of closed Riemann surfaces. In: Analytic Functions, pp. 45–66. Princeton: University Press 1960.
51. Behnke, H., Stein, K.: Entwicklungen analytischer Funktionen auf Riemannschen Flächen. Math. Ann. **120**, 430–461 (1948).
52. Bieberbach, L.: Theorie der gewöhnlichen Differentialgleichungen, auf funktionentheoretischer Grundlage dargestellt. 2. Aufl. Berlin–Heidelberg–New York: Springer 1965.
53. Cartan, H.: Variétés analytiques complexes et cohomologie. Colloque sur les fonctions de plusieurs variables, pp. 41–55. CBRM: Bruxelles 1953.
54. Florack, Herta: Reguläre und meromorphe Funktionen auf nicht geschlossenen Riemannschen Flächen. Schriftenreihe Math. Inst. Univ. Münster, **1** (1948).
55. Horn, J., Wittich, H.: Gewöhnliche Differentialgleichungen. Berlin: de Gruyter 1960.
56. Malgrange, B.: Existence et approximation des solutions des équations aux dérivées partielles à convolution. Annales de l'Inst. Fourier **6**, 271–355 (1955/56).
57. Meis, T.: Die minimale Blätterzahl der Konkretisierungen einer kompakten Riemannschen Fläche. Schriftenreihe Math. Inst. Univ. Münster, **16** (1960).
58. Röhrl, H.: Das Riemann-Hilbertsche Problem der Theorie der linearen Differentialgleichungen. Math. Ann. **133** 1–25 (1957).

59. Serre, J.P.: Applications de la théorie générale à divers problèmes globaux. Séminaire H. Cartan, E.N.S. Paris 1951/52, Exposé 20. Nachdruck Benjamin 1967.
60. Serre, J.P.: Deux théorèmes sur les applications complètement continues. Séminaire H. Cartan, E.N.S. Paris 1953/54, Exposé 16. Nachdruck Benjamin 1967.
61. Serre, J.P.: Quelques problèmes globaux relatifs aux variétés de Stein. Colloque sur les fonctions de plusieurs variables, pp. 57–68. CBRM: Bruxelles 1953.
62. Stein, K.: Analytische Funktionen mehrerer komplexer Veränderlichen zu vorgegebenen Periodizitätsmoduln und das zweite Cousinsche Problem. Math. Ann. **123**, 201–222 (1951).
63. Thimm, W.: Der Weierstraßsche Satz der algebraischen Abhängigkeit von Abelschen Funktionen und seine Verallgemeinerungen. In: Festschrift zur Gedächtnisfeier für Karl Weierstraß 1815–1965 (Hrsg. H. Behnke, K. Kopfermann). Köln und Opladen: Westdeutscher Verlag 1966.

Symbolverzeichnis

Allgemeine Bezeichnungen

$\mathbb{N}$	Menge der natürlichen Zahlen (einschließlich 0)
$\mathbb{Z}$	Ring der ganzen Zahlen
$\mathbb{R}$	Körper der reellen Zahlen
$\mathbb{R}^*$	$=\{x\in\mathbb{R} : x\neq 0\}$
$\mathbb{R}_+$	$=\{x\in\mathbb{R} : x\geqq 0\}$
$\mathbb{R}_-$	$=\{x\in\mathbb{R} : x\leqq 0\}$
$\mathbb{R}_+^*$	$=\{x\in\mathbb{R} : x> 0\}$
$\mathbb{C}$	Körper der komplexen Zahlen
$\mathbb{C}^*$	$=\{z\in\mathbb{C} : z\neq 0\}$
$\mathrm{Re}(z)$	Realteil einer komplexen Zahl z
$\mathbb{P}_1$	$=\mathbb{C}\cup\{\infty\}$ Riemannsche Zahlenkugel 3
$M(m\times n, R)$	Menge aller $m\times n$-Matrizen mit Koeffizienten aus R
$GL(n,R)$	Gruppe der invertierbaren $n\times n$-Matrizen mit Koeffizienten aus einem Ring R
$A\subset\subset B$	A ist relativ-kompakte Teilmenge von B
∂A	Rand von A

Garben und Funktionenräume

$\mathscr{C}$	Garbe der stetigen Funktionen 37
$\mathscr{E}$	Garbe der differenzierbaren Funktionen 54
$\mathscr{E}^{(1)}, \mathscr{E}^{1,0}, \mathscr{E}^{0,1}$	57, $\mathscr{E}^{(2)}$ 59
$\mathscr{O}$	Garbe der holomorphen Funktionen 37
$\mathscr{O}^*$	37, $\mathscr{O}_D$ 117, $GL(n,\mathscr{O})$ 197
Ω	57, $\bar{\Omega}$ 136, Ω_D 122
$\mathscr{M}$	Garbe der meromorphen Funktionen 37
$\mathscr{M}^*$	37, $\mathscr{M}^{(1)}$ 59, $\mathscr{H}_{D'}^{D}$ 118
Harm^1	137
$\lvert\mathscr{F}\rvert$	einer Prägarbe zugeordneter Überlagerungsraum 39
$\mathscr{F}_x$	Halm einer Prägarbe 38
$\varrho_x(f)$	Keim von f im Punkt x 38
$\mathbb{C}\{z-a\}$	konvergente Taylorreihen um a 38
$\mathfrak{m}_a, \mathfrak{m}_a^2$	54
$L^2(D,\mathscr{O})$	quadratintegrierbare holomorphe Funktionen 99
$\mathscr{D}(X)$	differenzierbare Funktionen mit kompaktem Träger 169
$\mathscr{D}'(X)$	Distributionen 170

Bezeichnungen aus der Cohomologietheorie

$B^1(\mathfrak{U},\mathscr{F})$	89, $B^1(G,A)$ 191
$C^q(\mathfrak{U},\mathscr{F})$	88, $C^q_{L^2}(\mathfrak{U},\mathscr{O})$ 102, $C_1(X)$ 143
$H^1(\mathfrak{U},\mathscr{F})$	89, $H^1(X,\mathscr{F})$ 91, $H_1(X)$ 144, $H^1(G,A)$ 191
$Z^1(\mathfrak{U},\mathscr{F})$	89, $Z^1_{L^2}(\mathfrak{U},\mathscr{O})$ 102, $Z_1(X)$ 143, $Z^1(G,A)$ 191
$t^{\mathfrak{U}}_{\mathfrak{B}}$	90, $\mathfrak{B}\ll\mathfrak{U}$ 90

Weitere Bezeichnungen

$T_a^{(1)}$	55, $T_a^{1,0}$, $T_a^{0,1}$ 56, $T_a^{(2)}$ 59

d, d', d''	55, 60, $\partial, \bar{\partial}$ 54
$\pi_1(X,a), \pi_1(X)$	Fundamentalgruppe 15, 16
$\mathrm{cl}(u)$	15, u^- 13
$b_1(X)$	1. Bettizahl 140
$\mathrm{Deck}(Y/X)$	Decktransformationsgruppe 31
$\mathrm{Div}(X)$	Divisorengruppe 116, $\mathrm{Div}_H(X)$ 152, $\mathrm{Div}_0(X)$ 152
$\deg(D)$	117
$(f), (\omega)$	116
$\mathrm{Pic}(X)$	Picard-Gruppe 152
$\mathrm{Jac}(X)$	Jacobi-Mannigfaltigkeit 151
$\mathrm{Per}(\omega_1, \ldots, \omega_g)$	Periodengitter 149
$\mathrm{Rh}^1(X)$	de Rhamsche Gruppe 115, $\mathrm{Rh}^1_{\mathcal{O}}(X)$ 183
Res	Residuum 57, 121
$\mathrm{Reg}(Y)$	159
Supp	Träger einer Funktion, Differentialform 70, 209

Namen- und Sachverzeichnis

Heidelberger Taschenbücher

Mathematik – Physik – Informatik – Technik

12 B.L. van der Waerden: Algebra I. 8. Auflage der Modernen Algebra. DM 12,80
13 H.S. Green: Quantenmechanik in algebraischer Darstellung. DM 12,80
15 L. Collatz/W. Wetterling: Optimierungsaufgaben. 2. Auflage. DM 16,80
19 A. Sommerfeld/H. Bethe: Elektronentheorie der Metalle. DM 16,80
20 K. Marguerre: Technische Mechanik. I. Teil: Statik. 2. Auflage. DM 14,80
21 K. Marguerre: Technische Mechanik. II. Teil: Elastostatik. DM 12,80
22 K. Marguerre: Technische Mechanik. III. Teil: Kinetik. DM 14,80
23 B.L. van der Waerden: Algebra II. 5. Auflage der Modernen Algebra. DM 16,80
26 H. Grauert/I. Lieb: Differential- und Integralrechnung I. 4. Auflage. DM 14,80
30 R. Courant/D. Hilbert: Methoden der mathematischen Physik I. 3. Auflage. DM 19,80
31 R. Courant/D. Hilbert: Methoden der mathematischen Physik II. 2. Auflage. DM 19,80
36 H. Grauert/W. Fischer: Differential- und Integralrechnung II. 2. Auflage. DM 14,80
43 H. Grauert/I. Lieb: Differential- und Integralrechnung III. DM 14,80
44 J.H. Wilkinson: Rundungsfehler. DM 16,80
50 H. Rademacher/O. Toeplitz: Von Zahlen und Figuren. DM 12,80
51 E.B. Dynkin/A.A. Juschkewitsch: Sätze und Aufgaben über Markoffsche Prozesse. DM 19,80
54 G. Fuchs: Mathematik für Mediziner und Biologen. DM 14,80
64 F. Rehbock: Darstellende Geometrie. 3. Auflage. DM 16,80
65 H. Schubert: Kategorien I. DM 16,80
66 H. Schubert: Kategorien II. DM 14,80
71 O. Madelung: Grundlagen der Halbleiterphysik. DM 14,80
73 G. Pólya/G. Szegö: Aufgaben und Lehrsätze aus der Analysis I. DM 16,80
74 G. Pólya/G. Szegö: Aufgaben und Lehrsätze aus der Analysis II. 4. Auflage. DM 16,80
75 Technologie der Zukunft. Hrsg. von R. Jungk. DM 19,80
80 F.L. Bauer/G. Goos: Informatik – Eine einführende Übersicht. Erster Teil. 2. Auflage. DM 14,80
81 K. Steinbuch: Automat und Mensch. 4. Auflage. DM 19,80
85 W. Hahn: Elektronik-Praktikum für Informatiker. DM 14,80
87 H. Hermes: Aufzählbarkeit, Entscheidbarkeit, Berechenbarkeit. 2. Auflage. DM 16,80
93 O. Komarnicki: Programmiermethodik. DM 16,80
99 P. Deussen: Halbgruppen und Automaten. DM 14,80
102 W. Franz: Quantentheorie DM 19,80
104 O. Madelung: Festkörpertheorie I. DM 16,80
105 J. Stoer: Einführung in die Numerische Mathematik I. 2., neubearbeitete und erweiterte Auflage. DM 18,80
107 W. Klingenberg: Eine Vorlesung über Differentialgeometrie. DM 16,80
108 F.W. Schäfke/D. Schmidt: Gewöhnliche Differentialgleichungen. DM 16,80
109 O. Madelung: Festkörpertheorie II. DM 16,80

MIX
Papier aus verantwortungsvollen Quellen
Paper from responsible sources
FSC® C105338

If you have any concerns about our products,
you can contact us on
ProductSafety@springernature.com

In case Publisher is established outside the EU,
the EU authorized representative is:
Springer Nature Customer Service Center GmbH
Europaplatz 3, 69115 Heidelberg, Germany

Printed by Libri Plureos GmbH
in Hamburg, Germany